高等院校"十三五"规划教材
GAODENG YUANXIAO SHISANWU GUIHUA JIAOCAI

Creo Elements Pro 5.0

ZHONGWENBAN SHILI JIAOCHENG

Creo Elements Pro 5.0
中文版实例教程

（第二版）

主　编　张克义　　江文清　　李为平

副主编　胡建军　　周国芳　　刘春雷

参　编　孙桂爱　　张　兰　　章国庆

　　　　范芳蕾

重庆大学出版社

内容提要

本书系统介绍了 Creo Elements Pro 5.0 中文版的基本操作和使用技艺。主要内容包括：基础知识、草图绘制、基础特征、编辑特征、基准特征、放置特征、曲面特征、高级特征、工程图、装配图、模具设计、造型建模综合实例等。

本书适用于 Creo Elements Pro 5.0 的初、中级用户，可作为理工科高等院校相关专业的教材，也可供工程技术人员参考。

图书在版编目（CIP）数据

Creo Elements Pro 5.0 中文版实例教程 / 张克义,江文清,李为平主编.--2 版.--重庆:重庆大学出版社,2020.8（2022.2 重印）

ISBN 978-7-5624-9980-0

I.①C… Ⅱ.①张… ②江… ③李… Ⅲ.①产品设计—计算机辅助设计—应用软件—高等学校—教材 Ⅳ.①TB472-39

中国版本图书馆 CIP 数据核字（2020）第 129019 号

Creo Elements Pro 5.0 中文版实例教程

（第二版）

主　编　张克义　江文清　李为平
副主编　胡建军　周国芳　刘春雷
策划编辑:曾显跃

责任编辑:文　鹏　　版式设计:曾显跃
责任校对:刘志刚　　责任印制:张　策

*

重庆大学出版社出版发行
出版人:饶帮华
社址:重庆市沙坪坝区大学城西路 21 号
邮编:401331
电话:(023)88617190　88617185(中小学)
传真:(023)88617186　88617166
网址:http://www.cqup.com.cn
邮箱:fxk@ cqup.com.cn(营销中心)
全国新华书店经销
重庆市国丰印务有限责任公司印刷

*

开本:787mm×1092mm　1/16　印张:24.25　字数:575 千
2020 年 8 月第 2 版　　2022 年 2 月第 3 次印刷
印数:4 001—5 000
ISBN 978-7-5624-9980-0　定价:59.00 元

前　言

Creo Elements Pro 5.0 是基于多种平台的三维设计软件，可以运行于 Windows、Linux、UNIX、Solaries 等多种操作系统。Creo Elements Pro 5.0 由著名的 CAD/CAE/CAM 软件解决方案供应商 PTC（Parameter Technology Corporation）所发布。1988年 Pro/ENGINEER 问世以来，它就以其参数化、基于特征、全相关等概念闻名于 CAD 的应用领域，并很快受到了广大使用者的好评，迅速成为众多设计者常用的三维设计软件之一，广泛应用于机械、汽车、航天、家电、模具、工业设计等行业。

本书是作者结合多年来从事 Creo Elements Pro 5.0 等 CAD/CAM 软件培训教学的心得和体会而编写的。本书紧紧围绕当前 Creo Elements Pro 5.0 软件培训教学的广度和深度要求，注重内容的实用性，由浅入深，系统、合理地讲述各个知识点。在介绍每个知识点时，力求重点突出，并包含着深层次的内容，使得本书篇幅虽小但涵盖的内容却很多，以使读者学习时能以尽可能少的时间把握知识的要点。本书为每个主要章节安排了难度适中、富有特色的例题、综合实例和练习题，对提高读者自学的能动性会有很多帮助。

全书共分为 12 章，各章主要内容如下：

第 1 章，全面介绍了与 Creo Elements Pro 5.0 软件、PTC 公司以及基于特征的参数化建模思想，Creo Elements Pro 5.0 配置方法，Creo Elements Pro 5.0 的用户界面。

第 2 章，介绍了如何在 Creo Elements Pro 5.0 中创建二维草绘图、二维草绘图的尺寸标注和草绘约束的使用。

第 3 章，配合实际三维模型创建实例，详细介绍了四种基础特征（拉伸、旋转、扫描、混合）的创建方法和应用范围。

第 4 章，介绍了特征操作的方法，其主要包括特征复制、特征镜像和特征阵列的方法，以及 Creo Elements Pro 5.0 中极为重要的"父子关系"。

第 5 章，详细介绍了几种基准特征的性质、用途和创建方法。

第 6 章，介绍了配合工程实际的各种放置特征，并专门使用详细的实例创建过程加以说明。

第 7 章,介绍了曲面特征的基本建立方法及其应用。

第 8 章,介绍了可变截面扫描、扫描混合、螺旋扫描和边界曲面等高级特征建模方法及应用。

第 9 章,介绍了基于元件的装配方法,重点介绍了组件装配过程中所使用的不同约束种类及应用范围,爆炸图的建立和应用。

第 10 章,介绍了由三维实体模型创建二维工程图的方法,重点介绍了各种视图的创建方法。

第 11 章,介绍了模具设计基本流程,建立模具模型、分型面等具体方法的使用。

第 12 章,以最常见的电饭煲为例,通过创建零件、组装、创建工程图等一系列过程,向读者展示了使用 Creo Elements Pro 5.0 进行机械设计的全过程。

由南昌理工学院张克义、九江职业技术学院江文清、东华理工大学李为平担任主编,由萍乡学院胡建军、宜春学院周国芳、江西工业工程技术学院刘春蕾担任副主编,全书由张克义统稿审定。本书具体分工:张克义编写前言、第 1 章、第 2 章、第 3 章,江文清编写第 4 章,张兰编写第 5 章,李为平编写第 6 章,胡建军编写第 7 章,周国芳编写第 8 章,刘春蕾编写第 9 章,范芳蕾编写第 10 章、章国庆编写第 11 章、孙桂兰编写第 12 章。

本书由于作者水平有限,本书的内容难免有错误和遗漏之处,欢迎广大读者批评指正。

编　者
2020 年 5 月

目录

第 1 章
Creo Elements Pro 5.0 基础知识

本章主要学习内容:
- ➢ Creo Elements Pro 5.0 的工作界面及基本操作
- ➢ Creo Elements Pro 5.0 的系统配置
- ➢ Creo Elements Pro 5.0 的文档操作
- ➢ Creo Elements Pro 5.0 的基本模块
- ➢ Creo Elements Pro 5.0 的建模特点

　　Creo Elements Pro 5.0 是美国 P TC(Parametric Technology Corporation)公司推出的一款基于参数化特征造型技术的大型三维系统软件。该软件被广泛应用于航空、航天、机械、电子、家电、模具、汽车、船舶、玩具制造等工业设计和生产的各个领域,涵盖了产品从概念设计、工业造型、结构设计、分析计算、动态模拟仿真,到输出工程图、生产加工的全过程,可以完成零件设计、产品装配、运动仿真、应力分析、NC 仿真加工、逆向工程、模具开发、钣金设计、铸件设计、模流分析、数据库管理等多项任务,是一款功能非常强大的集成软件。

　　Creo Elements Pro 5.0 作为该三维设计软件的最新版本,不但具备了以往版本在 CAD/CAM/CAE 集成方面的强大功能,还可以为工业产品设计和生成提供完整的解决方案,而且在许多模块和功能上都有比较大的改进和提升,界面更加人性化,操作更加快捷,大大提高了易用性和灵活性,充分突出了个性化、自动化、协同性和网络化等多方面的特性,可以更加出色、快捷地完成各种复杂的任务。

　　本章主要介绍 Creo Elements Pro 5.0 的基础知识,包括工作界面、文档操作、鼠标使用功能和软件特点。通过本章内容的学习,读者可以对 Creo Elements Pro 5.0 有一个初步的认识。

1.1　Creo Elements Pro 5.0 的系统特性

　　Pro/E 系统以参数化设计的思想问世以后,对传统机械设计工作具有相当大的促进,它不但改变了设计的概念,而且将设计的便捷性推进了一大步,其特性主要表现为:

(1)三维实体模型
三维实体模型可以将设计者的设计思想以最真实的模型在计算机上显示出来,或者传送到绘图机上,同时借助于系统参数,可随时计算出产品的体积、面积和重心等物理参数,帮助设计者了解产品的真实性,弥补传统线、面结构的不足,节约许多人为设计时间。

(2)单一数据库、全相关性

Creo Elements Pro 5.0 系统包括众多模块,但却是建立在单一数据库之上,而不像一些传统的 CAD/CAM 系统建立在多个数据库基础上。所谓单一数据库,是指工程中的全部资料都来自一个数据库。在整个设计过程中,任何一处发生改变都可以反映在整个设计过程中的相关环节上,此种功能又称为全相关性。换句话讲,不论在 3D 或 2D 图形上进行尺寸修改,其相关的 2D 图形或 3D 模型均会自动修改,同时,装配模具和 NC 刀具路径等相关设计也会自动更新。

(3)以特征作为设计的基本单元

Creo Elements Pro 5.0 系统采用具有智能特性的、基于特征的功能区生成模型,如圆孔、倒圆角和筋等均可作为零件设计的基本单元,且允许对特征进行方便的编辑操作,如特征重定义、重新排序和删除等,这一功能特性使工程设计人员能以最自然的思考发式从事设计工作,可以随意勾画草图,轻易改变模型,为设计者提供了简单而又灵活的方法。

(4)参数化设计

Creo Elements Pro 5.0 系统的参数化设计功能是指以尺寸参数来描述和驱动零件或装配体模型实体,而不是直接指定模型的一些固定数值。这样,任何一个模型参数的改变都将影响其相关特征库,使修改 CAD 模型及工程图更为方便,令设计优化更趋完美,并能减少尺寸逐一修改的烦琐费时和不必要的错误。

1.2　参数化建模思想

1.2.1　三维模型

(1)基本的三维模型

一般来说,基本的三维模型是具有一定长、宽(或直径、半径等)、高的三维几何体。图 1.1 中列举了典型的基本模型,它们是由三维空间的几个面拼成的实体模型。这些面的基础是线,而线的基础是点。要注意的是,三维几何图形中的点是三维概念的点,也就是说,点需要由三维坐标系(例如笛卡儿坐标系)中的 x、y、z 三个坐标来定义。

三维坐标系其实是由 3 个相互垂直的平面——xOy 平面、yOz 平面和 xOz 平面形成的。如图 1.2 所示,这 3 个平面的交点就是坐标原点。xOy 平面与 yOz 平面的交线就是 y 轴所在的直线,yOz 平面与 xOz 平面的交线就是 z 轴所在的直线,xOz 平面与 xOy 平面的交线就是 x 轴所在的直线。这三条直线按笛卡儿右手定则加上方向,就形成了 x、y 和 z 轴。

创建基本三维模型的一般过程是:

①选取或定义一个用于定位的三维坐标系或 3 个垂直的空间平面;

②选定一个面(一般称为"草绘面"),作为二维平面几何图形的绘制平面;

③生成三维几何图形。

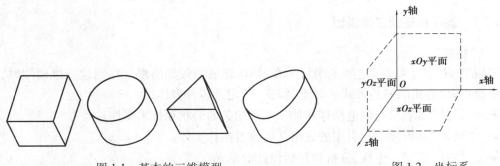

图 1.1　基本的三维模型　　　　　　　　　　图 1.2　坐标系

（2）复杂的三维模型

如图 1.3 所示,这是一个由基本的三维几何体构成的较复杂的三维模型。目前的 CAD 市场上,对于这类复杂的三维模型的创建有两种方法。

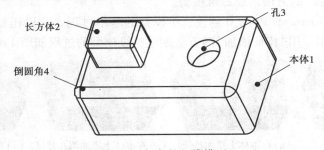

图 1.3　复杂的三维模型

1）布尔运算法

布尔运算是通过对一些基本的三维模型作布尔运算(并、交、差)形成的。图 1.3 所示的三维模型创建过程如下:

①用上一节介绍的"基本三维模型的创建方法",创建本体 1;

②在本体 1 上加上一个基本的长方体三维模型——长方体 2;

③在本体 1 上减去一个圆柱体而形成孔 3;

④在本体 1 上减去一个截面为弧的柱体而形成圆角 4。

布尔运算法的优点是:造型能力强,无论什么形状的实体模型,它都能创建。

用 CAD 软件创建的三维模型都要进行生产、加工和装配,来获得真正的实物(即产品)。所以 CAD 软件在创建三维模型时,从创建的原理、方法和表达方式,应该有强烈的工程意义。但布尔运算从创建原理到表达方式,工程意义不是很明确,因为它强调的是点、线、面、体这些没有什么工程意义的术语。而且图形处理计算非常复杂,需要较高配置的计算机硬件。这些都是布尔运算方法的缺点。

2）特征添加法

特征添加法是由 PTC 公司较早提出来的,并将它运用到 Creo Elements Pro 5.0 软件中。

1.2.2　基于特征的三维模型

（1）"特征"

"特征"或"基于特征"这些术语目前在 CAD 领域中频频出现。在创建三维模型时，这是一种更直接，更有用的表达方式。对于"特征"的定义多种多样：

➤　"特征"是表示与制造操作和加工工具相关的形状和技术属性；

➤　"特征"是需要一起引用的成组几何或者拓扑实体；

➤　"特征"是用于生成、分析和评估设计的单元。

一般来说，"特征"构成一个零件或者装配件的单元。虽然从几何形状上看，它包含作为一般三维模型基础的点、线、面或者实体单元，但更重要的是，它具有工程制造意义，也就是说，基于特征的三维模型具有常规几何模型所没有的附加的工程制造等信息。

（2）用"特征添加"的方法创建三维模型

这也是用 Creo Elements Pro 5.0 创建三维模型的基本过程。这里还是以图 1.3 所示的三维模型为例进行说明。用"特征添加"的方法创建三维模型的过程如图 1.4 所示。

（a）创建基本特征　　（b）在本体上添加特征1　（c）在本体上添加圆孔特征2 （d）在本体上添加特征3

图 1.4　复杂三维模型的建模过程

①创建基本特征——本体 1；

②在本体 1 上添加特征——长方体 2；

③在本体 1 上添加特征——孔 3；

④在本体 1 上添加特征——圆角 4。

用"特征添加"的方法创建三维模型有很多好处：

➤　表达更加符合工程技术人员的习惯；

➤　三维模型的创建过程与其加工过程相近，可附加工程制造等信息；

➤　在模型创建中，特征结合于零件模型中，并且采用了参数化方法定义特征，可以有效地实现制造过程自动化。

（3）基于特征的 Creo Elements Pro 5.0 三维建模

Creo Elements Pro 5.0 是基于特征的全参数化软件，其创建的三维模型是一种全参数化的三维模型。"全参数化"有三层含义，即特征截面几何的全参数化、零件模型的全参数化、装配组件模型的全参数化。

截面的全参数化是指 Creo Elements Pro 5.0 自动给每个特征的二维截面中的每个尺寸赋参数并排序，通过对参数的调整即可以改变几何的形状和大小。如图 1.5 所示为本体特征截面的参数情况，其中左图为尺寸的几何值大小，右图为尺寸的参数序号。每一个截面二维图都有自己独立的编号。

零件的全参数化是指 Creo Elements Pro 5.0 自动地给零件中特征间的相对位置尺寸、外形

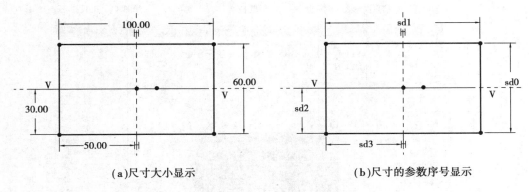

(a)尺寸大小显示　　　　　　　　(b)尺寸的参数序号显示

图 1.5　本体特征的参数情况

尺寸赋参数并排序,通过对参数的调整即可改变特征间的相对位置关系、特征的几何形状及大小。

　　基本特征的全参数化三维建模的优势在于:同一零件的特征,在任何一处被改动后,所有与其相关的其他地方都会随之自动发生相应的改变,也就是说,整个工程是完全相关的。例如,在工程图中更改尺寸后,其零件图、装配图等中的尺寸也会发生相应的改变。

1.3　Creo Elements Pro 5.0 工作界面及基本操作

　　用户界面是应用程序与用户的交互接口,Creo Elements Pro 5.0 具有直观的窗口式工作界面,主要由三部分组成,即主窗口、菜单管理器和模型树窗口。由于大部分的功能命令以工具栏和图标按钮的形式显示,可以直接单击使用,大大提高了该软件的易用性和高效性。

1.3.1　主窗口

Creo Elements Pro 5.0 中所绘制的图形都将在主窗口内显示。主窗口分为 8 个区域,如图 1.6 所示,包括标题栏、主菜单栏、工具栏、浏览器、绘图区、信息提示区、智能过滤器、导航栏等。

　　(1)标题栏

标题栏位于窗口的最上方,用于显示模型的文件名称、文件类型和文件的激活状态。如果同时打开多个文件,只能有一个文件处于激活状态,可以被操作。

　　(2)菜单栏

菜单栏主要包括【文件】、【编辑】、【视图】、【插入】、【分析】、【信息】、【应用程序】、【工具】、【窗口】和【帮助】等。几乎所有的 Creo Elements Pro 5.0 命令都可以在下拉菜单中找到,软件的功能和操作以及一些参数的设置都能通过菜单栏中的命令来实现,因此,熟悉菜单栏是精通 Creo Elements Pro 5.0 的前提。菜单栏的内容见表 1.1。

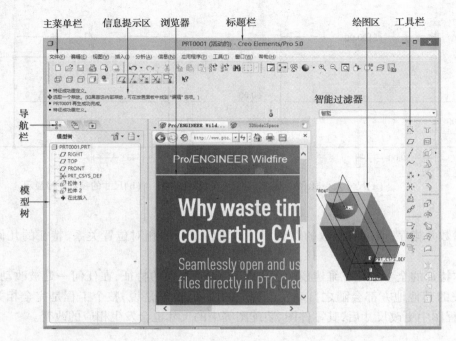

图 1.6　Creo Elements Pro 5.0 的零件模块工作界面

表 1.1　菜单栏

菜单名称	主要功能
【文件】	实现对文件的管理,包括常用的操作和数据的转换等
【编辑】	实现对模型的编辑操作,如:修改、删除等
【视图】	实现对模型显示的控制、进行图层设置等
【插入】	插入实体特征操作
【分析】	实现对模型、表面、曲线等的分析
【信息】	包含对选择对象的信息查询并列出相关信息报告等
【应用程序】	包含 Creo Elements Pro 5.0 Wildfire 各标准模块
【工具】	实现对系统环境的设置
【窗口】	管理多个窗口
【帮助】	实现在线帮助

（3）工具栏

工具栏是 Creo Elements Pro 5.0 为用户提供的又一种调用命令的方式。单击工具栏图标按钮,即可执行该图标按钮对应的 Creo Elements Pro 5.0 命令。位于绘图区顶部的为系统工具栏,位于绘图区右侧的为特征工具栏。

（4）导航器

导航器位于绘图区左侧,在导航栏顶部依次排列着【模型树】、【文件夹浏览器】、【收藏夹】三个选项卡。例如单击【模型树】选项卡可以切换到如图 1.7 所示面板。模型树以树状结构按创建的顺序显示当前活动模型所包含的特征或零件,可以利用模型树选择要编辑、排序或重定义的特征。单击导航栏右侧的符号"＞",显示导航栏;单击导航栏右侧的符号"＜",则隐藏导航栏。

(5)绘图区

绘图区是界面中间的空白区域。在默认情况下,背景颜色是灰色,用户可以在该区域绘制、编辑和显示模型。单击下拉菜单执行【视图】→【显示设置】→【系统颜色】命令,弹出如图1.8 所示【系统颜色】对话框。在该对话框中单击下拉菜单执行【布置】命令,选择默认的背景颜色,如图1.9 所示,再单击【确定】按钮,则绘图区背景颜色自动改变。

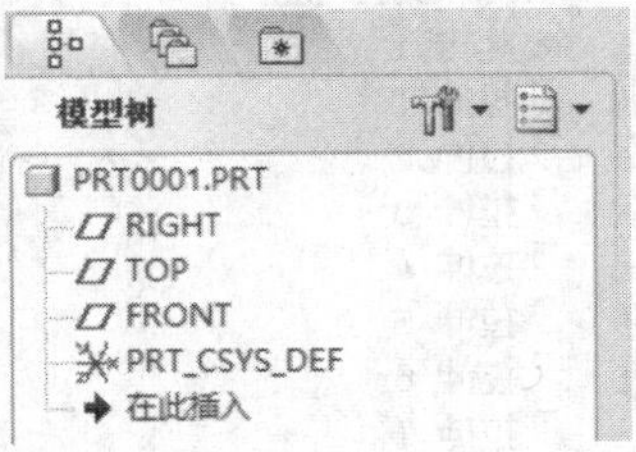

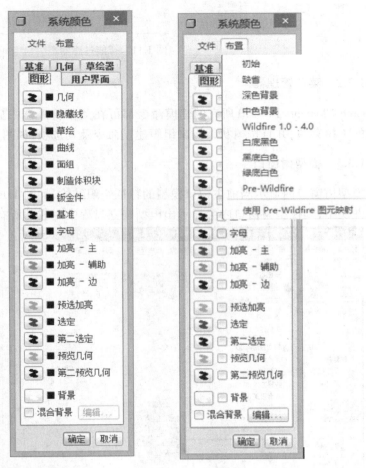

图 1.7　【模型树】面板　　图 1.8　【系统颜色】对话框　　图 1.9　默认背景颜色选项

(6)信息栏

信息栏显示在当前窗口中操作的相关信息与提示,如图1.10 所示。

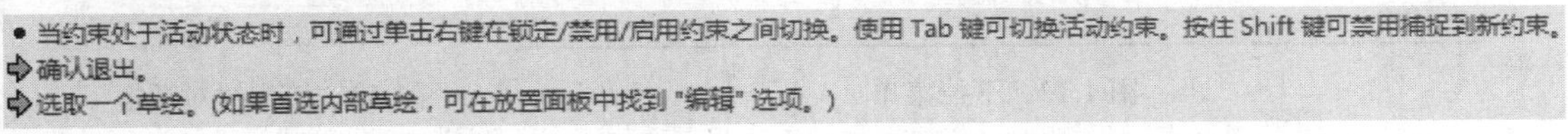

- 当约束处于活动状态时,可通过单击右键在锁定/禁用/启用约束之间切换。使用 Tab 键可切换活动约束。按住 Shift 键可禁用捕捉到新约束。
- 确认退出。
- 选取一个草绘。(如果首选内部草绘,可在放置面板中找到"编辑"选项。)

图 1.10　信息栏

（7）智能过滤器

智能过滤器位于窗口的右上角,在下拉列表框内将所有选择对象分为【智能】、【特征】、【基准】、【几何】、【面组】、【注释】等多种类型。用户可以通过智能管理器按类别选取对象,从而限制选取操作的几何对象类别范围,便于快速准确地选取特征对象。【智能】选择为过滤器的默认设置,如图 1.11 所示。

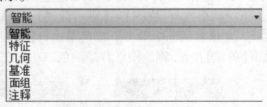

图 1.11　智能过滤器

1.3.2　菜单管理器

Creo Elements Pro 5.0 所有的建模命令都可在菜单管理器中显示。菜单管理器是一个多层级的下拉菜单,并且按树状结构来组织建模命令及其选项,如图 1.12 所示。

1.3.3　模型树窗口

模型树窗口内显示当前主窗口模型的特征组织结构,如图 1.13 所示。如果当前主窗口中为零件模型,则模型树窗口内会显示出模型建立过程中生成的所有特征。

图 1.12　下拉菜单

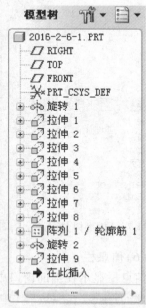

图 1.13　模型树对话框

1.4　Creo Elements Pro 5.0 文件操作

Creo Elements Pro 5.0 的建模操作是基于文件的,在新建文件时必须指定文件类型。要想熟练使用这款设计软件,清楚软件的文件操作流程是非常有必要的。Creo Elements Pro 5.0 与 Windows 窗口风格的软件相似,都提供有文件菜单供用户执行新建、打开、保存和删除等文件操作。

1.4.1　设置工作目录

工作目录是指存储 Creo Elements Pro 5.0 文件的磁盘区域,通常将配置文件存储在工作目录中。读者应该养成一个好习惯,在启动 Creo Elements Pro 5.0 后,新建 Creo Elements Pro 5.0 文件前,将系统默认的工作目录改变到用户设定的工作目录中,这样,相关的 Creo Elements Pro 5.0 文件会保存在同一个文件夹中,便于文件管理和操作。如果不更改工作目录,所有文件将自动保存在系统默认的工作目录中,这往往会造成文件管理混乱。

（1）设置默认工作目录

启动 Creo Elements Pro 5.0 后,系统会自动进入默认的工作目录。用户可以自行设置启动 Creo Elements Pro 5.0 时默认的工作目录,其操作步骤如下:

①右击桌面上的 Creo Elements Pro 5.0 程序快捷方式图标,在弹出的快捷菜单中选择【属性】命令,打开【Creo Elements Pro 5.0 属性】对话框,如图 1.14 所示。

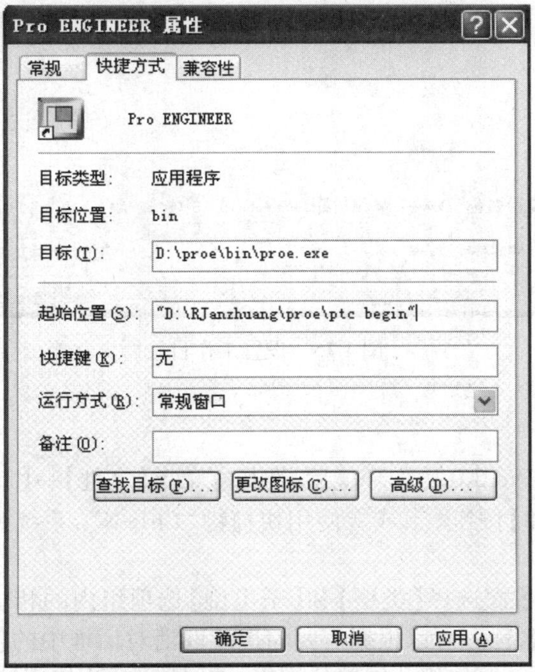

图 1.14　【Creo Elements Pro 5.0 属性】对话框

②单击对话框中的【快捷方式】标签,切换到【快捷方式】选项卡。在【起始位置】文本框

内输入起始位置的路径,如【D:\PROE\ptc begin】,作为系统默认工作目录。

③单击对话框下方的【确定】按钮,即可将指定的目录设置为启动 Creo Elements Pro 5.0 时默认的工作目录。

(2)**设置当前文件的工作目录**

启动 Creo Elements Pro 5.0 后,系统自动进入的默认工作目录并不一定是当前文件所要保存的工作目录,这时需要用户自行设置前文件的工作目录。

①进入 Creo Elements Pro 5.0 操作环境后,选择主菜单栏中的【文件】→【设置工作目录】命令。

②系统弹出【选取工作目录】对话框,新建一个文件夹,或者直接选择现有的文件夹作为工作目录,单击【确定】按钮,完成工作目录的创建,如图 1.15 所示。此时,消息提示区会提示已经成功改变了工作目录。用户当前所做的文件创建、保存、打开、删除等各种文件操作全部在该目录中进行。

也可以在进入 Creo Elements Pro 5.0 操作环境后,单击导航区中的【文件浏览器】按钮 🗐,切换到文件导航器,再右击要设置为工作目录的文件夹,在弹出的快捷菜单中选择【设置工作目录】命令,即可将指定的文件夹设置为当前文件的工作目录。

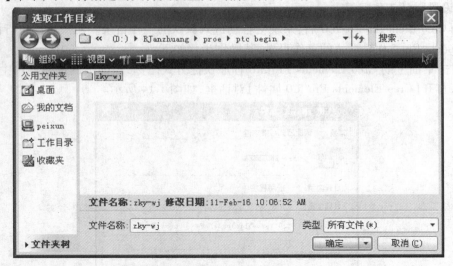

图 1.15 设置工作目录

1.4.2 新建文件

进入 Creo Elements Pro 5.0 操作环境后,选择主菜单【文件】→【新建】命令,或者直接单击【文件】工具栏中的【新建】按钮 🗋,或者使用快捷键"Ctrl+N",系统弹出【新建】对话框,如图 1.16所示。

在【新建】对话框中依次选择【类型】和【子类型】选项组内的相应文件类型;在【名称】文本框内输入新建文件的名称。可以根据需要勾选或取消对话框中的【使用缺省模板】复选框,系统默认为英制单位模板,要使用公制单位模板,需取消选择【使用缺省模板】复选框,然后再单击【确定】按钮。

系统弹出【新文件选项】对话框,选择公制单位 mmns_part_solid 作为模板,单击【确定】按钮,完成文件的新建,如图 1.17 所示。

图 1.16　【新建】对话框

图 1.17　选择单位制模块

1.4.3　打开文件

进入 Creo Elements Pro 5.0 操作环境后,选择主菜单【文件】→【打开】命令,或者直接单击【文件】工具栏中的【打开】按钮 ,或者使用快捷键"Ctrl+O",系统弹出【文件打开】对话框,如图 1.18 所示。

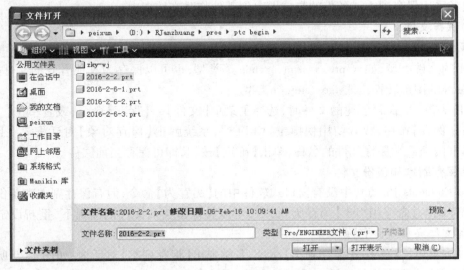

图 1.18　【文件打开】对话框

在对话框顶部的文件位置下拉列表中选择要打开文件所在的文件夹,在此文件夹中选择要打开的文件。单击【预览】按钮可以预览欲打开文件的缩略图,以确定是否是想要打开的文件,然后单击【确定】按钮,就可以成功地打开文件了。

用户也可以使用 Creo Elements Pro 5.0 主界面左侧的【文件夹浏览器】打开文件。在【文件夹浏览器】中选择文件所在的文件夹,在右侧工作区中会显示该文件夹中的全部文件,单击

【预览】按钮可以预览选中文件的缩略图,如图 1.19 所示,双击欲打开文件的图标即可打开文件。

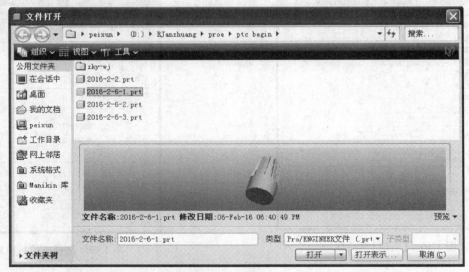

图 1.19　使用【文件夹浏览器】打开文件

1.4.4　保存文件

当 Creo Elements Pro 5.0 文件创建或修改完毕后,可以将其直接保存到用户设置的工作目录中,或者采用保存副本或备份的方式保存到其他临时文件夹中。

（1）保存文件

在 Creo Elements Pro 5.0 中可以将文件保存为 Creo Elements Pro 5.0 独有的或 CAD/CAM 软件常用的文件类型,如＊.prt、＊.asm、＊.mfg 等类型;也可以保存为其他有效的文件类型,如工业上标准的图形转换格式 iges、step 等类型。

当用户第一次保存创建的文件时,选择主菜单【文件】→【保存】命令,或者单击【文件】工具栏上的【保存】按钮,或者使用快捷键“Ctrl+S”,系统弹出【保存对象】对话框。在【模型名称】文本框内输入欲保存文件的名称,单击【确定】按钮,即可保存当前文件。

（2）保存副本和备份文件

Creo Elements Pro 5.0 中没有窗口式软件中的【另存为】命令,但有保存副本和备份文件命令。【保存副本】命令相当于【另存为】命令,可以在保留当前文件的前提下,重新设定当前文件的保存文件夹和文件名称。

选择主菜单【文件】→【保存副本】命令,系统弹出【保存副本】对话框,如图 1.20 所示。在【模型名称】文本框内将显示活动模型的名称,单击【模型名称】文本框右侧的【命令和设置】按钮,可以选取其他模型。在【新建名称】文本框内输入需要保存对象的新名称。在【类型】下拉列表中选择对象的名称,最后单击对话框中的【确定】按钮,即可完成文件的副本保存。

备份文件是在其他目录生成当前文件的副本的过程。

选择主菜单【文件】→【备份】命令,系统弹出【备份】对话框,如图 1.21 所示。在对话框顶部的【查找范围】下拉列表中选择需要备份的文件的文件夹,在文件夹中选择需要备份的文件,单击【确定】按钮,即可生成备份文件。

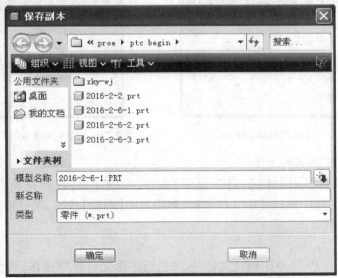

图 1.20　【保存副本】对话框

图 1.21　【备份】对话框

1.4.5　删除文件

在 Creo Elements Pro 5.0 中的文件操作需要注意操作系统的进程概念,每个进程具有独立的内存操作空间,对文件进行删除操作,既可以删除保存在磁盘中的文件,也可以拭除以进程的方式保存在内存中的文件。

（1）拭除内存中的文件

Creo Elements Pro 5.0 的【拭除】命令主要用于从内存中清除文件,释放内存空间。

1)从内存中拭除当前文件

选择主菜单【文件】→【拭除】→【当前】命令,系统弹出【拭除确认】对话框,如图 1.22 所示。单击对话框中的【是】按钮,即可将当前的文件从内存中删除。

图 1.22　【拭除确认】对话框　　　　　图 1.23　【拭除未显示的】对话框

2)从内存中拭除关闭的文件

选择主菜单【文件】→【拭除】→【不显示】命令,系统弹出【拭除未显示的】对话框,如图 1.23所示。单击对话框中欲拭除的文件名称,然后单击【确定】按钮,即可将仍保存在内存中的关闭文件从内存中删除。

(2)删除文件

在 Creo Elements Pro 5.0 中创建文件时,每进行一次文件保存操作,就会在磁盘中保存文件上一版本的基础上,生成一个该文件的新版本,并以"模型名称.模型类型.版本号"的形式对每一个版本的模型进行连续编号,版本号越大,文件越新。

1)删除文件的旧版本

选择主菜单【文件】→【删除】→【旧版本】命令,系统在信息提示区中显示【输入其旧版本要被删除的对象】文本框,输入文件名称后单击文本框右侧的【完成】按钮,即可删除该文件的所有旧版本。

2)删除文件的所有版本

选择主菜单【文件】→【删除】→【所有版本】命令,系统弹出【删除所有确认】对话框,单击对话框中的【是】按钮,即可删除文件的所有版本。

也可以直接打开文件所在的文件夹,在文件夹中选择该文件,然后按 Delete 键,即可删除该文件。

1.5　Creo Elements Pro 5.0 鼠标和层的操作

1.5.1　鼠标的操作

为了提高软件的可操作性,每款三维设计软件都会要求提供鼠标这个重要的交互工具,并且会对鼠标和键盘的配合使用定制标准。了解这些标准,对于提升软件操作的熟练程度、提高设计效率十分有益。建议读者使用带滚轮的三键鼠标,滚轮在键盘按键的配合下可以灵活高效地控制模型,可以说滚轮是模型操控的关键。

三键鼠标是操作 Creo Elements Pro 5.0 的必备工具,表 1.2 列出了鼠标在不同情况下的使用说明。

表 1.2　三键鼠标的功能

鼠标功能键 使用类型		鼠标左键	鼠标中键	鼠标右键
二维草绘模式		选择并绘制特征、曲面、线段等图元	接受选择的图元,相当于菜单管理器中的【完成】按钮	弹出快捷菜单
三维模式	鼠标按键单独使用	选取模型	旋转模型(按下滚轮并移动鼠标) 缩放模型(滚动滚轮)	在模型窗口或工具栏中单击,将弹出快捷菜单
	与 Ctrl、Shift 键配合使用	无	与 Ctrl 键配合控制缩放模型 与 Shift 键配合控制平移模型	无

鼠标使用技巧:

①用鼠标左键在屏幕上选择点,用鼠标中键中止当前操作;

②草绘时,可以通过单击鼠标右键来禁用当前约束(显示为红色),也可以按住"Shift"键并单击鼠标右键来锁定约束。

1.5.2　层的操作

层是模型几何对象的组织形式,主要应用在比较复杂的模型中,用于对模型对象进行分类管理。用户可将相同性质的对象或特征放在同一层,这样可将层中的所有对象作为一个整体进行操作。

（1）**层的类别**

层一般按照类别进行划分,单击【视图】工具栏中的【层】按钮 ,或者单击模型树上方的【显示】→【层树】按钮,系统的导航器由模型树切换成【层树】的形式,如图 1.24 所示。【层树】中已经对层的类别进行了划分,从上到下表示所有的基准平面、初始设定的基准平面(包括FRONT、TOP 和 RIGHT)、所有的基准轴、所有的基准曲线、所有的基准点、所有的坐标系、初始设定的坐标系和所有的曲面。

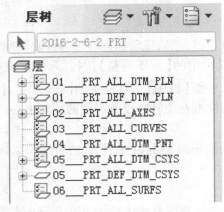

图 1.24　层树

图 1.25　【层属性】对话框

（2）层的操作

层的操作主要包括层的屏蔽与恢复、新建层并设定层的属性，下面分别予以介绍。

由于系统提供的层并不能包括所有的模型元素，如果要将所有的模型元素全部用层来管理，就必须新建层。

新建并使用层的一般步骤为：在导航区中的空白处右击，在弹出的快捷菜单中选择【新建层】命令；系统弹出【层属性】对话框，如图1.25所示，其中【包括】按钮处于激活状态，利用过滤器在模型上选取需要纳入该层的特征元素；在【名称】文本框内输入新建层的名称并在【项目列表】的【状态】栏中设置每一层的显示状态，显示或者隐蔽；最后单击【确定】按钮，即可完成层的创建。

1.5.3 视图的操作

在使用 Creo Elements Pro 5.0 创建几何模型的过程中，经常需要从不同方向和不同角度观察模型。为了便于观察模型，系统提供了一系列视图操作工具，方便用户观察和操作模型。这些工具集中在【视图】工具栏、【模型显示】工具栏和【基准显示】工具栏中，下面分别予以介绍。

（1）视图控制

在 Creo Elements Pro 5.0【视图】工具栏中的各命令按钮，主要用于对模型进行旋转、缩放等视图控制，如图1.26所示。

图1.26　【视图】工具栏

1）刷新视图

【视图】工具栏中的【重画当前视图】按钮 ，主要用于刷新图形区域。当用户完成某些操作，而视图或者模型状态没有发生变化时，可以使用该命令。

2）缩放视图

单击【视图】工具栏中的【放大】按钮 ，拖动鼠标框选择需要放大的区域，该区域中的模型会充满整个图形区域。连续单击【视图】工具栏中的【缩小】按钮 ，即可进行模型的缩小操作。也可以通过鼠标进行模型的缩放，向上滚动鼠标中键可以缩小视图，向下滚动鼠标中键可以放大视图。

3）旋转视图

旋转操作通常是依靠鼠标完成的，按住鼠标中键，然后拖动鼠标即可进行旋转操作。为了避免模型旋转出视图区域，可以单击【视图】工具栏中的【重新调整】按钮 ，使模型重新位于绘图区域中央并充满整个绘图区。旋转模型时，激活【视图】工具栏中的【旋转中心】按钮 ，可以使模型绕着显示的旋转中心标识旋转，否则模型在旋转时没有固定的旋转中心。

4）平移视图

平移视图通常也是由鼠标来完成的，同时按住 Shift 键和鼠标中键，然后拖动鼠标，即可实现模型的平移操作。

5）调整视图模式

单击【视图】工具栏中的【定向模式】按钮 ，激活视图模式状态，在图形区域中右击，在弹出的快捷菜单中提供了4种视图操作模式：动态、固定、延迟和速度，如图1.27所示。动态模式和固定模式,与常规模式基本相同。延迟模式和速度模式提供了两种不同的方式,选择延迟模式后,旋转、平移或缩放模型不会直接导致图形区域中的视角方式变化,只有松开鼠标后,模型视角才会发生相应的变化。延迟模式减少了图形区域刷新的次数,可以有效节省内存空间。速度模式模型视角的变化,是由鼠标拖动的终点和起点的距离决定的,距离越大,变化速度越大。

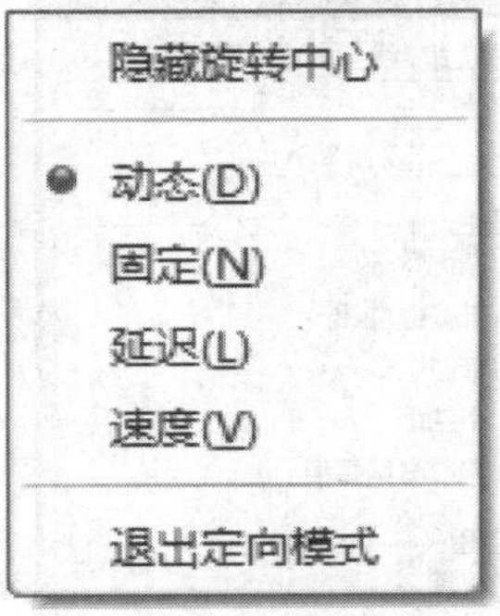

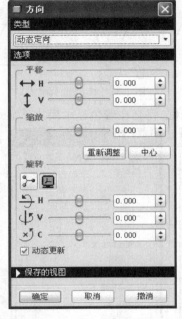

图 1.27　视图【定向模式】
快捷菜单

图 1.28　【方向】对话框

图 1.29　【已命名的视图列表】
下拉列表

（6）定向视图

单击【视图】工具栏中的【重定向】按钮 🔄,系统弹出【方向】对话框,如图 1.28 所示。通过【动态定向】的方式,在【选项】选项组中设定具体的平移、旋转和缩放值,可以设置任意的定向视图,并可将调整的视图模型保存在文件中,以备后用。单击【视图】工具栏中的【已命名的视图列表】按钮 🔲,在弹出的下拉列表中提供了 7 种标准的视图模式:缺省、BACK、BOTTOM、FRONT、LEFT、RIGHT 和 TOP,方便用户观察模型,如图 1.29 所示。

（2）**模型显示**

在 Creo Elements Pro 5.0【模型显示】工具栏中有 4 个命令按钮,分别为线框、隐藏线、无隐藏线和着色,用来表达模型的显示方式,如图 1.30 所示。

图 1.30　【模型显示】工具栏

线框、隐藏线、无隐藏线和着色模式显示的模型效果分别如图 1.31 从左到右所示。

选择主菜单【视图】→【显示设置】→【模型显示】命令,系统弹出【模型显示】对话框,如图 1.32 所示。对话框中共有 3 个选项卡,包含各种设定模型显示质量和显示方式的选项。在【边/线】选项组中,如果【相切边】选择为【不显示】,将会消除模型中相切边线的显示。在【着

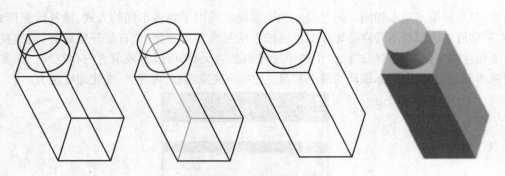

图 1.31　模型显示模式

色】选项组中,勾选【带边】复选框,将会在着色显示模式下显示模型的可见边线。

图 1.32　【模型显示】对话框

(3)基准显示

在 Creo Elements Pro 5.0【基准显示】工具栏中有 4 个命令按钮,分别为平面显示、轴显示、点显示和坐标系显示,如图 1.33 所示。当这些按钮处于按下状态时,这些基准特征会显示在绘图区域中,否则不会在绘图区域中显示。

图 1.33　【基准显示】工具栏

　　也可以选择主菜单【视图】→【显示设置】→【基准显示】命令,系统弹出【基准显示】对话框,如图 1.34 所示,通过勾选相应的基准特征复选框来设置基准特征的显示或隐藏。

　　(4)**其他视图操作**

　　选择主菜单【视图】→【显示设置】→【性能】命令,系统弹出【视图性能】对话框,如图 1.35 所示。勾选【快速 HLR】复选框,模型边线显示质量会变差,但显示速度会加快。在创建比较复杂的大型模型时,选中该复选框可以有效地提高操作速度。

　　选择主菜单【视图】→【模型设置】→【网格曲面】命令,系统弹出【网格】对话框,如图 1.36 所示。可以选取模型表面,使其采用网格显示;如欲消除模型表面的网格显示,可以单击【重画当前视图】按钮 。

　　选择主菜单【视图】→【显示设置】→【可见性】命令,系统弹出【可见性】对话框,如图 1.37 所示。当模型采用着色模式显示时,通过拖动该对话框中的滑块可以调整模型显示的可见程度。

　　当然,除了可以对模型本身的显示进行操作外,用户还可以自定义绘图区域的背景颜色。具体操作方法为:选择主菜单【视图】→【显示设置】→【系统颜色】命令,在弹出的【系统颜色】对话框中单击【布置】选项卡,在弹出的列表中可以选择系统内置的颜色方案,也可以在对话框中设置不同特征元素的显示颜色。

图 1.34　【基准显示】对话框

图 1.35　【视图性能】对话框

图 1.36 【网格】对话框   图 1.37 【可见性】对话框

本章小结

本章主要介绍了 Creo Elements Pro 5.0 的基本操作,包括文件操作、基准特征操作、鼠标的操作、层的操作以及视图的操作等。

通过本章学习,用户应该熟练进行文件的创建、保存、关闭、打开和删除等操作,能够熟练运用鼠标进行项目选取以及模型的旋转、移动、缩放等操作。用户也应对层有一个比较深入的认识,能够进行层的创建、显示或隐藏等简单操作。熟悉视图的操作可以使用户在设计模型过程中更加清晰地观察模型,灵活地操控模型。

各种基准特征的灵活应用是本章学习的重点,读者应该熟悉基准平面、基准轴、基准点和基准曲线的各种创建方法,在实际应用中根据实际情况灵活选用,同时在学习过程中应该不断地总结各种操作技巧,以求尽快掌握 Creo Elements Pro 5.0 的基本操作。

本章习题

1.Creo Elements Pro 5.0 的用户界面由哪几部分组成?

2.新建 Creo Elements Pro 5.0 文件时有哪几种文件类型? 不同类型文件对应的扩展名有什么不同?

3.在 Creo Elements Pro 5.0 系统中保存文件,可采用哪几种方法? 各方法之间有何区别?

4.试述 Creo Elements Pro 5.0 软件的主要特性。

第 2 章
草图绘制

本章主要学习内容：
- ➢ 草绘工作界面
- ➢ 草绘管理器
- ➢ 草绘技巧
- ➢ 综合实例

创建草绘型零件特征时，无论是添加或切除特征，都需要先绘出一个二维的截面，然后生成特征。Creo Elements Pro 5.0 的"参数化设计"特征也往往是由截面设计中指定若干参数得到的。草图是零件建模的基本步骤，利用草绘设计技术，可实现三维模型的转换。草绘所提供的参数化核心技术，能够把复杂的模型特征分解或分散。构成草图的三大要素为 2D 几何图形、尺寸标注和约束参照，用户需首先绘制二维几何图形的大致形状，然后进行约束，最后标注尺寸、修改尺寸数值。其中，尺寸标注既不能少也不能多，而约束的存在可以减少尺寸标注的数量。Pro/E 系统便会根据新的尺寸数值自动进行修正、更新二维几何形状。另外，系统对草绘上的某些几何线条会自动进行关联性约束，如对称、相切、水平等限制条件，可以减少尺寸标注，并使二维图形具有足够的几何限制条件。

2.1　草绘工作界面

系统进入草绘模式有三种途径：

一是建立新的草绘截面文件，选择菜单【文件】→【新建】命令（或者按"Ctrl+N"快捷键）或单击主工具栏上的【新建】按钮 ，系统弹出【新建】对话框，如图 2.1 所示。在该对话框的【类型】选项组中选择【草绘】单选按钮，并在对话框底部的【名称】文本框内输入草绘的文件名；单击【确定】按钮，即可进入草绘界面，如图 2.2 所示。

二是在创建草绘特征过程中，定义好草绘截面和参考面后系统自动引导用户进入草绘模式。此时，草绘的截面信息包含于该特征中，但允许将其单独存成 * .sec 文件。

三是在三维零件建模时，常常由于创建某些特征（例如旋转、拉伸等）的需要，切换到草绘模式以定义草绘截面来创建三维特征。

图 2.1 【新建】草绘

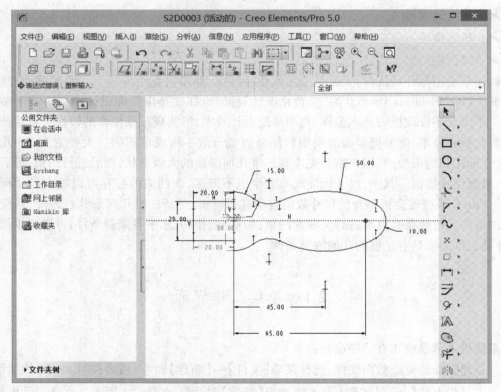

图 2.2 草绘界面

进入草绘模式后,用户可以自行设置草绘的工作环境。设置草绘工作环境,除了在第1章中讲到的定义用户界面外,还有【草绘器优先选项】设置。选择下拉菜单【草绘】→【选项】命令,系统弹出【草绘器优先选项】对话框。其中包括【其他】、【约束】和【参数】三组选项卡,如图 2.3 所示。

(a)【其他】选项框

(b)【约束】选项框

(c)【参数】选项框

图 2.3　【草绘器优先选项】对话框

(1)【杂项】选项卡设置

在【杂项】选项卡中,可以设置草绘环境中的优先显示项目。在需要显示的项目前打"√",当绘制草图时,系统会自动显示草图的顶点、约束符号、尺寸等项目。在【杂项】选项卡中,Creo Elements Pro 5.0 新增了【导入线体和颜色】选项。如果想恢复到系统默认设置,可以单击右下方的【缺省】按钮恢复默认,设置确定后,单击✔按钮保存设置,退出对话框。

(2)【约束】选项卡设置

在【约束】选项卡中,可以设置草绘环境中的优先约束项目。在需要显示的约束标识前打"√",当绘制草图时,系统会根据选项卡的设置,自动捕捉并添加相应的几何约束。如果想恢复到系统默认设置,可以单击右下方的【缺省】按钮恢复默认,设置确定后,单击✔按钮保存设置,退出对话框。

(3)【参数】选项卡设置

在【参数】选项卡中,可以根据将要绘制的模型草图的大小,通过自动或者手动的方式,设置栅格的间距等参数。在草绘过程中,使用栅格可以控制二维草图的近似尺寸。在选项卡下方的【精度】选项组中,可以设置尺寸显示的小数位数以及求解精度。如果想恢复到系统默认设置,可以单击右下方的【缺省】按钮恢复默认,设置确定后,单击✔按钮保存设置,退出对话框。

2.2　草绘管理器

进入 Creo Elements Pro 5.0 草绘模式后,在界面窗口右侧会出现一个工具栏,即【草绘管理器】,如图 2.4 所示。它包括四大功能:画线条、编辑线条、设置约束条件和标注尺寸。

也可单击【草绘】下拉菜单,获得【草绘】菜单,如图 2.5 所示。

2.2.1　画线条

草绘管理器是 Creo Elements Pro 5.0 草绘中一个非常重要的工具。

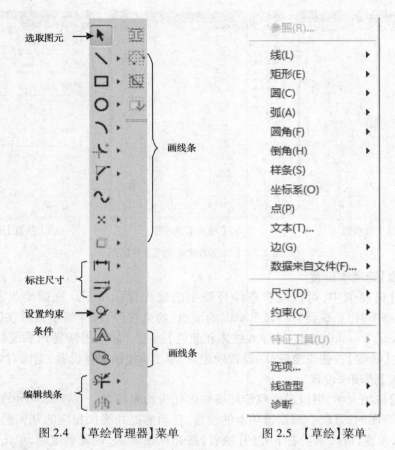

图 2.4 【草绘管理器】菜单   图 2.5 【草绘】菜单

在【草绘管理器】工具条上排列着绘制草图所必需的各命令按钮。当用户草绘时,可以通过单击所需的命令按钮来创建相应的图元,例如点、直线、矩形等。草绘时,通常在单击命令按钮后,在草绘区单击确定图元的起始和终点位置,最后单击鼠标中键确认,从而完成图元的绘制。采用单击鼠标中键结束图元绘制过程后,该图元绘制命令依然处于选中状态,此时可以再次单击鼠标中键退出图元绘制状态,并恢复到草绘的默认状态,即鼠标的图元选择状态。这里仅作图元绘制的简要说明,本章后面几节将详细介绍各个图元绘制命令的具体操作。

下面先介绍一下【草绘管理器】工具条上各命令按钮的名称及功能,见表 2.1,让读者对这些命令有一些初步的了解和认识,以便后面几节对这些命令的具体应用和详细操作进行详细的介绍,从而让读者熟练掌握 Creo Elements Pro 5.0 的草绘功能。

表 2.1　画线命令列表

命令按钮图标	名称及功能
↖	选择图元,一次选取一个图元;按 Ctrl 键可以多选;还可以框选区域图元
＼ ✕ ┆ ┆	绘制直线,可绘制两点直线、与两圆或圆弧相切的直线和两点中心线
□ ◇ ▱	绘制矩形、斜矩形和平行四边形

命令按钮图标	名称及功能
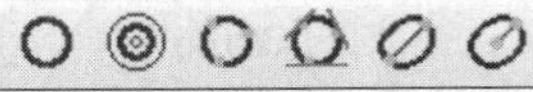 ○ ◎ ○ ⬡ ◎ ⊘	绘制圆心/点圆、同心圆、三点圆、三切圆、椭圆
 ⌒ ⌒ ⌒ ⌣ ⌒	绘制三点/相切端弧、同心弧、圆心和端点弧、三切弧、锥形弧
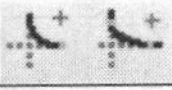 ⌐ ⌐	创建圆角，在两个图元间创建圆形圆角和椭圆圆角
 ⌐ ⌐	创建直角，在两个图元间创建直线倒角和倒角修剪
∿	创建样条曲线
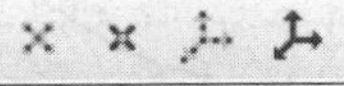 × × ⊁	创建点和参考坐标系
 □ 凸 凸	利用特征棱边提取图元和对特征棱边进行偏移来创建图元
A	创建文本
◎	调用调色板汇入图形

　　所有的二维图形都是由点、直线、矩形、弧、圆等基本图元构成的，在 Creo Elements Pro 5.0 中，只要通过鼠标和各功能键的配合使用，就可以简单地绘制出所要的二维轮廓草图。

　　由于 Creo Elements Pro 5.0 中大部分的特征都必须先建立轮廓草图，由此可以看出，这些基本图元是构建三维零件模型的基础。

　　(1)点和参考坐标系的创建

　　点和参考坐标系都不是形状图元，通常用来作为辅助绘图或者限制条件的参考，不会影响模型的外观。由于它们在草绘中的创建方法都一样，所以把它们放在同一个工具条里。单击"目的管理器"工具条上 × 按钮右侧的小按钮 ，会弹出"点"工具条 × ⊁ ，可以分别创建点(单击 × 按钮)和参考坐标系(单击 ⊁ 按钮)。因为点和参考坐标系都没有形状，只要确定它们的定位尺寸就可以完成它们的定义。

　　(2)点和参考坐标系的创建方法

　　1)直接定义

　　首先单击 × 或 ⊁ 按钮，然后在草绘区中欲产生点或参考坐标系的位置上单击鼠标左键，即可创建点或参考坐标系，最后修改点或参考坐标系的横坐标值和纵坐标值，就可以完全定义点或参考坐标系，如图 2.6 所示。

　　2)借助参照图元创建

　　通过捕捉已有的图元作为参照，可以与参照图元上的点重合，或者确定与参照图元的相对位置，进行点或参考坐标系的创建，其鼠标操作与直接定义方法相同，如图 2.7 所示。

　　若使用草绘管理器进行草绘，在草绘图元的过程中，随着鼠标的移动，系统会自动捕捉并显示【草绘器优先选项】对话框中【约束】选项卡中所设置的优先约束项目，用户可以根据设计意图随时对草图进行约束，极大地方便了草图绘制。

　　3)强尺寸与弱尺寸

　　图元完成绘制后，系统也会自动进行尺寸标注，这些以灰色显示的"弱"尺寸，系统可以自动删除；同时，用户也可以根据设计需要，将其修改从而转换为以白色显示的"强"尺寸，这样就极大地减轻了用户标注尺寸的工作量。但是，当关闭【草绘管理器】而采用【菜单管理器】进

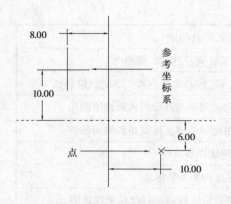

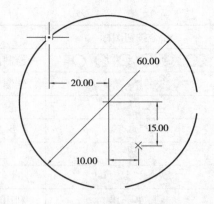

图 2.6　直接定义点和参考坐标系　　　　　图 2.7　借助参照图元创建点和参考坐标系

行草绘时,就没有如此方便和快捷了。

　　所以,为了方便建模,本书中的所有例子都是在打开草绘管理器的基础上进行介绍的。建议读者养成在打开目的管理器的环境下进行草绘的习惯。

2.2.2　编辑线条

　　草绘完基本图元后,还需要进行编辑,以符合设计要求。Creo Elements Pro 5.0 提供了一系列草绘编辑功能,包括图元的移动、修剪、复制、删除、镜像、缩放与旋转等,本节将主要介绍这些功能的操作方法,见表 2.2。

表 2.2　画线编辑命令列表

命令按钮图标	名称及功能
⚟⌐ ⊤ ⌐⚟	动态剪切图元、拐角剪切图元和分割图元
▯▯◌ ↻	镜像、缩放和旋转图元

2.2.3　设置约束条件

　　截面形状经过编辑后,还需要对它们进行约束、标注和修改尺寸,这样才算真正完成了草绘的创建。其实,草绘时系统会自动产生尺寸和约束,这些尺寸称为"弱"尺寸,以灰色显示;用户需要根据设计意图修改或重新创建所需的标注布置和约束,这些尺寸称为"强"尺寸。系统会自动删除多余的"弱"尺寸和约束,以保证二维草图的完全约束。

　　按照工程设计的要求,需要在草绘时或草绘后,对所绘制的图元添加平行、垂直、相切等几何约束来帮助确定各图元之间的几何关系。在 Creo Elements Pro 5.0 中,设定几何约束的方法分为自动设定和手动添加几何约束两类。

(1)自动设定几何约束

　　在草绘时,系统会根据菜单【草绘】→【选项】命令,打开【草绘器优先选项】对话框中的【约束】选项卡,对用户的绘图意向做一些默认的假设。表 2.3 中列出了约束符号的显示状态及含义和操作。用户可以对这些自动显示的约束进行禁用、锁定、切换、修改或删除。

（2）**手动添加几何约束**

用户可以按照设计意图手动添加几何约束。单击【草绘管理器】工具条上的 ┼ 按钮右侧的按钮 ▸，系统弹出【约束】对话框，如图 2.8 所示。对话框中有 9 种不同的约束方式，见表 2.3。

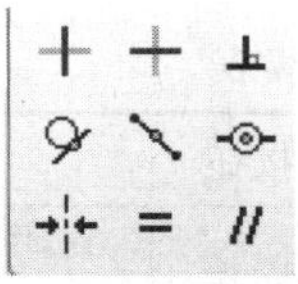

图 2.8　【约束】对话框

表 2.3　约束按钮功能

按　钮	名　　称	功　　能
┼	竖直约束	使直线或两顶点竖直
┼	水平约束	使直线或两顶点水平
⊥	垂直约束	使两图元正交
�	相切约束	使两图元相切
＼	中点约束	在线的中间放置一点
◉	对齐约束	使点一致或共线
⊣⊢	对称约束	使两点或顶点关于中心线对称
＝	相等约束	创建相等长度、相等半径或相等曲率
//	平行约束	使两线平行

2.2.4　标注尺寸

（1）**尺寸标注**

尺寸标注能使得草绘中图元按照设计人员的要求进行尺寸标注，不同的图元有不同的标注方法，见表 2.4。

表 2.4　尺寸标注功能

按　钮	名　　称	功　　能
一般型尺寸标注	线性尺寸	单一线段长度、两线间距、两点间距、点到线的距离、线到圆的距离和两圆间距
	径向尺寸	半径尺寸和直径尺寸
	对称尺寸	非圆半径尺寸和直径尺寸
	角度尺寸	两直线夹角和圆弧的圆心角尺寸
	椭圆标注	长半轴和短半轴的长度尺寸
	圆锥曲线标注	两端点的距离、两端点切线角度和曲率半径尺寸
	样条曲线标注	两端点的距离、两端点的切线角度、曲线节点的位置尺寸和其切线角度尺寸

续表

按钮	名　称	功　能
周长型尺寸标注	封闭截面图形的周长标注	需要鼠标左键配合【Shfit】键或直接框选封闭截面的所有边线,使整个边线变红,然后选择【编辑】→【转换到】→【周长】命令
	非封闭截面图形的周长标注	需先用鼠标左键配合【Shfit】键选取要标注的截面线条,然后选择【编辑】→【转换到】→【周长】命令并选取所需要的变化尺寸
参考型尺寸标注		参考型尺寸可以看作"多余"的尺寸标注,其并不具有驱动几何外形的参数化功能。仅仅作为一种辅助尺寸,便于设计者查看或参考
基线型尺寸标注		用来指定截面图形的线条与某基线间的距离,标注时执行【尺寸】→【基准线】命令,然后选取截面中某条线作为基线并单击鼠标中键标出该基线的尺寸0.00,继续执行【尺寸】→【垂直】命令就可以标其他尺寸了。
替换型尺寸标注		以新的标注取代原有的尺寸,但不改变其尺寸编号,执行【编辑】→【替换】命令,并选择一个要替换的尺寸以删除它,然后标注出所需的新尺寸

（2）修改尺寸

标注完尺寸后需要做的是修改尺寸,因为标注出来的尺寸只是根据图元的实际大小尺寸标注的,并不一定符合设计人员的设计尺寸,所以必须进行修改。下面介绍两种修改尺寸的方法,其中第一种是直接修改法,比较适合尺寸数量比较少的时候;另外一种是工具修改法,适合同时修改多个尺寸。

1）直接修改法

双击如图2.9所示欲修改尺寸的文本,此时系统在文本位置上弹出尺寸编辑框,在编辑框中输入新的尺寸值20;按回车键以确认修改,即可完成尺寸的修改,如图2.10所示。

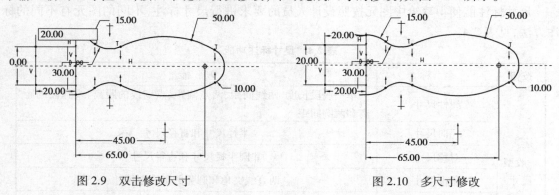

图2.9　双击修改尺寸　　　　　　　　图2.10　多尺寸修改

2）工具修改法

单击【草绘管理器】工具条上的按钮,启动尺寸修改命令;单击欲修改的尺寸,此时系统弹出【修改尺寸】对话框;可依次单击欲修改的多个尺寸,所选尺寸的编号及当前尺寸值会显示在【修改尺寸】对话框列表中,可以通过在尺寸编号后的文本框内输入新的尺寸值或拖动滑轮改变尺寸,来逐个修改列表中的尺寸值;修改完所有尺寸后,单击文本框下方的按钮,确定已修改尺寸,即可完成尺寸的修改,如图2.11所示。

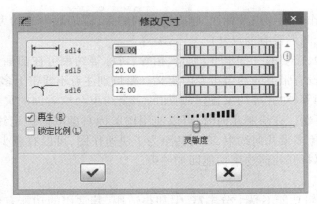

图 2.11　【修改尺寸】对话框

2.3　草绘技巧

为了提高草绘的效率，Creo Elements Pro 5.0 提供了一系列的辅助工具，如图2.12所示。

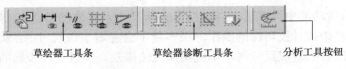

草绘器工具条　　　　草绘器诊断工具条　　　　分析工具按钮

图 2.12　草绘辅助工具条

（1）作构造线

构造线就是俗称的辅助线，先作出作为尺寸与几何参考的一些构造线，可用来作为草绘的参照，为后续作图提供方便。如在后续草绘中要进行镜像和对称约束等可方便地利用这些构造线，且不为后面造型带来多余的线条干扰，因为这些构造线不会形成特征。

（2）快速作出图形

草绘最主要的内容是在此步骤完成的。一般在草绘时都会利用草绘目的管理器来辅助作图，在绘图区的工具菜单比较清楚，熟练地运用这些按钮是快速草绘的基础，但是此部分操作有很强的技巧性，这些技巧是高效作图的关键。

①Pro/E 作草图的突出优点是作图时只要形似，不求精确，准确的尺寸可以由后面的编辑定义尺寸来控制，但在作草绘时图形的形状应该正确，图素不能省略简化。

②作图时，先直后曲，先规则后特殊。为便于转接过渡，应该先作简单的图素，如直线，后作特殊的图素，如圆弧、样条曲线等。

③夸张画法：对于一些局部细小的部位，画起来太麻烦，可以采用夸大的画法，最后再由尺寸精确控制，但定位要基本正确，否则易造成图形拓扑错误。对于一些不完整的图素，可先作其完整图，再修剪完成。例如不是全圆的一段完整图圆弧，可先作成全圆，这样不但此处圆弧作图速度提高，同时后面与圆弧有关联的相切等位置保障也比较方便。

④要善于利用已有的图形。可从调色板和其他草绘中转入已有图形而节省作图时间。从草绘器调色板可以直接调入多边形、轮廓、形状及星形等图形，方便草绘，提高效率。

⑤约束及尺寸。每作一个图素时先定约束，再标尺寸。注意：作一个图素就定义其约束和

尺寸,不要将图形全作好再约束及标注,删除没用的约束,添加缺少的约束,再标注尺寸,一般情况下应该要做到让图形没有弱尺寸。

快速绘制过程中,需要的一些水平、垂直、相等、对称等约束可在前面作图时直接带上,对绘图速度没有影响,没有带上的约束再专门定义。要特别注意不要带上多余的几何约束,常见的是不小心误带上相等、对齐等约束,这些附加的多余约束会给后面的尺寸修订带来困难,造成尺寸无法修改和更新。在绘制几何时,可以使用按鼠标右键取消锁定约束,让作图更方便。在作图时,不但要避免多带几何约束,有时甚至为了快速作图,可以有意少带(去掉)一些几何约束,在作完图后,再打开几何约束功能回加约束。

(3)**编辑**

Pro/E草绘的编辑功能不是十分丰富,但却很适用,其常用的功能有修剪、缩放、复制、镜像、旋转及拖拽图形等,其中拖拽图形和比例缩放的操作比较有技巧性。

1)拖拽图形

快速作完的图形,其各部分长短可能会不成比例,此时可充分利用鼠标拖动图素,让各图素之间的结构与实际相同。各图素实际大小不求和实际值相同,但相互之间的比例要达到真实的比例关系,此操作对于比较复杂的草图绘制很重要。

2)比例缩放

利用Pro/E编辑功能中的旋转/缩放,根据实际尺寸来缩放图形,使图形尺寸大小与实际大小相近,这是草绘中最具技巧性的操作。很多新手会急着去改尺寸,结果,由于Pro/E中各种约束之间的相互制约,造成尺寸再生不成功而无法修改。经过这一步骤的草绘,绝大部分再生尺寸时是不会有问题的。要注意的是,比例缩放后如果有部分位置等不符,可再加拖动。

经过前面几节对草绘的基本绘图功能、编辑功能、约束功能以及辅助功能的介绍,相信大家应该基本掌握了Creo Elements Pro 5.0 Wildfire 5.0二维草绘模块的功能。并且,为了符合设计人员的思维方式和设计过程,Creo Elements Pro 5.0提供了一种"先勾草图,再设约束,后改尺寸"的绘图方法,体现了Creo Elements Pro 5.0的人性化设计过程。

Creo Elements Pro 5.0 Wildfire 5.0系统中绘制图形最大的特点就是参数化设计,其绘图的思路是:绘制定位线(确定位置)→绘制草图(照葫芦画瓢)→添加约束(包括尺寸约束和几何约束)→修剪图素(去除多余的线型)→标注尺寸(将弱尺寸全部转换为强尺寸)→检查→完成草绘。下面通过实例一剖析草绘图形的创建过程。

2.4 综合实例

【实例2.1】绘制如图2.13所示的图形。

1)新建草绘文件

①单击主工具栏上的【新建】按钮 。

②系统弹出【新建】对话框,在该对话框中单击【草绘】 草绘 单选按钮,在【名称】文本框内输入草图名称"exa3_1",单击【确定】按钮,进入草绘工作界面。

2)绘制几何图元

①单击【草绘管理器】工具条上的 按钮中小 按钮,系统弹出【直线】工具条 ；

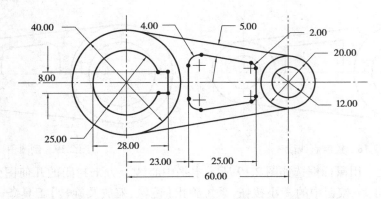

图 2.13 要求绘制的草绘截面

单击中心线 ⋮ 按钮,在草绘区中绘制两条竖直中心线和一条水平中心线,如图 2.14 所示。单击鼠标中键,结束中心线的绘制。

<table>
<tr><td>图 2.14 绘制中心线</td><td>图 2.15 绘制圆</td></tr>
</table>

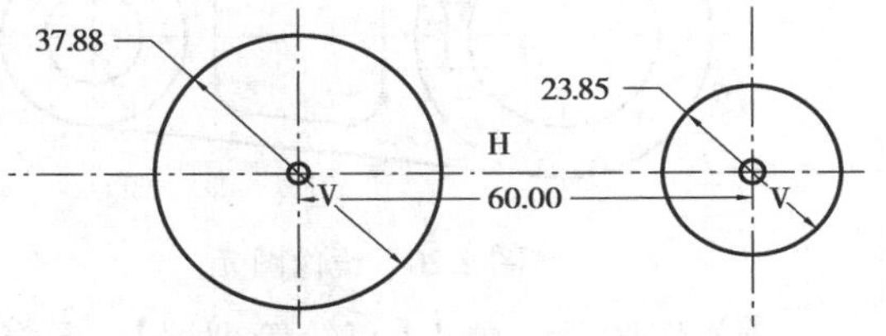

②单击【草绘管理器】工具条上的圆按钮 ○;以中心线的交点为圆心分别绘制两个圆;单击鼠标中键,完成圆的绘制,大致草图如图 2.15 所示。

③单击【草绘管理器】工具条上的 ○ ▾ 按钮中的 ▾ 小按钮,系统弹出【圆和椭圆】工具条 ⊙⊙⊙⌒⌒○ ;单击同心圆按钮 ◎,以同心圆的方式绘制两个圆,如图 2.16 所示。

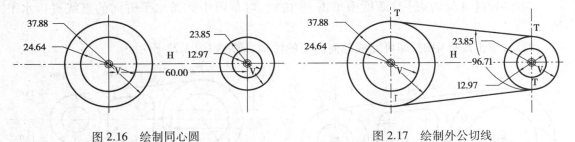

<table>
<tr><td>图 2.16 绘制同心圆</td><td>图 2.17 绘制外公切线</td></tr>
</table>

④单击【草绘管理器】工具条上的 ╲ 按钮中的 ▾ 小按钮,系统弹出【直线】工具条 ╲╲⋮ ;单击相切线按钮 ╲,绘制两条外公切线,如图 2.17 所示。

⑤单击【草绘管理器】工具条上的直线按钮 ╲,绘制如图 2.18 所示的 5 条直线段。为了图面清晰,单击主工具栏上的 按钮,暂时隐藏尺寸标注。

3)编辑几何图元

①倒圆角。单击【草绘管理器】工具条上 ▾ 按钮中的 ▾ 小按钮,系统弹出【倒圆角和倒椭圆角】工具条 ;单击【倒圆角】 按钮,在草图中选择如图 3.99 所示的线段,分别进行倒圆角。

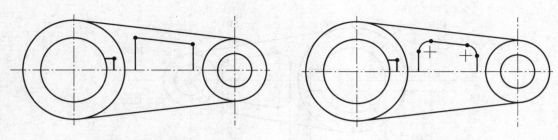

图 2.18　绘制直线段　　　　　　　　　　　图 2.19　倒圆角

②镜像图元。用鼠标框选如图 2.19 所示水平中心线上方未封闭的几何图元;单击【草绘管理器】工具条上 ⚲·按钮中的 ‐ 小按钮,系统弹出【镜像、缩放及旋转】工具条 ⚲ ⚲,单击 ⚲ 按钮;然后再单击水平中心线,即可完成图元的镜像操作,效果如图 2.20 所示。

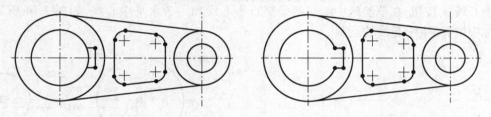

图 2.20　镜像图元　　　　　　　　　　图 2.21　剪切图元

③剪切图元。单击【草绘管理器】工具条上的【动态剪切】按钮 ⚲,剪切掉草图中多余的线条,如图 2.21 所示。

4)添加几何约束

①单击【草绘管理器】工具条上的 ⚲ 按钮;在系统弹出的【几何约束】对话框中单击 ∥ 按钮,使得内轮廓的斜线与外公切线平行。

②其次【几何约束】对话框中单击 ⬍ 按钮,对草图中 3 条竖直方向的直线进行竖直约束。

③然后在【几何约束】对话框中单击 ⬌ 按钮,对草图中 2 条水平方向的直线进行水平约束。

最后,单击鼠标中键,即可完成几何约束的添加,效果如图 2.22 所示。

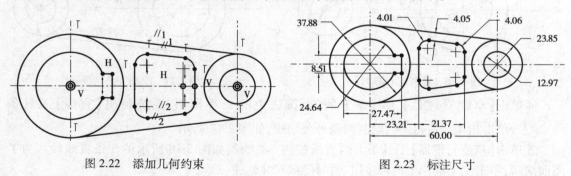

图 2.22　添加几何约束　　　　　　　　　图 2.23　标注尺寸

5)标注尺寸

单击【草绘管理器】工具条上的 ⚲ 按钮,标注草图尺寸。为了使图面清晰,单击主工具栏上的 ⚲ 按钮,暂时隐藏约束符号,效果如图 2.23 所示。

6）修改尺寸

单击【草绘管理器】工具条上的 按钮，或者双击需要修改的尺寸，修改草图尺寸，效果如图 2.24 所示。

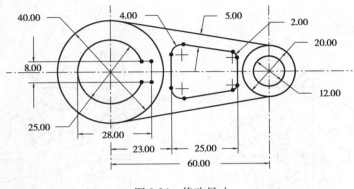

图 2.24　修改尺寸

7）检测草绘

①激活主工具栏上的 按钮，对草图封闭截面内部进行着色显示，如图 2.25 所示。如果与图中效果不同，说明草绘可能存在截面未封闭的问题。

②激活主工具栏上的 按钮，检查有无没有封闭的端点，如果存在，系统将会高亮显示开放断点，请使用几何约束进行修改。

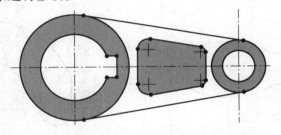

图 2.25　检测草绘

8）保存文件

①单击主工具栏上的【保存】按钮 。

②在系统弹出的【保存对象】对话框中选择保存路径，单击【确定】按钮，完成保存。

本章小结

本章主要介绍了 Creo Elements Pro 5.0 Wildfire 5.0 的二维草绘功能模块，包括基本绘图功能、编辑功能、约束功能以及辅助工具。因为篇幅有限，所以没有对草绘中的功能进行详细介绍，读者可以经过练习熟悉草绘的各个功能。其中，几何约束功能的技巧比较多，应该掌握使用恰当的几何约束。掌握了草绘，才能够在后边章节的学习中得心应手。

本章习题

草绘下列平面图：

(1)　　　　　　　　　　　　　　　　(2)

(3)　　　　　　　　　　　　　　　　(4)

(5)　　　　　　　　　　　　　　　　(6)

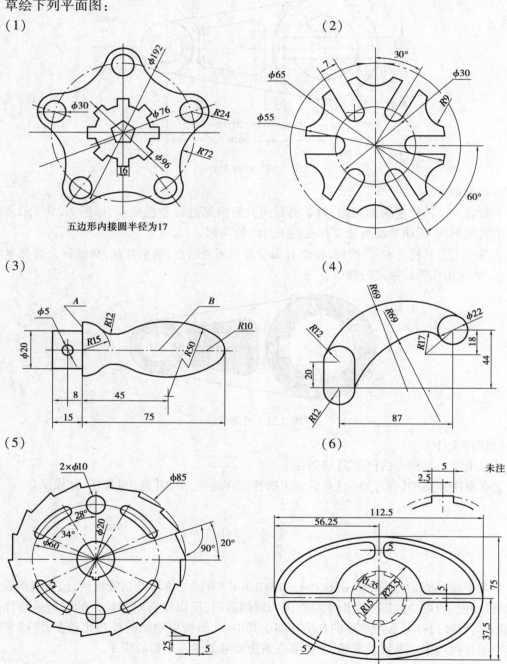

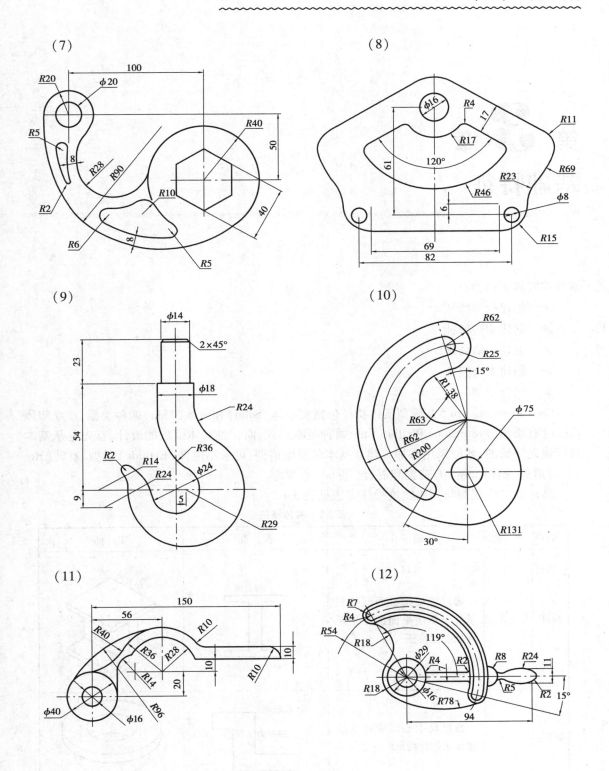

（7）

（8）

（9）

（10）

（11）

（12）

第 **3** 章
基础特征

本章主要知识内容：
➢ 创建拉伸特征
➢ 创建旋转特征
➢ 创建扫描特征
➢ 创建混合特征
➢ 综合实例

Creo Elements Pro 5.0 模型实体特征包括实心体(Solid)和薄体(Thin)两种类型,建立实体特征时有添加(Protrusion)和切除(Cut)两种基本形式,而三维实体模型的设计,首先是从基本特征建立开始的,才能采用添加。建立基本的三维造型,可采用拉伸(Extrude)造型、旋转(Revolve)造型、扫描(Sweep)造型和混合(Blend)造型等。

具体的二维截面与扫描轨迹操作方法见表 3.1。

表 3.1 实体特征

名称	图标	简 介	截 面	实 体
拉伸		通过将二维截面延伸到垂直于草绘平面的指定距离处创建特征	 二维截面	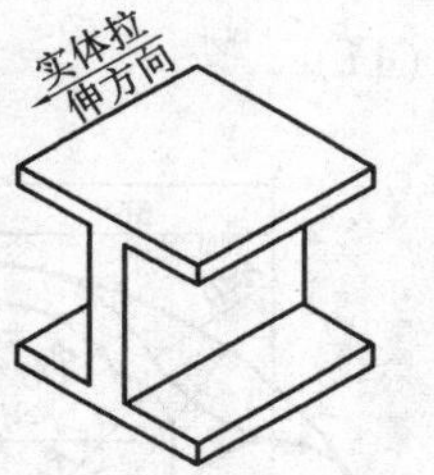 实体拉伸方向
旋转		通过绕中心线旋转草绘截面来创建特征	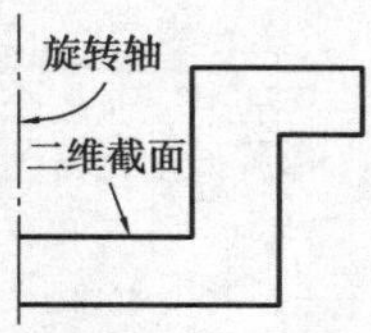 旋转轴 二维截面	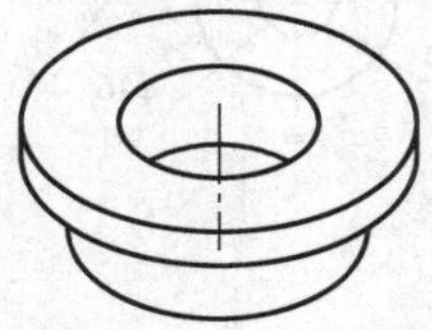

续表

名称	图标	简　介	截　面	实　体
扫描		通过草绘或者选取轨迹,然后沿该轨迹草绘截面来创建特征	 轨迹线 二维截面	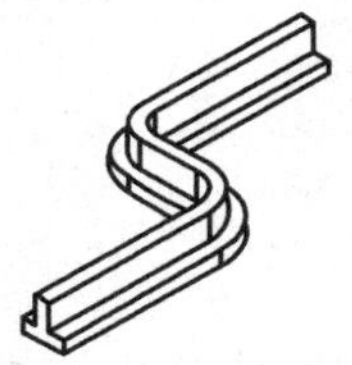
混合		若干个平面截面在其边处用过渡曲面连续形成一个连续特征	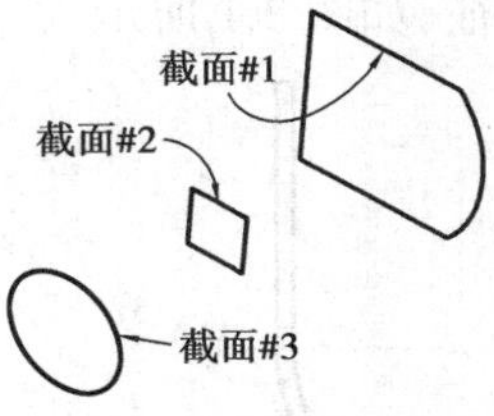 截面#1 截面#2 截面#3	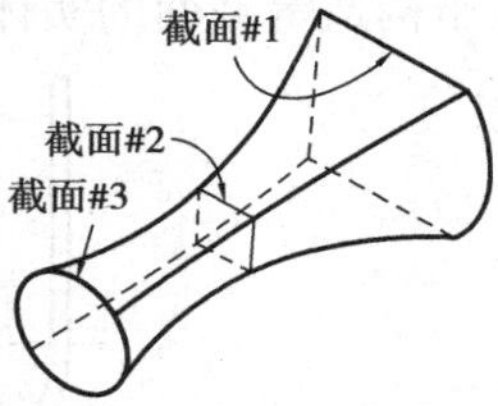 截面#1 截面#2 截面#3

（1）**特征**

"特征"和"特征添加"的概念和方法,是由美国著名的制造业软件系统供应商 PTC 公司较早提出来的,并将它运用到了 Creo Elements Pro 5.0 软件中。

目前,"特征"或者"基于特征的"这些术语在 CAD 领域中频频出现,在创建三维模型时,普遍认为这是一种更直接、更有用的创建表达方式。一般来说,"特征"构成一个零件或者装配件的单元,虽然从几何形状上看,它也包含作为一般三维模型基础的点、线、面或者实体单元,但更重要的是,它具有工程制造意义。也就是说,基于特征的三维模型具有常规几何模型所没有的附加的工程制造等信息。

用"特征添加"的方法创建三维模型的优点:

①表达更符合工程技术人员的习惯,且三维模型的创建过程与其加工过程十分相近,软件容易上手和深入。

②添加特征时,可附加三维模型的工程制造等信息。

③在模型的创建阶段,由于特征结合于零件模型中,并且采用来自数据库的参数化通用特征来定义几何形状,这样在设计进行阶段就可以很容易地做出一个更为丰富的产品工艺,能够有效地支持下游活动的自动化,如模具和刀具等的准备、加工成本的早期评估等。

（2）**建模方法**

用 Creo Elements Pro 5.0 系统创建零件模型,其方法十分灵活,按大的方法分类,有如下三种:

1）"积木式"的方法

这是大部分机械零件的实体三维模型的创建方法。这种方法是先创建一个能反映零件主要形状的基础特征,然后在这个基础特征上添加一些其他的特征,如伸出、切槽(口)、倒角、圆角等。

2）由曲面组成零件的实体三维模型的方法

这种方法是先创建零件的曲面特征,然后把曲面转换成实体模型。

3)从装配中生成零件的实体三维模型的方法

这种方法是先创建装配体,然后在装配体中创建零件。本章将主要介绍用第1种方法创建零件模型的一般过程。

3.1 拉伸特征

拉伸特征(Extrude)是沿着截面的垂直方向移动截面,截面扫过的体积构成拉伸特征,它适合于构造等截面的实体特征,如图3.1所示。

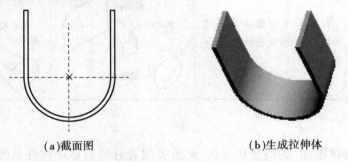

(a)截面图　　　　　　　　　　(b)生成拉伸体

图3.1　拉伸特征

3.1.1 创建拉伸特征的一般步骤

在 Creo Elements Pro 5.0 中,创建拉伸特征主要使用【拉伸特征操作】对话框,进入【插入】→【拉伸】菜单或单击窗口右侧的拉伸工具按钮,可以打开【拉伸特征操作】对话框,如图3.2所示。

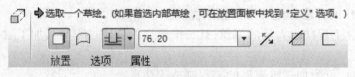

图3.2　【拉伸特征操作】对话框

①【放置】:定义特征的拉伸截面。

②【选项】:定义特征的拉伸方式、方向和双侧拉伸深度等。单击该按钮,出现如图3.3所示的选项面板,其中侧1为第一拉伸方向,侧2为第二拉伸方向(与侧1方向相反);单击下拉键,可以选择拉伸方式。拉伸方式共有6种,见表3.2;在输入框 10.00 中输入拉伸深度。

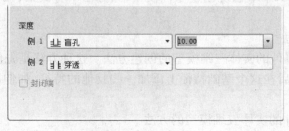

图3.3　【选项】面板

38

③【属性】:确定特征名称和查看特征信息。单击该按钮,弹出如图 3.4 所示面板。可以在这里更改和确认特征名称,单击 🛈 可以查看特征的相关信息。

图 3.4　【属性】面板

3.1.2　拉伸特征的深度

建立拉伸特征时必须指定其深度,系统提供了多种不同的定义形式,各深度定义的功能与使用见表 3.2。

表 3.2　6 种拉伸方式

拉伸图标	含　义	说　明	备　注
	盲孔	单向拉伸到某一固定深度	
	对称	沿草绘平面向两侧对称拉伸到某一深度	输入的深度值是两侧拉伸后的总深度值
	到选定面	将截面拉伸到某一选定点、曲线、平面或曲面	
	到下一个	拉伸截面,直至与下一个平面或曲面相交	
	穿透所有	将截面拉伸与所有平面或曲面相交	
	穿至	将截面拉伸与某一指定平面或曲面相交	

拉伸操作对话框中各快捷按钮的含义见表 3.3。

表 3.3　拉伸操作对话框中的快捷按钮

快捷按钮	定义与说明	备　注
	与"Placement"功能相同,用于定义拉伸特征的草绘平面和进入草绘模式	
	表示拉伸后得到实体	实体按钮与曲面按钮只能选择一个
	表示拉伸后得到曲面	
	是"Options"的快捷选择方式。单击下拉箭头,会弹出各拉伸方式选项,对应于"Options"中的各选项	

续表

快捷按钮	定义与说明	备 注
10.00 ▽	用于输入具体的拉伸数值	采用 ⟂ (到选定面)拉伸方式时,该输入框无效
╳	用于切换拉伸的方向	采用 ⊟ (对称)拉伸方式时,该按钮实际上没有意义
◿	表示剪切材料,即从现有的实体中减去当前正在创建的实体特征	若所创建的实体是第一个特征,则该按钮无效
⊏	表示拉伸薄壁类零件。单击这个按钮后,会出现两个新选项:10.00 ▽ ╳,用于输入薄壁厚度和选择薄壁加厚方向	如果选择拉伸实体按钮 ▢,则可以选择该按钮拉伸出薄壁类零件

【实例 3.1】创建如图 3.5 所示的棱柱特征。

棱柱体如图 3.5 所示,是一个简单的拉伸实体,其操作步骤如下:

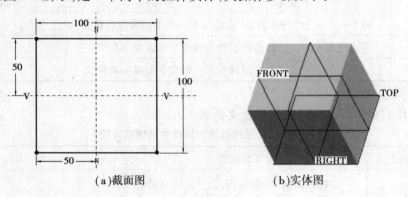

(a)截面图　　　　　　　(b)实体图

图 3.5　棱柱体

1)生成拉伸实体

①建立新文件。启动 Creo Elements Pro 5.0 后,建立一个新文件,文件类型选 Part,子类型选 Solid。去掉【使用默认模板】复选框前的"√",单击【OK】确认;在弹出的【新文件选项】对话框中,选择"mmns_part_solid"毫米制实体零件模板(Template)。

②绘制截面图。单击窗口右侧的拉伸工具按钮 ⊿,打开【拉伸操作】对话框。单击对话框中的 ▨ 按钮,打开【截面选择】对话框,选择 Top 面为草绘面,如图 3.6 所示。系统自动将 RIGHT 面作为右视方向的放置参考面,接受系统默认设置,单击 草绘 按键,进入草绘。

绘制截面如图 3.7 所示,完成后单击 ✔,退出草绘,单击 ✔,退出截面绘制。

③设置深度。在【拉伸操作】对话框中,单击【选项】按钮,将拉伸方式设置为 ⊟ (对称),设置深度为 100 mm,如图 3.8 所示。

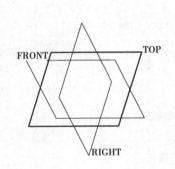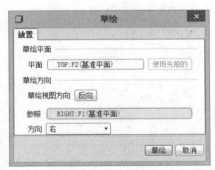

图 3.6 选择草绘平面

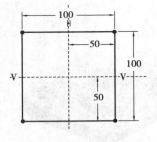

图 3.7 草绘截面形状　　　　　图 3.8 【选项】的设置

④生成拉伸实体。单击【拉伸操作】对话框右侧的【确认】按钮✔，即生成拉伸实体特征，如图 3.5 所示。

2）生成薄壁实体特征

若生成薄壁实体特征零件，则应在【拉伸操作】对话框中单击薄壁类零件拉伸按钮▢，并输入薄壁厚度 5。单击【确认】按钮✔后，生成薄壁实体，如图 3.9 所示。

3）生成不封闭的拉伸曲面特征

在 Creo Elements Pro 5.0 中，拉伸曲面与拉伸实体都采用【拉伸操作】对话框生成。单击【拉伸操作】对话框中的【拉伸曲面】按钮▨，生成后得到如图 3.10 所示的不封闭的拉伸曲面。

4）生成封闭的拉伸曲面特征

若要生成封闭的拉伸曲面，则在对话框中单击【曲面】按钮▢后，单击【选项】下拉框，并选中下拉框中的【封闭端面】选项，如图 3.12 所示，生成的封闭拉伸曲面如图 3.11 所示。

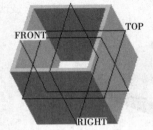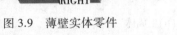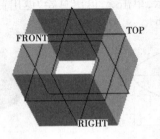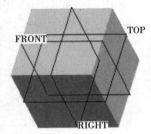

图 3.9 薄壁实体零件　　图 3.10 不封闭的拉伸曲面　　图 3.11 封闭的拉伸曲面

【实例 3.2】建立如图 3.13 所示的底座零件

底座零件如图 3.13 所示，它是一个典型的可以采用拉伸叠加和拉伸切割方法生成的零

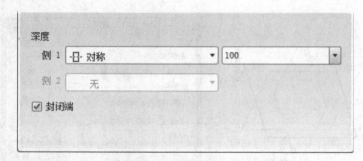

图 3.12 "选项"设置

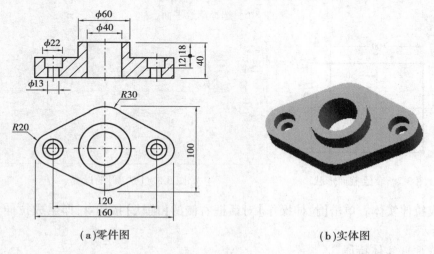

(a)零件图   (b)实体图

图 3.13 底座

件。其生成步骤如下:

1)创建叠加体

①建立新文件。建立新文件,文件类型为实体零件(Part 与 Solid),不使用默认模板,选择"mmns_part_solid"毫米制模板。

②创建第一个拉伸体。

a.打开【拉伸操作】对话框,单击☑按钮,选择 Top 面为草绘面,其余接受系统默认设置,单击 草绘 按钮,进入草绘。

b.绘制截面如图 3.14(a)所示,单击✔,退出草绘,退出截面绘制。

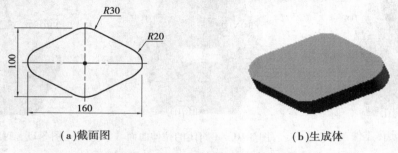

(a)截面图   (b)生成体

图 3.14 底座的第一个拉伸体

c.在【拉伸操作】对话框中,将拉伸方式设为 Blind(盲孔)方式,深度为 22 mm,单击 ✔,生成底座的第一个拉伸体,如图 3.14(b)所示。

③创建第二个拉伸体。

a.进入【拉伸操作】对话框,以第一个拉伸体的上表面为草绘面(如图 3.15 所示)。

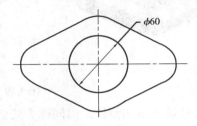

图 3.15　选择草绘平面　　　　图 3.16　第二个拉伸体草绘截面

b.将拉伸深度设为 18mm,其余保留默认设置,单击【确认】按钮 ✔,生成底座的第二个拉伸体,如图 3.16 所示。

2)创建切割体

①创建第一组切割体。

a.单击 ⬚ 按钮,打开【拉伸操作】对话框,单击 ⬚ 按钮,选择第二个拉伸体的上表面为草绘面,如图 3.17 所示。其余接受系统默认设置,进入草绘。

b.绘制截面如图 3.18(a)所示,完成后退出。

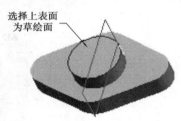

图 3.17　第一组切割体草绘面

c.在【拉伸操作】对话框中单击切割按钮 ⬚,并将拉伸方式设为 ⬚(穿透所有方式),其余保留默认设置。

注意:切割方向向内,拉伸方向向下,如图 3.18(b)所示。若方向不正确,则单击方向按钮 ⬚,更换方向。

d.单击【确认】按钮 ✔,生成底座的第一组切割体,如图 3.18(c)所示。

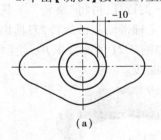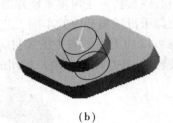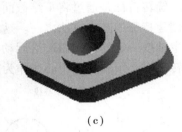

(a)　　　　　　　　(b)　　　　　　　　(c)

图 3.18　生成第一组切割体

②创建第二组切割体。

a.进入【拉伸操作】对话框,单击 ⬚ 按钮,选择第一个拉伸体的上表面为草绘面,如图 3.19(a)所示。其余接受系统默认设置,进入草绘。

b.绘制截面如图 3.19(b)所示,完成后退出。

c.在【拉伸操作】对话框中,单击切割按钮 ⬚,将拉伸方式设为 ⬚(穿透所有方式),其余保留默认设置。应注意切割拉伸方向的选择。

d.单击【确认】按钮 ✔,生成底座的第二组切割体,如图 3.19(c)所示。

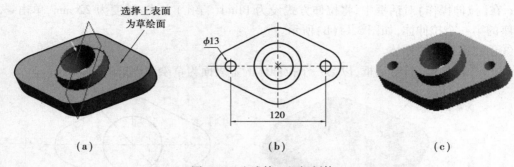

图 3.19　生成第二组切割体

③创建第三组切割体。以同样方式创建第三组切割体,截面草绘图如图 3.20 所示,切割深度为 12 mm。

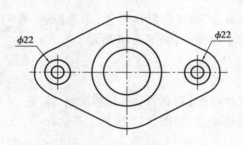

图 3.20　第三组切割体草绘图

最后完成零件如图 3.13 所示。

3.2　旋 转 特 征

旋转特征是通过将草绘截面中心线旋转一定角度来创建的一类特征,可将"旋转"工具作为创建特征的基本方法之一。这类似于机械制造中的车削工艺,主轴带动工件旋转,刀具相对于主轴按一定的轨迹做进给运动就可以加工出回转类的零件,如图 3.21 所示。其中,绘制的旋转截面必须有一条中心线作为旋转轴,并且截面必须是封闭的曲线。

(a)截面图　　　　　　　　　　　　　(b)旋转体

图 3.21　旋转特征

3.2.1　建立旋转特征的一般步骤

旋转操作命令集中在【旋转特征操作】对话框中,进入【插入】→【旋转】菜单或单击 ⟨⟩ 按钮,可以打开【旋转特征操作】对话框,如图 3.22 所示。其中各按键功能与【拉伸特征操作】对话框基本相似,只是输入框 360.00 中要求输入的是角度,而不是深度。

图 3.22 【旋转特征操作】对话框

3.2.2 旋转特征的截面

建立旋转特征时,其截面必须符合以下要求:

①截面中必须有一条中心线作为旋转轴;

②若为实心体类型,其截面必须是封闭的且允许嵌套;若为薄体类型,则截面可封闭或开口;

③所有截面图元必须位于旋转轴的同一侧;

④截面中若有两条以上的中心线,系统会默认最先建立的中心线作为旋转轴。

旋转操作对话框中各快捷按钮的含义见表 3.4。

表 3.4 创建旋转实体特征的各个按钮功能介绍

按　钮	功能介绍
	选中该按钮,表示将创建旋转实体特征
	选中该按钮,表示将创建旋转曲面特征
	单击该按钮可以激活旋转轴收集器,只有在使用外部旋转轴定义旋转特征时,该收集器才处于可用状态,否则处于不可用状态
	选中该按钮,表示将从草绘平面以指定的角度值旋转,系统默认旋转角度为360°。另外单击按钮,还将弹出按钮 和按钮 供用户选择。如果选中 按钮则表示系统将在草绘平面的两个方向上各以指定角度值的一半在草绘平面的两侧创建旋转特征,选中按钮 则表示将旋转至指定的点、平面或曲面来创建旋转特征
	该下拉框用于指定旋转角度,默认为360°。用户可以直接在该下拉框中选择角度值,也可以直接输入要旋转的角度值
	单击该按钮,可将旋转的角度方向更改为草绘平面的另一侧
	以去除材料的方式创建旋转特征。当绘图区不存在基础特征时,该按钮不可用。当选中 按钮时还会出现对应的按钮 以控制去除材料的方向
	选择该按钮,表示加厚草绘,即将厚度应用到草绘

3.2.3 旋转特征的角度

建立旋转特征时,系统提供了多种定义旋转角度的方法。旋转特征角度定义的功能和使用说明见表 3.5。

表 3.5　旋转特征的角度定义

角度定义选项	功能与使用说明
变值	以数值输入方式直接指定旋转角度,其数值范围仅限于 0°～360°,不能等于 0°或 360°
90/180/270/360	定旋转角度值为 90°、180°、270°或 360°
Up To Pnt/Vix（至点/顶点）	选取某基准点或顶点来定义旋转特征的终止处,特征将旋转至通过该点的"假想平面"为止
Up To Plane（至平面）	选取某基准面或零件表面作为旋转特征的终止处,且要求旋转轴必须位于该平面上

下面以实例来创建旋转特征。

【实例 3.3】建立如图 3.23 所示的柱塞零件。

柱塞是一个典型的回转体类零件,如图 3.23 所示,可以采用旋转叠加和旋转切割方式生成。

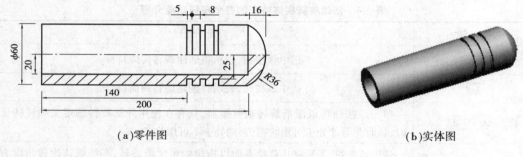

（a）零件图　　　　　　　　　　　　　（b）实体图

图 3.23　柱塞

操作步骤如下:

1）建立新文件

建立新文件,文件类型为实体零件（Part 与 Solid）,不使用默认模板,选择【mmns_part_solid】毫米制模板。

2）创建柱塞实体

①单击【旋转工具】按钮，打开【旋转操作】对话框。单击【草绘】按钮，选择 Top 面为草绘面,其余接受默认设置,进入草绘。

②绘制截面如图 3.24（a）所示,完成后退出草绘。

注意:在绘制旋转特征的截面图时,必须满足以下两个条件:

● 必须具有旋转中心线。中心线采用　方式画出,如图 3.24（a）所示的水平线即为旋转中心线。

● 若生成旋转实体,则截面图必须封闭;若生成旋转曲面,则截面图可以不封闭,如图 3.23（a）中所示的草绘图就是一个封闭图框。

● 在【旋转操作】对话框中,接受旋转角度为 360°的设置及其他默认设置。

● 单击【确认】按钮，生成柱塞的旋转实体,如图 3.24（b）所示。

3)创建柱塞的圆形端面

①再次打开【旋转操作】对话框,单击 按钮,在【草绘面选择】对话框中选择 使用先前的 按键,仍然采用上一次的草绘面和设置方式,单击 草绘 按键,进入草绘。

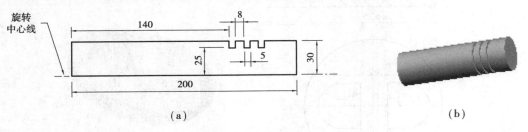

图 3.24　柱塞实体

②绘制截面如图 3.25(a)所示,完成后退出草绘。

③在【旋转操作】对话框中接受默认设置,单击 ,生成柱塞的圆形端面,如图 3.25(b)所示。

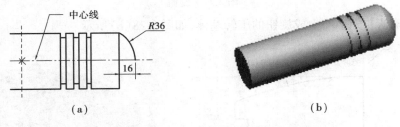

图 3.25　生成柱塞的圆形端面

4)切割内孔

①打开【旋转操作】对话框,单击 ,单击 使用先前的 按钮,仍然采用上一次的草绘面进入草绘。

②绘制截面如图 3.26 所示,完成后退出草绘。

③在【旋转操作】对话框中单击切割按钮 ,表示切去内孔,其余接受默认设置。

④单击【确认】按钮 ,生成柱塞,如图 3.23(b)所示。

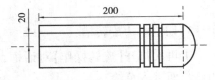

图 3.26　内孔草绘截面图

【实例 3.4】建立如图 3.27 所示的旋钮零件。

旋钮如图 3.27 所示,可以用旋转和旋转切割方式生成旋钮。操作步骤如下:

1)建立新文件

建立新文件,文件类型为实体零件(Part 与 Solid),选择"mmns_part_solid"毫米制模板。

2)创建旋钮基体

①单击【旋转工具】按钮 ,打开【旋转操作】对话框。单击 ,选择 Front 面为草绘面,其余接受默认设置进入草绘。

②绘制截面如图 3.28(a)所示。完成草绘截面后,单击【确认】按钮 ,退出截面绘制。

③在【旋转操作】对话框中,接受旋转角度为 360°的设置及其他默认设置。

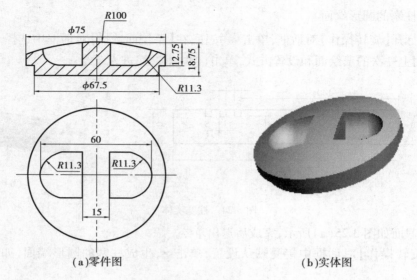

(a)零件图   (b)实体图

图 3.27　旋钮

④单击【确认】按钮✔,生成旋钮的旋转基体,如图 3.28(b)所示。

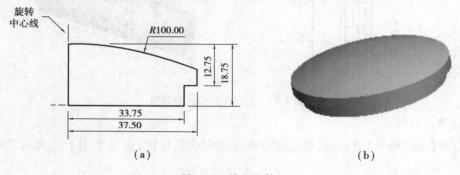

(a)   (b)

图 3.28　旋钮基体

3)切割右边旋转槽

①再次打开【旋转操作】对话框,单击🖉,在对话框中单击 使用先前的 按钮,仍采用上一次的草绘面进入草绘。

②绘制截面如图 3.29(a)所示。

③在【旋转操作】对话框中单击切割按钮⌀,以切去内槽,其余接受默认设置。

④单击✔,生成右边的切割旋转槽,如图 3.29(b)所示。

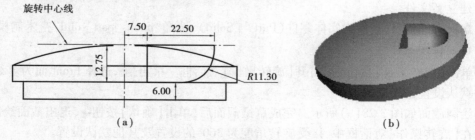

(a)   (b)

图 3.29　切割旋转槽

4）切割左边旋转槽

采用与上一步同样的操作方式生成左边的旋转槽。最终生成的旋钮零件三维实体如图 3.27（b）所示。

3.3　扫描特征

扫描（Sweep）特征就是将某一截面沿着轨迹线移动而产生的特征，通过扫描可以形成实体、薄板或曲面等，如图 3.30 所示。使用扫描建立增料或减料特征时，首先要有一条轨迹线，然后再建立沿轨迹线扫描的特征截面。

（a）封闭轨迹线　　　　　　　　　　（b）不封闭轨迹线

图 3.30　扫描特征

3.3.1　扫描特征的属性

扫描特征由轨迹线（Trajectory）和截面（Section）两大要素组成，截面在扫描过程中始终不发生变化且始终垂直于选定的轨迹线。按照轨迹线与截面关系的不同，扫描特征的属性有以下两种情况。

（1）轨迹线为封闭型，特征截面为封闭型或开口型

扫描特征的轨迹线如为封闭型，则定义属性时显示的【属性】菜单如图 3.31 所示。

图 3.31　封闭轨迹的属性设定

该菜单提供了两种不同的设定，【增加内部因素】表示创建特征时自动添加上下表面以形成内部实体，该命令仅限于开口型截面，并且要求开口方向朝向封闭轨迹线的内部，如图3.32（a）所示；【无内部因素】表示创建特征时不添加上下面，仅限于封闭型截面，如图3.32（b）所示。

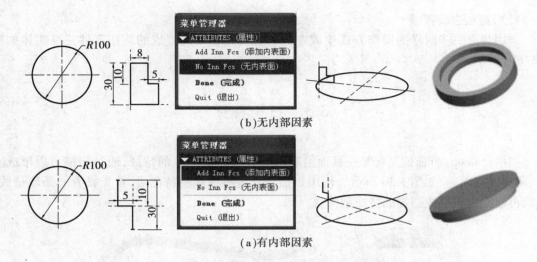

图 3.32　【增加内部因素】和【无内部因素】命令的应用

(2) 轨迹线为开口型, 特征截面必须为封闭型

如果轨迹线为开口并且其一端与已有特征实体相接, 则系统会提供两种属性设定, 如图
3.33 所示。其中,【合并终点】表示将扫描特征自动延伸, 与实体特征在连接端完全接合, 如图
3.34(a)所示;【自由端点】表示扫描特征不考虑与已有特征实体相接, 而保持原本扫描的效
果, 如图 3.34(b)所示。

(a)【合并终点】　(b)【自由端点】

图 3.33　开口轨迹的属性设定　　　　图 3.34　【无内部因素】命令的应用

由上述可知, 轨迹线有开放型和封闭型两种, 截面也有开放型和封闭型两种形式, 但开放
型轨迹线不能与开放型截面相结合, 建立扫描特征时, 轨迹线仅是截面扫描移动的参考路径,
因而截面可与轨迹线相接, 如图 3.35 所示。但是, 轨迹线与截面间应相互协调, 避免因截面过
大或轨迹线曲率半径过小而导致干涉现象, 使特征建立失败。

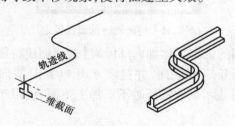

图 3.35　轨迹线与截面的位置关系

Creo Elements Pro 5.0 在扫描操控板中还提供了创建扫描特征的各种功能按钮,各按钮的功能见表 3.6。

表 3.6　创建扫描实体特征的各个按钮功能介绍

按　钮	功能介绍
□	选中该按钮,表示将创建扫描实体特征
□	选中该按钮,表示将创建扫描曲面特征。系统默认创建扫描曲面特征
☑	选择该按钮,将打开内部截面草绘器以创建或编辑扫描截面
◢	以去除材料的方式创建扫描特征。当绘图区不存在基础特征时,该按钮不可用。当选中 ◢ 按钮时还会出现对应的 ✗ 按钮以控制去除材料的方向
⊏	选择该按钮,表示加厚草绘,即将厚度应用到草绘,表示创建薄板特征。只有在创建扫描实体特征或者在裁剪面组时,该按钮才处于可用状态
✗	单击该按钮,表示将材料的伸出项方向更改为草绘的另一侧

3.3.2　扫描特征的建立

进入【插入】→【扫描】菜单,弹出图 3.36 所示选项菜单。选择生成的扫描类型后,即可进行扫描特征的创建,这种方式只能建立恒定截面的扫描特征。

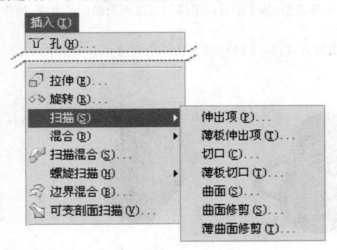

图 3.36　扫描进入菜单

生成扫描体的基本要素包括轨迹线和截面线两大类。

轨迹线可以在进入扫描菜单前生成,也可在进入扫描菜单后直接草绘生成,两种方式的操作步骤为:

（1）**草绘轨迹线方式**

【插入】→【扫描】→【伸出项】→【草绘轨迹】→选择 FRONT 面→【确定】,具体步骤如图 3.37 所示。

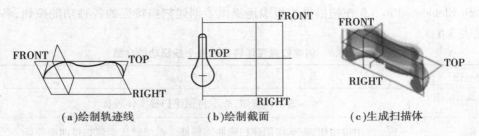

图 3.37　【草绘轨迹线】命令的应用

（2）选取轨迹线方式

【插入】→【扫描】→【伸出项】→【选取轨迹】→选择轨迹线→【确定】，具体步骤如图 3.38 所示。

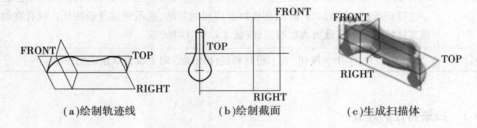

图 3.38　【选取轨迹线】命令的应用

【实例 3.5】创建如图 3.39 所示的水杯零件。

图 3.39 所示的水杯造型，其手柄可以采用恒定截面扫描方式生成，操作步骤如下：

1）建立水杯杯体

采用旋转薄壁造型方式，并以 FRONT 面为草绘面建立水杯杯体，如图 3.40 所示。尺寸与壁厚可自定。

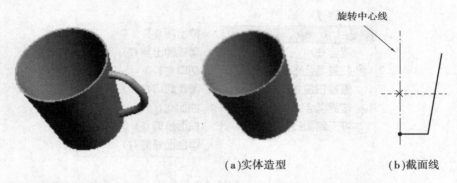

图 3.39　水杯造型　　　　　　　　　　图 3.40　水杯杯体

2）扫描手柄

①进入【插入】→【扫描】→【伸出项】，在弹出的选项菜单中选择【草绘轨迹线】，并以 FRONT 面为草绘面绘制轨迹线，如图 3.41 所示。轨迹线的两端点与杯体的侧边线采用 约束方式进行对齐，完成后单击✔确认。

②系统自动进入截面草绘状态，绘制一个圆作为截面，如图 3.42 所示，单击✔按钮。

　　图 3.41　扫描轨迹线　　　　　　　　　　　　　　图 3.42　截面线

　　③由于扫描特征的两端需要与杯体进行接合,所以系统弹出如图 3.43 所示的【端点接合属性】菜单。若选择【自由端点】方式,则扫描结果如图 3.44 所示;若选择【合并终点】方式,则扫描结果如图 3.45 所示。

　　④在【扫描特征管理】对话框中单击【预览】按钮进行预览,若需要修改,则选择相应选项后,单击【定义】进行重新定义;若不需要修改,则单击【确定】按钮。

图 3.43　轨迹线端点接合属性菜单

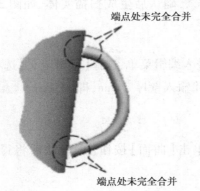
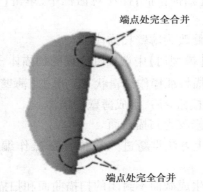

　　图 3.44　【自由端点】方式　　　　　　　　　图 3.45　【合并终点】)方式

【实例 3.6】创建如图 3.46 所示的弯管零件

弯管如图 3.46(c)所示,是一个简单的扫描实体,其操作步骤如下:

1)建立新文件

建立新文件,文件类型为实体零件(Part 与 Solid),不使用默认模板,选择"mmns_part_solid"毫米制模板。

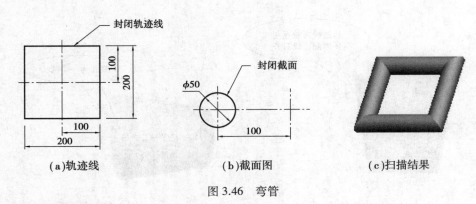

（a）轨迹线　　　　　　　　（b）截面图　　　　　　　　（c）扫描结果

图 3.46　弯管

2）绘制扫描轨迹线

单击【草绘曲线】按钮 ~，选择 TOP 面为草绘面，绘制扫描轨迹线如图 3.46（a）所示，完成后退出。这是一条封闭轨迹线。

3）绘制截面图

①单击【插入】→【扫描】→【伸出项】，打开【扫描特征操作】对话框，此时草绘按键 处于无效状态，只有在选择了扫描轨迹线后，才能进入截面草绘。用鼠标单击刚绘制好的轨迹线作为扫描轨迹线。

②进入【参照】下拉框，确认截面控制方向为【截面垂直于轨迹线】，其余按默认设置。

③打开【选项】下拉框，选择扫描类型为【恒定剖面】，其余按默认设置。

④单击 ，系统自动进入与轨迹线垂直方向的草绘模式。绘制截面如图 3.46（b）所示，完成后单击 ✔ 退出。这是一条封闭截面图形。

4）生成扫描实体特征

在【扫描特征】操作对话框中，单击【实体】按钮 ，确认后生成扫描实体，如图 3.46（c）所示。

5）修改为薄壁扫描体

在【模型树】中选择刚生成的扫描体，单击右键进入编辑菜单，选择【编辑定义】选项，重新进入扫描特征操作编辑状态。单击【薄壁】按钮 ，并输入壁厚 2 mm，即 。单击【确认】按钮 ✔ 后，生成薄壁扫描体。

6）修改为扫描曲面

同上方法重新进入扫描特征操作编辑状态。单击【曲面】按钮 ，确认后将得到扫描曲面。

7）生成截面不封闭的扫描曲面和扫描薄壁体

①重新进入扫描特征操作编辑状态，再次单击按钮 ，进入截面草绘。删除原截面图的上半圆弧，使截面图变成不封闭图形，完成后退出。

②单击【曲面】按钮 ，确认后生成截面不封闭的扫描曲面，如图 3.47 所示。

③单击【实体】按钮 ，系统弹出壁厚输入框 ，输入壁厚 10mm，确认后生成截面不封闭的扫描薄壁体，如图 3.48 所示。

【实例 3.7】建立如图 3.49 所示的工字钢轨道。

工字钢轨道是一个轨迹线不封闭的扫描实体，如图 3.49 所示，其操作步骤如下：

图 3.47　截面不封闭的半弯管曲面

图 3.48　截面不封闭的薄壁弯管

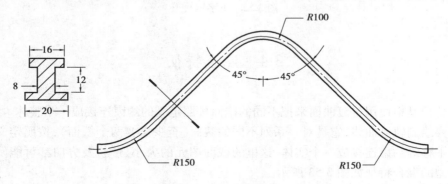
图 3.49　工字钢轨道

1）建立新文件

建立新文件，文件类型为实体零件（Part 与 Solid），不使用默认模板，选择"mmns_part_solid"毫米制模板。

2）绘制扫描轨迹线

单击【草绘曲线】按钮，选择 TOP 面为草绘面，绘制扫描轨迹线如图 3.50 所示。这是一条不封闭的轨迹线。

3）绘制截面图

①打开【扫描操作】对话框，选择已绘制好的轨迹线作为扫描轨迹线。

②打开【参照】下拉框，确认截面控制方向为【截面垂直于轨迹线】，其余按默认设置。

③打开【选项】下拉框，选择扫描类型为【恒定剖面】，其余按默认设置。

④单击按钮，系统自动进入与轨迹线垂直方向的草绘模式。绘制截面如图 3.51 所示。这是一条封闭的截面图形。

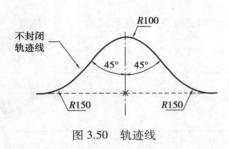
图 3.50　轨迹线

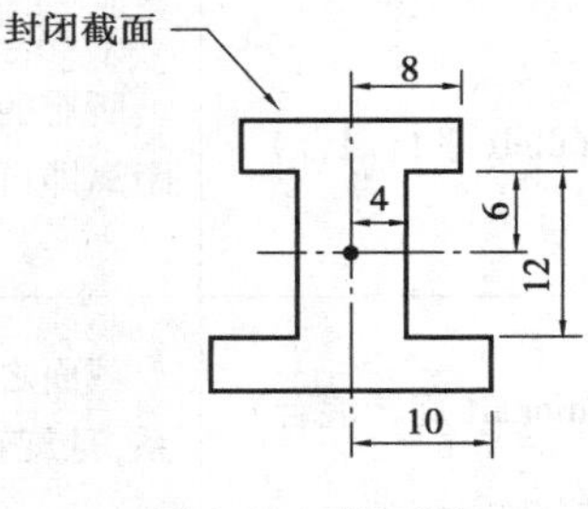

图 3.51　截面图

4）生成扫描实体特征

单击【扫描操作】对话框的，单击确认后生成工字钢扫描实体，如图 3.52 所示。

图 3.52   工字钢轨道

3.4   混合特征

混合特征是指使用过渡曲面来把不同的截面按照定义的约束连接成一个整体。混合特征建模不需要绘制轨迹曲线,它是对一系列不同的截面(至少需要两个截面),按照定义的平行、旋转或者平移等约束连接成一个实体,这里的截面图元的大小、形状及方向都可能发生变化。这三种类型的混合特征如图 3.53 所示。

（a）Parallel（平行混合）　　　　（b）Rotational（旋转混合）　　　　（c）General（一般混合）

图 3.53   混合特征

3.4.1   混合特征的类型

混合特征有三种类型,各类型的特点见表 3.7。

表 3.7   混合特征的类型

混合特征的类型	特　点	示　例
Parallel（平行混合）	所有的截面互相平行,截面绘制完成后指定截面间的距离即可	
Rotational（旋转混合）	截面之间可以绕 Y 轴旋转一定角度(须指定局部坐标系,且旋转角小于 120°)	
General（一般混合）	截面之间可以绕 X, Y, Z 轴旋转一定角度或沿 X, Y, Z 轴平移一段距离(须指定局部坐标系)	

3.4.2　混合特征的建立

进入菜单【插入】→【混合】，可以看到混合特征具有实体、薄板和曲面等类型，如图3.54所示。这里主要以【伸出项】，即混合实体特征为例进行讲解，其他类型的创建步骤大致相同。

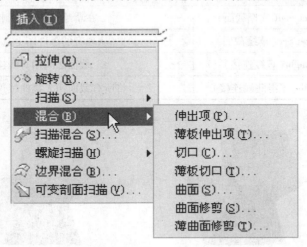

图 3.54　混合特征的进入菜单

（1）混合特征的类型

进入【插入】→【混合】→【伸出项】后，弹出【混合类型选项】面板和【连接属性选项】面板，如图3.55所示。其中，截面方式、截面来源和连接属性的说明见表3.8，【直线连接】和【光滑曲线连接】的不同结果如图3.56所示。

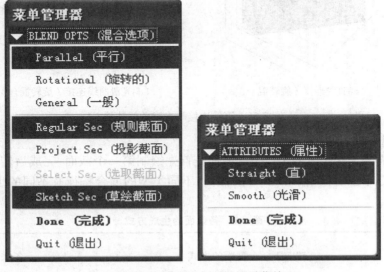

图 3.55　混合类型与属性级联菜单

表 3.8　混合特征的截面与连接属性

内　容	选择项	说　明
截面方式	Regular Sec（规则截面）	在草绘平面上绘制截面或从现有的零件图上选取
	Project Sec（投影截面）	首先在草绘平面上绘制截面或从现有的零件图上选取，然后投影到某个曲面，得到截面
截面来源	Select Sec（选择截面）	在草绘平面上绘制截面
	Sketch Sec（草绘截面）	从现有的零件图上选取截面
连接方式	Straight（直线连接）	截面之间用直线连接
	Smooth（光滑曲线连接）	将所有截面用光滑曲线连接在一起

（a)直线连接（平行混合）

（b)光滑曲线连接（平行混合）

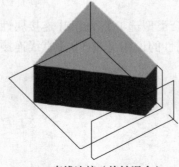

（c)直线连接（旋转混合）

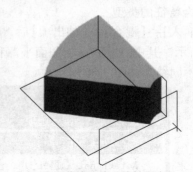

（d)光滑曲线连接（旋转混合）

图 3.56　直线连接与光滑曲线连接

（2）创建各截面

混合特征需要连接至少两个以上的截面。首先绘制第一个截面,完成后转而绘制第二个截面。对于第二个以后(包括第二个)的截面,不同类型的混合特征有不同的生成方式,见表 3.9。

表 3.9　各截面的生成方式

混合特征类型	转向下一个截面的方式	备　注
Parallel（平行混合）	完成前一个截面后,单击主菜单的【草绘】→【特征工具】→【切换截面】,绘制下一个截面	当原有截面变为灰色时,可以绘制下一个截面

续表

混合特征 类型	转向下一个截面的方式	备　注
Rotational （旋转混合）	完成前一个截面后，单击【草绘编辑】工具栏的✔，输入下一个截面与上一个截面间的旋转夹角（0°～120°），绘制下一个截面	①若绘制第三个以后的截面，系统会提问是否继续下一个截面，输入"Y"则继续；输入"N"则不再继续 ②绘制截面时，须用草绘编辑工具栏的 ⌶ 定义相对坐标系
General （一般混合）	完成前一个截面后，单击【草绘编辑】工具栏的✔，输入下一个截面与上一个截面间沿相对坐标系 X、Y、Z 方向的旋转角度（0°～120°），绘制下一个截面。完成所有截面绘制后，依顺序输入各截面间的偏移量	

（3）【开放实体】与【封闭实体】

当选择【旋转混合】和【一般混合】时，需要确定是【开放】实体还是【封闭】实体，其菜单选项如图 3.57（a）所示，开放旋转体如图 3.57（b）所示，封闭旋转体如图 3.57（c）所示。

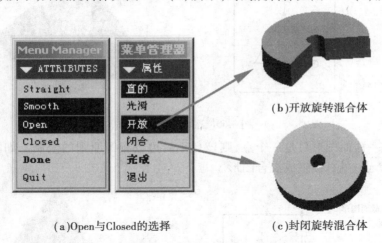

（a）Open 与 Closed 的选择　　　　（b）开放旋转混合体

（c）封闭旋转混合体

图 3.57　Open 与 Closed 的选择

（4）保证各截面的边数相等

无论创建何种类型的混合特征，所有的截面都必须具有相同数目的边，如图 3.58 所示。若遇到各截面的边数不等时，则可使用以下两种方法来解决。

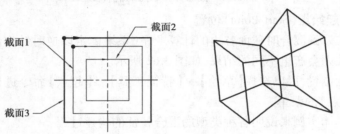

图 3.58　各截面边数相等

①使用【草绘】工具按钮 ⌐ 来增加分割点，可将一条边分割成多条边。例如，可以将圆分

割成多个圆弧,来满足边数相等的要求。图 3.59 所示即是将圆分割成 4 个圆弧后,与第一截面的 4 条边相对应,生成平行混合体。

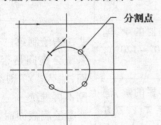

图 3.59 分割点的使用

②选择【草绘】→【特征工具】→【融合点】命令,可以将某一点指定为一条边,从而增加图形的边数。将某一点指定为融合点后,在该点即会出现一个小圆圈。图 3.60 所示是将三角形的某一点指定为融合点,来满足 4 条边的要求。

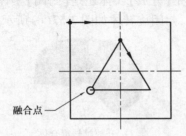

图 3.60 融合点的使用

注意:若某一截面图形只是一个点,则该点不受边数相等原则的限制。如图 3.61 所示的第二截面是一个点,可直接生成混合图形。

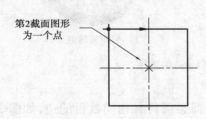

图 3.61 截面为一个点的混合图形

(5)注意截面起始点(Start Point)位置

起始点位置关系到混合时截面各边的计算顺序(系统内定以逆时针方向计算),截面间起始点位置若不一致则会产生不同的结果,如图 3.62 所示。

若更改起始点位置,可以选择【草绘】→【特征工具】→【起点】命令进行修改。如图 3.63 所示是进入【起始点】的菜单。

下面以一些具体实例来说明各种类型的混合特征的构建过程。

【实例 3.8】构建如图 3.64 所示的【平行混合】特征。

如图 3.64 所示为【平行混合】特征,其创建步骤如下:

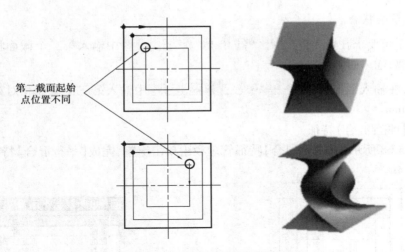

第二截面起始
点位置不同

图 3.62　起始点对生成图形的影响

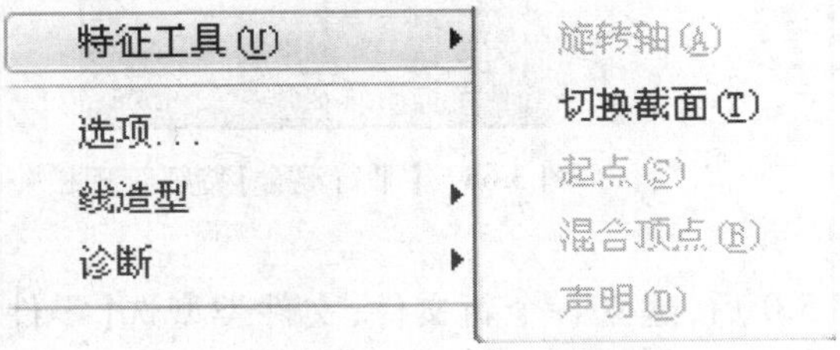

图 3.63　【起始点】菜单 　　　　　　　　图 3.64　【平行混合】特征

1)建立新文件

建立新文件,文件类型为实体零件(Part 与 Solid),不使用默认模板,选择"mmns_part_solid"毫米制模板。

2)选择混合特征类型

进入【插入】→【混合】→【伸出项】菜单,选择【平行混合】、【规则截面】、【草绘截面】和【光滑曲线连接】。

3)绘制截面图

①以 TOP 面作为草绘面,绘制第一个截面,如图 3.65 所示。

②在草绘状态中,选择【草绘】→【特征工具】→【切换截面】,此时第一个截面变为灰色。绘制第二个截面,如图 3.66 所示。

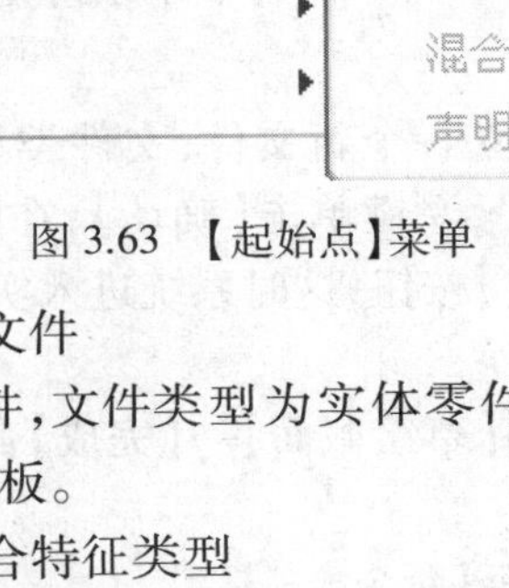

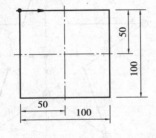

图 3.65　第一个截面

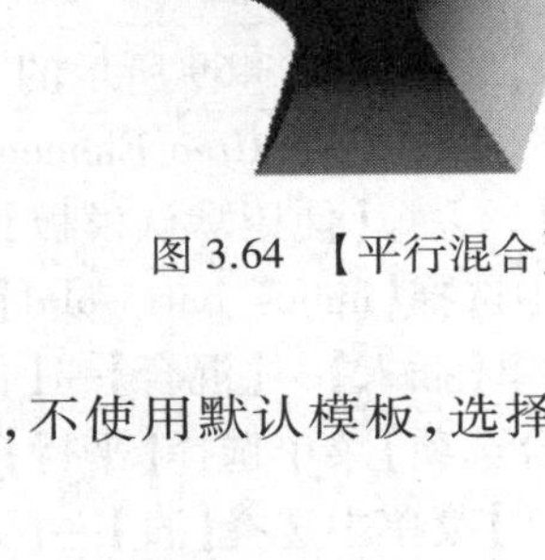

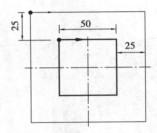

图 3.66　第二个截面

③同样利用【切换截面】命令,切换到绘制第三个截面图状态,绘制截面,如图 3.67 所示。

单击✔,退出草绘状态。

④此时系统要求在输入框 ⇨ Enter DEPTH for section 2 [50] ✔ ✗ 中输入第二个截面相对第一个截面的偏移距离,输入距离 50mm。

⑤同样,在输入框 ⇨ Enter DEPTH for section 3 [50.0000] ✔ ✗ 中输入第三个截面相对第二个截面的偏移距离 50mm。

4)生成【平行混合】特征

在如图 3.68 所示的【平行混合】特征管理栏中单击 确定 ,完成【平行混合】特征的创建。

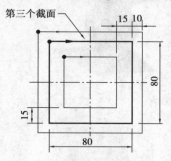

图 3.67　第三个截面

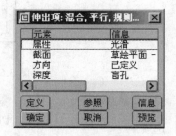

图 3.68　【平行混合】特征管理栏

【实例 3.9】绘制如图 3.69 所示的五角星。

①建立新文件。启动 Creo Elements Pro 5.0 后,建立一个新文件,文件类型选【零件】,子类型选【实体】。去掉【使用默认模板】复选框前的"√",左键单击【确认】,在弹出的【新文件选项】对话框中选择【mmns_part_solid】项,再单击【确定】按钮,这时系统进入实体建模环境。

②选择菜单【插入】→【混合】→【伸出项】命令。

③在【混合选项】菜单选择【平行】→【规则截面】→【草绘截面】→【完成】命令。

④在【属性】菜单中选择【直】→【完成】命令。

⑤在【设置草绘平面】→【新设置】菜单中选择【平面】命令。

⑥在图形区选择【TOP】面作为草绘平面。

⑦在【方向】菜单选择【确定】命令。

⑧在【草绘视图】菜单选择【缺省】命令,进入草绘环境,绘制如图 3.70 所示的五角星。

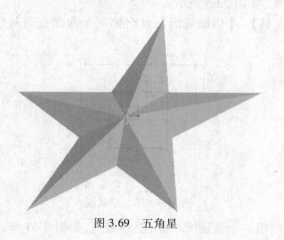

图 3.69　五角星

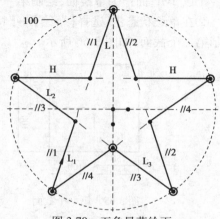

图 3.70　五角星草绘面

⑨选择【草绘】→【特征工具】→【切换截面】命令,在坐标中心创建一个点✕,单击工具栏✔完成点的创建。

⑩在【深度】菜单选择【盲孔】→【完成】命令,截面二深度为 10,单击✔。

⑪在【混合】对话框单击 确定 按钮,得到如图 3.69 所示的模型,按住鼠标中键在工作区拖动,预览特征。

⑫保存文件并关闭窗口,拭除不显示。

【实例 3.10】构建如图 3.71 所示的【旋转混合】特征。

如图 3.69 所示为【旋转混合】特征,其创建过程如下:

1)建立新文件

建立新文件,类型为实体零件(Part 与 Solid),不使用默认模板,选择"mmns_part_solid"毫米制模板。

2)选择混合特征类型

进入【插入】→【混合】→【伸出项】菜单,选择【旋转混合】、【规则截面】、【草绘截面】、【光滑曲线连接】、【开放实体】。

图 3.71　【旋转混合】特征

3)绘制截面图

①以 FRONT 面为草绘面,绘制第一个截面,如图 3.72 所示。(注意:绘制截面时,应使用⊥来定义相对坐标系)。单击按钮✔。

②在 ⇨Enter y_axis rotation angle for section 2 (Range: 0 - 120) 45.0000 ✔ ✕ 输入框中输入第二个截面相对第一个截面间的旋转角度 45°,绘制第二个截面,如图 3.73 所示(第一个截面变为灰色),单击按钮✔。

图 3.72　第一、三个截面

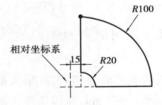

图 3.73　第二个截面

③出现系统提问框 ⇨Continue to next section? (Y/N): Yes No,询问是否继续下一个截面,输入"Y",继续绘制下一个截面。

④同样在 ⇨Enter y_axis rotation angle for section 3 (Range: 0 - 120) 45.0000 ✔ ✕ 输入框中输入第三个截面相对第二个截面间的旋转角度 45°,绘制第三个截面(前两个截面变为灰色)。截面图与第一个截面图相同,如图 3.72 所示。完成后单击。

⑤在提问框 ⇨Continue to next section? (Y/N): Yes No 中输入"N",退出截面绘制状态。

4)生成【旋转混合】特征

在【旋转混合】特征管理栏中单击 OK,完成【旋转混合】特征的创建。

【实例 3.11】构建如图 3.74 所示的【一般混合】特征。

其创建过程如下:

图 3.74　【一般混合】特征

1）建立新文件

建立新文件，类型为实体零件（Part 与 Solid），不使用默认模板，选择"mmns_part_solid"毫米制模板。

2）选择混合特征类型

进入【插入】→【混合】→【伸出项】菜单，选择【一般混合】、【规则截面】、【草绘截面】、【光滑曲线连接】、【开放实体】。

3）绘制截面图

①以 FRONT 面为草绘面，绘制第一个截面，如图 3.75 所示。绘制截面时，应使用 ⏚ 定义相对坐标系。在输入框 `Enter x_axis rotating angle for section 2 (Range:+-120) 30` 中输入第二个截面相对第一个截面沿 x 方向的旋转角度 45°；同样在输入框 `Enter y_axis rotating angle for section 2 (Range:+-120) 0.00` 中输入沿 y 方向的旋转角度 0°；在 `Enter z_axis rotating angle for section 2 (Range:+-120) 25` 中输入沿 z 方向的旋转角度 25°，然后绘制第二个截面，如图 3.76 所示（第一个截面变为灰色），单击按钮 ✔。

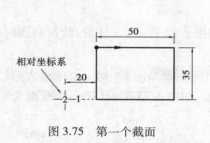

图 3.75　第一个截面　　　　　　　图 3.76　第二个截面

②在系统提问框 `Continue to next section? (Y/N): Yes No` 中输入"N"，不再继续绘制下一个截面。

③完成所有截面绘制后，在输入框 `Enter DEPTH for section 2 60` 中输入第二个截面相对第一个截面的偏移量 60 mm，完成后退出截面绘制状态。

4）生成【一般混合】特征

在【一般混合】特征管理栏中单击 `OK`，完成【一般混合】特征的创建。

【实例 3.12】创建如图 3.77 所示的螺旋送料辊。

1）建立新文件

单击按钮 ⬜ 建立新文件，文件类型为实体零件（Part 与 Solid），不使用默认模板，选择"mmns_part_solid"毫米制实体零件模板。

2）创建拉伸圆柱体

采用拉伸（Extrude）特征生成方式，创建螺旋送料辊中直径为 9 mm、长度为 200 mm 的圆柱体（提示：以 FRONT 面为草绘面），如图 3.78 所示。

3）创建一般混合体的第一个截面

①进入【插入】→【混合】→【伸出项】菜单，选择【一般】、【规则截面】和【草绘截面】三项，然后在弹出的【属性】菜单项中选择【光滑连接】，如图 3.79 所示。

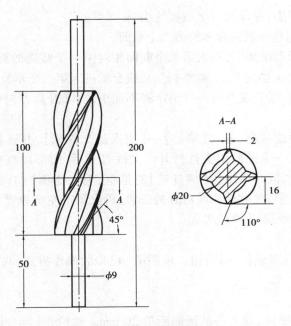

图 3.77　螺旋送料辊零件图

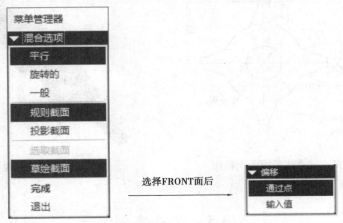

图 3.78　圆柱体

　　注意：由于本零件的各截面是围绕圆柱体的中心轴（即 z 轴）旋转，并非绕 y 轴旋转，所以不能采用旋转（Rotational）混合特征生成方式，而只能采用一般（General）混合方式。

图 3.79　建立临时基准面选项菜单

　　此时系统要求选择草绘面，由于没有一个合适的草绘面，所以要创建临时基准面。
　　②在【设置平面】选项框中选择【创建基准】→选择【偏距】方式→以 FRONT 面为偏移参考面→单击【输入值】→输入偏距值-50 mm（注意：特征创建方向应向后，如图 3.80 所示，若方向不正确，按 Flip 键更改方向）→确认后完成临时基准面的创建（如图 3.80 中的 DTM4）→系统直接进入草绘面进行草绘。
　　③草绘截面如图 3.81 所示（注意观察系统显示的 x、y、z 坐标轴方向，以确定各轴旋转角）。
　　④进入【文件】→【重命名】，将绘制好的截面图重新命名，然后保存。最后单击按钮✔，退

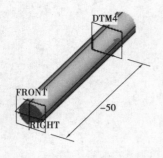

图3.80　建立的临时基准面

出草绘界面,完成第一个截面的绘制。

4)创建一般混合体的第二个截面

按照系统提示,输入第二个截面相对第一个截面的旋转角：x 轴为 $0°$；y 轴为 $0°$；z 轴为 $45°$,系统自动进入第二个草绘面。

注意：①升高方向一旦确定将不能更改；②升高方向一律定为 z 轴。

在草绘状态,进入【草绘】→【数据从文件来】,并选择刚刚保存的第一个截面图文件打开。文件打开后,图形以红色显示在窗口中,同时弹出【比例旋转】对话框,输入比例为1,旋转角为0,并用鼠标左键点击图形中心拖放到与尺寸标注线对齐的位置,再次单击左键放置。这样就完成了第二个截面的绘制,单击按钮✔,退出草绘界面。

5)创建一般混合体的其他截面

系统提示"是否继续下一个截面?",单击【yes】按钮。按照第(4)步的操作方式,共创建 6 个截面。

6)输入各截面间距值

最后,系统提示输入各截面之间的距离,输入各截面间距值 20 mm。然后在【混合体创建管理】对话框中单击【OK】完成,如图 3.82 所示。

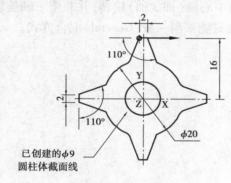

图3.81　混合体的第1个截面

图3.82　螺旋送料辊实体图

3.5　综合实例

【实例3.13】绘制支架模型。

1)创建下底板

①建立新文件。启动 Creo Elements Pro 5.0 后,建立一个新文件,文件类型选【零件】,子类型选【实体】。去掉【使用默认模板】复选框前的"√",左键单击【确认】,在弹出的【新文件选项】对话框中选择【mmns_part_solid】项,再单击【确定】按钮,这时系统进入实体建模环境。

②单击窗口右侧的拉伸工具按钮✎,打开"拉伸操作"对话框。单击对话框中的▢按钮,选择【放置】→【定义】,再选择 TOP 面为草绘面,系统自动将 RIGHT 面作为右视方向的放置参

考面。接受系统默认设置,单击【草绘】按钮,进入草绘,绘制如图 3.83 所示截面。

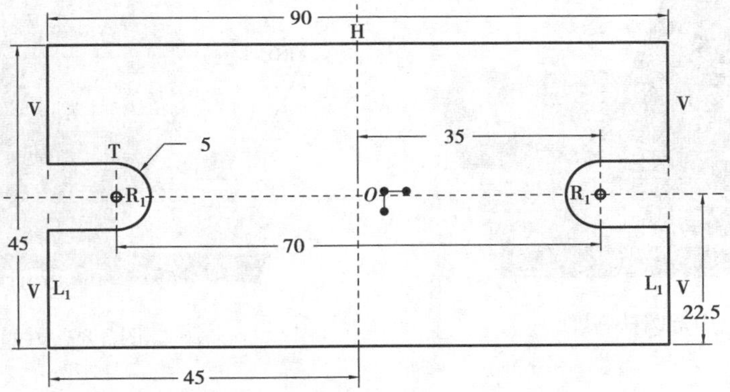

图 3.83　草绘截面

③点击✔完成草图绘制,在操控板中 后面的组合框中输入拉神深度 10,如图 3.84 所示。按住鼠标中键在绘图区拖动调整观看模型的角度,预览模型。符合要求以后选择操控面板的✔完成底板模型,如图 3.85 所示。如果不能完全显示,可以用单击工具行中 ,在绘图区显示整个模型。

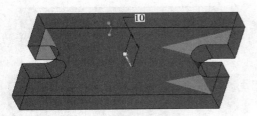

图 3.84　底板厚度

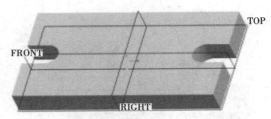

图 3.85　底板

2) 创建中间圆柱

①选择工具栏上 工具,在操控板中选择【放置】命令,在出现的上滑面板中单击 定义... 按钮,弹出【草绘】对话框。在绘图区选取下底板的上表面作为草绘平面,该平面变为淡红色,如图 3.86 所示 ,系统自动将 RIGHT 面作为右视方向的放置参考面。接受系统默认设置,单击【草绘】按钮,进入草绘,绘制如图 3.87 所示截面。

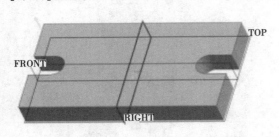

图 3.86　选取草绘面

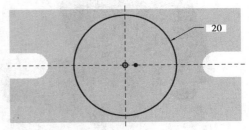

图 3.87　草绘截面

②单击✔完成草图绘制,在操控板中 后面的文本框中输入拉伸深度 38,按住鼠标中键在工作区拖动,预览模型,如图 3.88 所示。

③符合要求后单击操控板的✔,完成中间圆柱特征,如图 3.89 所示。

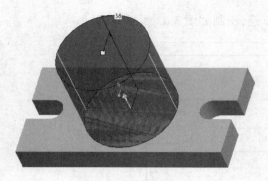

图 3.88　中键圆柱高度

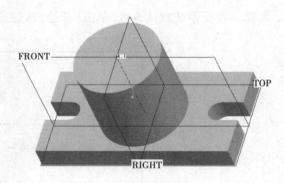

图 3.89　中间圆柱

3）创建上底板

①选择工具栏中 ，在操控板中选择【放置】命令，在出现的上滑面板中单击 定义... 按钮，弹出【草绘】对话框，在绘图区选取中间圆柱的上表面作为草绘平面，该平面变为淡红色，如图 3.90 所示，系统自动将 RIGHT 面作为右视方向的放置参考面。接受系统默认设置，单击【草绘】按钮，进入草绘界面，开始草绘截面，绘制如图 3.91 所示截面。

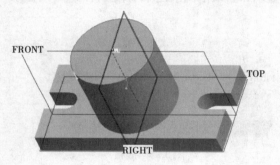

图 3.90　选取草绘面

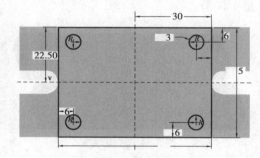

图 3.91　草绘截面

②单击 完成草绘，在操控板中 后面的文本框中输入拉伸深度为 8，如图 3.92 所示。按住鼠标中键在绘图区拖动，预览特征，满足要求后单击操控板的 完成底板特征创建，如图 3.93 所示。

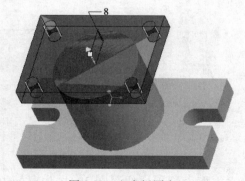

图 3.92　上底板厚度

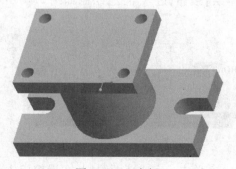

图 3.93　上底板

4）创建凸台

①选择工具栏中 工具，在操控板中选择【放置】命令，在出现的上滑面板中单击 定义... 按

钮,弹出【草绘】对话框;在绘图区选取下底面的一个侧面为草绘平面,该平面变为淡红色,如图 3.94 所示,接受系统默认设置,单击【草绘】按钮,进入草绘界面。

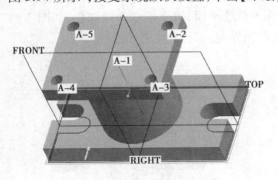

图 3.94　选取草绘面

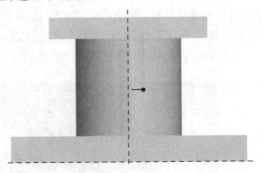

图 3.95　选取参照

②选择菜单【草绘】→【参照】命令,打开【参照对话框】,选取下底板的下底面作为参照,如图 3.95 所示,其余使用缺省参照,单击 关闭(C) ,开始草绘截面,绘制如图 3.96 所示截面。

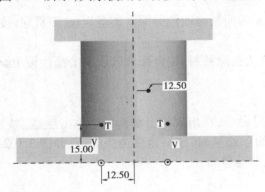

图 3.96　草绘截面

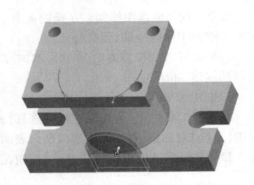

图 3.97　凸台厚度

③单击✔完成草图绘制,单击操控板 ⊥ 后面 ˇ 按钮,选择拉伸深度类型为拉伸至 ⊥ ,在绘图区选择中间圆柱外表面作为拉伸目标平面,在图形区单击黄色箭头,使拉伸方向指向中间圆柱。按住鼠标中键在绘图区拖动,预览特征,如图 3.97 所示。

④满足设计要求后单击✔完成底板特征创建,如图 3.98 所示。

图 3.98　凸台

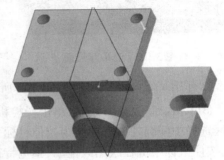

图 3.99　选取草绘面

5）创建竖直孔

①选择工具栏中 ⬚，在操控板中选择【放置】命令，在出现的上滑面板中单击 定义... 按钮，弹出【草绘】对话框，在绘图区选取上底板上表面作为草绘平面，该平面变为淡红色，如图3.99所示。接受系统默认设置，单击【草绘】按钮，进入草绘界面。

②开始草绘截面，绘制如图3.100所示截面。

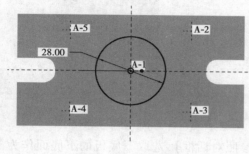

图3.100　草绘截面

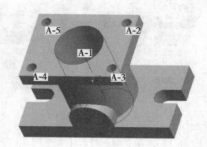

图3.101　拉伸切割

③单击 ✔ 完成草图绘制。在操控板中单击 ⬚ 后面 ⋅ ，修改拉伸深度类型为 ⬚ ，即贯穿，按住鼠标中键在工作区拖动，预览特征。

④单击 ⬚ 改变拉伸方向，单击 ⬚ 改添加材料为去除材料，符合要求以后单击操控板中 ✔ 完成特征创建，如图3.101所示。

6）创建水平孔

①选择工具栏中 ⬚，在操控板中选择【放置】命令，在出现的上滑面板中单击 定义... 按钮，弹出【草绘】对话框，在绘图区选取凸台表面作为草绘平面，该平面变为淡红色，如图3.102所示。接受系统默认设置，单击【草绘】按钮，进入草绘界面。

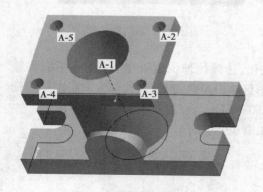

图3.102　选取草绘面

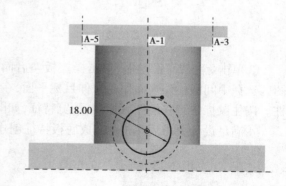

图3.103　草绘截面

②开始草绘截面，绘制如图3.103所示截面。

③单击 ✔ 完成草图绘制，单击操控板 ⬚ 后面 ⋅ 按钮，选择拉伸深度类型为拉伸至 ⬚ ，在绘图区选择中间圆柱内表面作为拉伸目标平面，在图形区单击黄色箭头，使拉伸方向指向中间圆柱，按住鼠标中键在绘图区拖动，预览特征，如图3.104所示。

④单击 ⬚ 改变拉伸方向，单击 ⬚ 改添加材料为去除材料，符合要求以后单击操控板中 ✔ 完成特征创建，如图3.105所示。

⑤保存文件并关闭窗口。

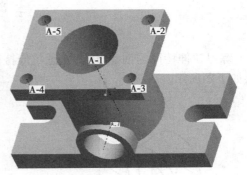

图 3.104　拉伸切割水平孔　　　　　　图 3.105　水平孔

本章小结

　　拉伸、旋转、扫描和混合这四大基础特征是最常用也最有效的特征建模工具,其他高级工具、编辑特征工具都是从这四大工具转变而来的。拉伸和旋转比较简单,而使用扫描特征和混合特征工具可以创建拉伸特征或旋转特征无法完成的不规则的复杂的零件实体。创建截面开放轨迹封闭扫描特征要注意使用"添加内部因素"命令添加表面使扫描生成的实体封闭;创建旋转混合特征和一般混合特征时要注意为每个截面创建一个相对坐标系,通过相对坐标系来定位每个截面的位置才能成功地创建这两种混合特征。如果创建的混合特征的截面图元数不同,可以通过使用分割工具将图元分割,或者添加混合顶点使一个截面上的一个点对应另一个截面的多个点。各特征总结见表 3.10。

表 3.10　各实体特征定义、特点和用途

定义、特点和用途特征类型	定　义	截面形状	截面大小	截面方向	用　途
拉伸	将封闭曲线按指定的方向和深度拉伸成实体。	—	—	—	外形较为简单、规则的实体成形
旋转	将截面绕一条直心轴线旋转而形成的实体形状特征。	—	可变	—	构建有曲线外形变化的回转类实体
扫描	也称"扫掠",是将一个截面沿着一个给定的轨迹"掠过"而生成。	—	—	连续可变	能够找到截面轨迹变化的实体特征的设计
混合	一种复杂的三维实体特征,通过两个以上的二维截面组成,解决了截面方向、尺寸大小和形状变化的问题。	可变	可变	变化有限	截面之间形状和方向变化不大的实体设计

71

本章习题

1.练习拉伸特征的创建过程,熟悉拉伸特征操作控制面板和拉伸特征的设置(放置和选项等),如下图所示。

(1)   (2)

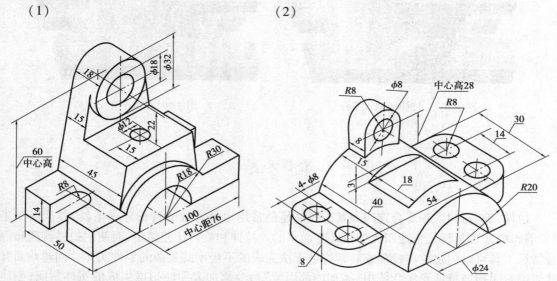

2.练习旋转特征的创建过程,熟悉旋转特征操作控制面板和旋转特征的设置(放置和选项等),如下图所示。

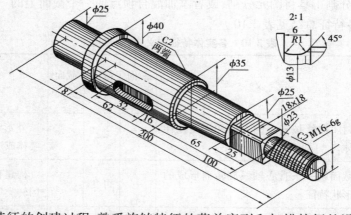

3.练习扫描特征的创建过程,熟悉旋转特征的菜单序列和扫描特征的设置(扫描轨迹、截面等),如下图所示。

（1）内六角扳手

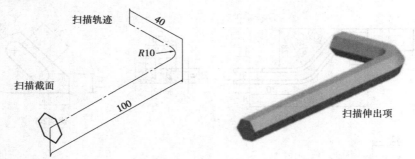

（2）弯管

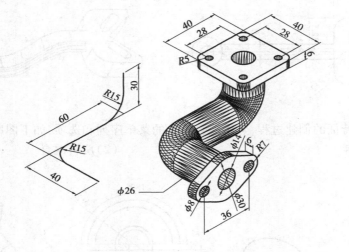

（3）杯子

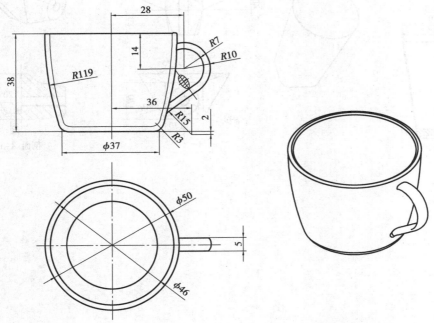

（4）支架

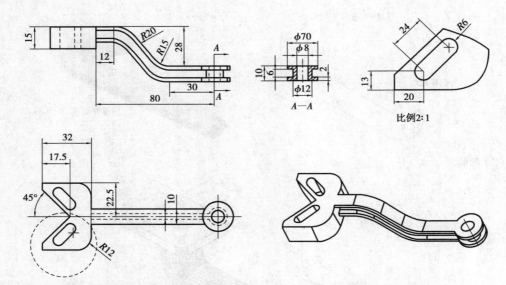

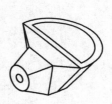

4.练习混合特征的创建过程，熟悉混合特征的菜单序列和选项，如下图所示。

（1）平行混合   （2）旋转混合

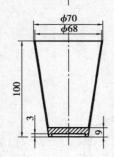

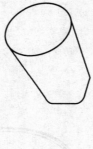

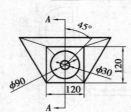

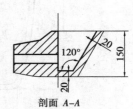

第 4 章
编辑特征

本章主要学习内容：
> 掌握 Creo Elements Pro 5.0 的三维建模编辑功能的使用方法
> 掌握 Creo Elements Pro 5.0 的三维建模高级功能的使用方法

在 Creo Elements Pro 5.0 中，除了有方便易用的三维图形建模等基础功能外，还提供了强大的三维建模编辑功能和高级功能，从而能胜任各种复杂零件的设计和建模。如果说三维建模的基础功能针对的是三维实体建模，那么三维建模编辑功能和高级功能针对的是复杂的曲面建模。虽然这种说法未免有点偏颇，但可以肯定的是，强大的三维建模编辑功能和三维建模高级功能使得 Creo Elements Pro 5.0 受到广大设计人员的青睐。本章将介绍 Creo Elements Pro 5.0 的三维建模编辑功能和部分三维建模高级功能。

4.1 三维建模编辑特征

自推出 Creo Elements Pro 5.0 以来，PTC 公司开发新版本都十分注意编辑功能的提升。

Creo Elements Pro 5.0 提供的三维建模编辑功能有：镜像、反向法向、填充、相交、合并、阵列、投影、包络、修建、延伸、偏移、加厚、实体化和移除。下面对 Creo Elements Pro 5.0 的编辑特征进行介绍。

4.1.1 镜像特征

镜像特征是根据镜像平面把指定的特征对称地复制的编辑特征。

镜像特征的操作对象可以是零件上的单个或多个特征，也可以是整个零件。在模型树或者绘图区域中选取图 4.1 中的棱柱为镜像的特征，单击绘图区域右侧【编辑特征】工具栏上的【镜像】按钮，或者选择菜单【编辑】→【镜像】命令，系统显示出如图 4.2 所示的【镜像】特征操作面板，选取 RIGHT 基准平面作为镜像平面。RIGHT 基准平面被收集到镜像平面收集器里，通过单击操作面板上的【参照】按钮，在弹出的【参照】上滑面板上可查看或修改镜像平面，如图 4.3 所示。单击操作面板上的【完成】按钮，即可完成镜像特征的创建，效果如图 4.4 所示。注意，镜像操作后的两个实体之间存在着关联，改变镜像操作的源对象，镜像生成的对象也会发生相应的变化。

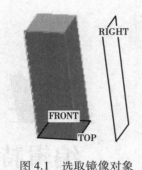

图 4.1　选取镜像对象

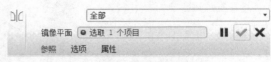

图 4.2　【镜像】特征操作面板

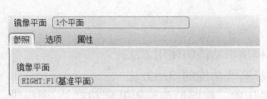

图 4.3　定义镜像平面

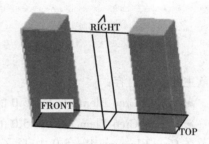

图 4.4　镜像特征效果

镜像特征的工作对象除了实体外还可以是曲面,和实体操作方法是一样的。先选取图4.5中需要镜像的特征,然后再选取 RIGHT 基准平面作为镜像平面,镜像后效果如图 4.6 所示。

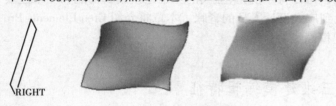

图 4.5　选取镜像对象

图 4.6　曲面镜像特征效果

【小提示】

对曲面进行镜像操作时,最好通过过滤器选取需要镜像的曲面,这样能保证选取的曲面是合并后的整个曲面,而不是曲面片。过滤器如图 4.7 所示。

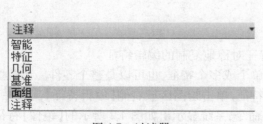

图 4.7　过滤器

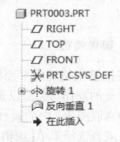

图 4.8　反向法向特征

4.1.2　反向法向特征

电脑三维设计开发的基础是计算机图形学。在计算机图形学中,曲面都是有方向的,Creo

Elements Pro 5.0 可以通过反向法向改变曲面的法向方向。

选取需要改变法向方向的曲面,再选择菜单【编辑】→【反向法向】命令就能完成反向法向特征的创建。在视觉上反向法向特征与原曲面重合,但在模型树上增加了反向法向特征,如图 4.8 所示。

4.1.3 填充特征

填充特征是一个封闭的平面曲面特征。

选择菜单【编辑】→【填充】命令,系统显示出如图 4.9 所示的【填充】特征操作面板。

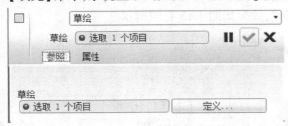

图 4.9 【填充】特征操作面板

如果前面已经定义了封闭的草绘,可以直接选取该草绘为填充特征的填充范围。如果没有定义草绘,可以自定义草绘。单击操作面板上的【参照】按钮,在弹出的上滑面板上单击【定义】按钮,在弹出的【草绘】对话框中定义草绘平面,进入草绘界面,绘制如图 4.10 所示的草绘。单击草绘区右侧【草绘器工具栏】上的【完成】按钮✔,完成草绘的绘制。在【填充】特征操作面板单击【完成】按钮✔,完成填充特征的创建,效果如图 4.11 所示。

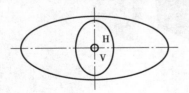

图 4.10 绘制填充草绘

图 4.11 填充特征

4.1.4 相交特征

相交特征是求出两相交曲面公共部分的特征,也就是相交曲线。

按住 Ctrl 键选取需要相交的两个曲面,然后选择菜单【编辑】→【相交】命令即可完成相交特征的创建,相交曲线的效果如图 4.12 所示。

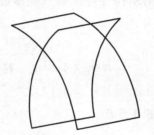

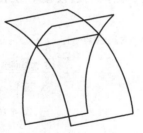

图 4.12 相交特征

4.1.5 合并特征

合并特征是把两个相交或相邻的曲面(面组)合并为一个曲面。

在模型树或者绘图区中,按住 Ctrl 键选取如图 4.13 所示的两个曲面特征,单击绘图区右侧【编辑特征】工具栏上的【合并】按钮📁,或者选择菜单【编辑】→【合并】命令,系统显示出如图 4.14 所示的【合并】特征操作面板。可以通过单击操作面板上的✂按钮确定保留曲面的一侧,如果曲面全部位于相交曲线的一侧,那么该曲面的✂按钮不可用,同时,曲面上会以黄色箭头标示欲保留的曲面组,如图 4.15 左图所示。最后,单击特征操作面板上的【完成】按钮✔,即可完成合并特征的创建,效果如图 4.15 右图所示。

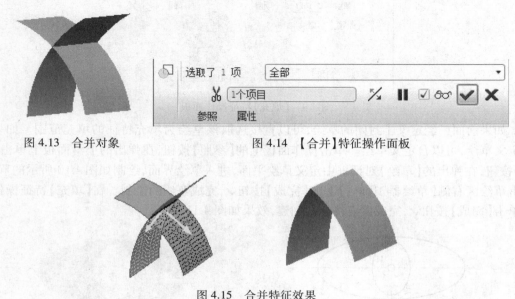

图 4.13 合并对象 　　　　　　　　 图 4.14 【合并】特征操作面板

图 4.15 合并特征效果

4.1.6 阵列特征

阵列特征是以一个参照特征或特征组为参照,按一定的规则复制出多个与参照相关的特征或特征组。

在模型树或者绘图区中选取模型中的拉伸特征作为阵列对象,单击绘图区右侧【编辑特征】工具栏上的【阵列】按钮▦,或者选择菜单【编辑】→【阵列】命令,系统显示出如图 4.16 所示的【阵列】特征操作面板,模型中显示出如图 4.17 所示拉伸特征的一些参数,这些参数可以在阵列中修改。

图 4.16 【阵列】特征操作面板

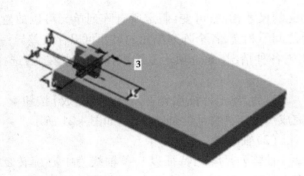

图 4.17　阵列对象　　　　　　　　　　　图 4.18　阵列方式

Creo Elements Pro 5.0 的阵列共有 7 种阵列方式,包括:尺寸、方向、轴、填充、表、参照、曲线。单击特征操作面板上的【阵列方式】下拉列表中的下拉按钮可以根据不同情况选择不同的阵列方式,如图 4.18 所示。下边主要介绍尺寸、轴、参照三种常用的阵列方式。

（1）尺寸阵列

尺寸阵列是选取阵列对象的一个或者两个方向的参照尺寸作为阵列的驱动尺寸。该尺寸按一定规则而改变实现特征的复制,该驱动尺寸可以是距离尺寸或者角度尺寸。

在特征操作面板上的【阵列方式】下拉列表中选择【尺寸】阵列方式,选择图 4.17 中拉伸特征在薄板基体上表面上的两个定位尺寸(距薄板边缘尺寸值均为 10)和拉伸特征的高度尺寸(尺寸值为 10)作为驱动尺寸。单击操作面板上的【尺寸】按钮,系统弹出【尺寸】上滑面板,在上滑面板上可以定义该尺寸的变化规则,如图 4.19 所示。在图 4.19 中的增量是每复制一个拉伸特征,该尺寸会以输入的增量为单位增加,即在【方向 1】上第二个拉伸特征与薄板边缘的水平方向距离为 10+30＝40,拉伸特征的高度为 10−3＝7;第三个拉伸特征与薄板边缘的水平方向距离为 10+30+30＝70,拉伸特征的高度为 10−3−3＝4,如此类推。采用同样的方法定义方向 2。定义完驱动尺寸后,在操作面板上的方向 1 和 2 后的文本框内分别输入需要阵列特征的个数 3 和 2,如图 4.20 所示。

图 4.19　【尺寸】上滑面板　　　　　　　图 4.20　定义阵列个数

单击特征操作面板上的【选项】按钮,系统弹出【再生选项】上滑面板,共提供了三种阵列再生选项:相同、可变和一般。相同:假定所有阵列单元都放置在同一个曲面上,而且彼此之间或与零件边界之间不相交,各个阵列单元的尺寸相同;可变:假定所有阵列单元可以放置在不同的曲面上,但彼此之间或与零件边界之间不相交,各个阵列单元的尺寸可以存在差异;一般:对阵列特征的各个单元不作要求,适用于各种情况,此选项为系统默认设置。在此,选择【一般】再生选项。

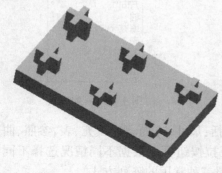

图 4.21 尺寸阵列特征效果

最后,单击特征操作面板上的【完成】按钮✓,即可完成尺寸阵列特征的创建,效果如图 4.21 所示。

(2)**轴阵列**

轴阵列是阵列特征以一条轴线为中心旋转复制出多个特征。使用这种阵列方式时,可以选取阵列对象相对于旋转中心轴的定位尺寸作为阵列的驱动尺寸。驱动尺寸按一定规则而改变实现特征的复制,该驱动尺寸包括径向尺寸和角度尺寸。其中,角度尺寸可以用两种方法来定义:指定阵列特征的数量和特征之间的角度尺寸;指定角度范围($-360°\sim+360°$)和阵列特征的数量。

在特征操作面板上的【阵列方式】下拉列表中选择【轴】阵列方式,在模型树或者绘图区中选取图 4.22 中的圆孔特征作为轴阵列对象,选取图中扁圆柱的中心轴 A-1 为阵列旋转轴。单击操作面板上的【尺寸】按钮,系统弹出【尺寸】上滑面板,在上滑面板上可以定义驱动尺寸的变化规则。【方向 1】以圆孔的径向定位尺寸和圆孔直径作为驱动尺寸,如图 4.23 所示。【增量】是每复制一个圆孔特征,该尺寸会以输入的增量为单位增加,即在【方向 1】上第二个圆孔特征与轴A-1 的径向距离为 10+5＝15,圆孔直径为 10－1＝9;第三个圆孔特征与轴 A-1 径向距离为 10+5+5＝20,圆孔直径为 10－1－1＝8,如此类推。同样的方法可以定义方向 2,在此省略。定义完驱动尺寸后,单击操作面板上的【方向】按钮，切换阵列的旋转方向。然后在操作面板上按钮✕后的文本框内定义旋转阵列的个数 8 和旋转角度 60°;在 2 后的文本框内分别输入需要阵列特征的圈数 1,详细设置如图 4.24 所示。同时,在绘图区中会显示轴阵列的预览效果,如图 4.25 所示。

最后,单击特征操作面板上的【完成】按钮✓,即可完成轴阵列特征的创建,如图 4.26所示。

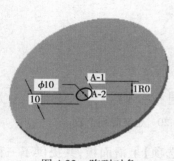

图 4.22 阵列对象

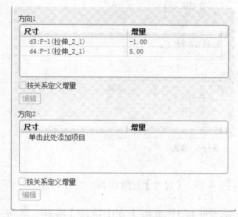

图 4.23 【尺寸】上滑面板

图 4.24　【阵列】特征操作面板

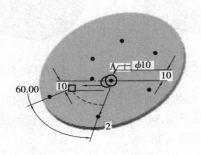

图 4.25　轴阵列特征预览

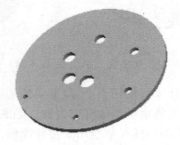

图 4.26　轴阵列特征效果

（3）**参照阵列**

参照阵列是通过参考已有的阵列特征创建一个新的阵列。

在模型树或者绘图区中选取图 4.27 中的倒角特征作为阵列对象，单击绘图区右侧【编辑特征】工具栏上的【阵列】按钮，系统弹出参照阵列特征操作面板，如图 4.28 所示。单击特征操作面板上的【完成】按钮✔，即可完成参照阵列特征的创建，如图 4.29 所示。

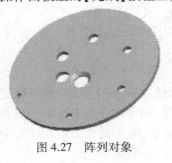

图 4.27　阵列对象

图 4.28　【阵列】特征操作面板

图 4.29　参照阵列特征效果

【小提示】

①在 Creo Elements Pro 5.0 中创建阵列特征是可预览的。在预览中，复制的对象会以小黑点代替，如图 4.30 所示。如果不想复制出所有预览中的特征，可以单击小黑点排除复制小黑点代表的特征，预览如图 4.31 所示。单击特征操作面板上的【完成】按钮✔，即可完成阵列特征的创建，最终效果如图 4.32 所示。该操作适合各种阵列方式。

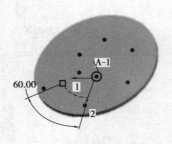

图 4.30　阵列预览

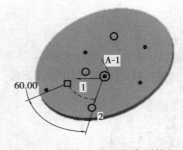

图 4.31　排除不需要的阵列特征

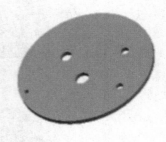

图 4.32　阵列效果

②在创建阵列特征当中,最重要的是创建恰当的驱动尺寸,往往由于驱动尺寸创建不合适或者有多余的约束会造成阵列失败。如图 4.33 和图 4.34 所示的两个草绘,它们的尺寸是一样的,只是标注不一样。草绘用于拉伸除料,效果如图 4.35 所示。

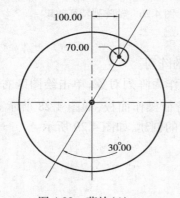

图 4.33　草绘(1)

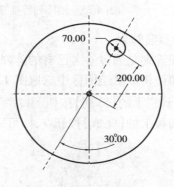

图 4.34　草绘(2)

同样使用【尺寸】阵列方式,以角度 30 为驱动尺寸,但如果使用草绘(1)拉伸的特征进行【尺寸】阵列会出错,因为在草绘(1)中 100 的尺寸是拉伸特征的一个约束,由于这个约束会与阵列的驱动尺寸(即角度)的变化发生冲突;而使用草绘(2)能成功,因为尺寸 200 在阵列中是一个不变的尺寸,所以草绘(2)没有冲突的尺寸约束,效果如图 4.36 所示。

图 4.35　阵列对象

图 4.36　阵列特征效果

4.1.7　投影特征

投影特征是把曲线投影到指定的一个或多个曲面上。

选择菜单【编辑】→【投影】命令,系统显示出如图 4.37 所示的【投影】特征操作面板。单击操作面板上的【参照】按钮,系统弹出【参照】上滑面板,激活上滑面板中的【链】收集器,选取如图 4.38 中的圆为投影曲线;激活上滑面板上的【曲面】收集器,选取图 4.38 中的曲面为投影曲面;激活【方向参照】收集器,选择 TOP 基准平面,以它的法向为投影方向,如图 4.39 所示。最后,单击特征操作面板上的【完成】按钮✔,即可完成投影特征的创建,其中有【沿方向】和【垂直于曲面】两种投影方法,效果分别如图 4.40 和图 4.41 所示。

图 4.37　【投影】特征操作面板

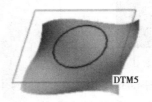

图 4.38　投影对象

图 4.39　定义投影对象

图 4.40　【沿方向】投影效果

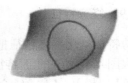

图 4.41　【垂直于曲面】投影效果

4.1.8　包络特征

包络特征是用曲线包络曲面或者实体的表面。

选择菜单【编辑】→【包络】命令,系统显示出如图 4.42 所示的【包络】特征操作面板。单击操作面板上的【参照】按钮,在弹出的【参照】上滑面板上单击【定义】按钮,定义如图 4.43 所示的草绘,注意必须在草绘中创建坐标系。系统会默认改变成以【草绘坐标系】的包络方式创建包络特征。最后,单击特征操作面板上的【完成】按钮✔,即可完成包络特征的创建,效果如图 4.44 所示。

图 4.42　【包络】特征操作面板

包络特征还有另外一种用法与投影特征相似。选择菜单【编辑】→【包络】命令,系统显示出如图 4.42 所示的【包络】特征操作面板,选取如图 4.45 所示的曲线,以【中心】的包络方式创建特征。最后,单击特征操作面板上的【完成】按钮✔,即可完成包络特征的创建,效果如图 4.46 所示。

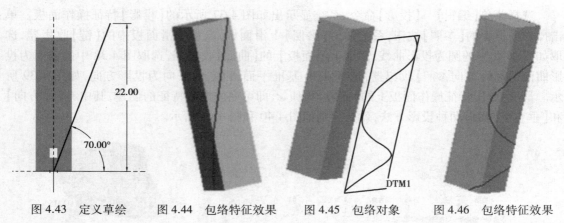

图 4.43　定义草绘　　图 4.44　包络特征效果　　图 4.45　包络对象　　图 4.46　包络特征效果

【小提示】

两种包络方式的原理都是把曲线包络在被包络对象的表面上,包络曲线长度与原曲线长度相等。但两种方式用法不同,如图 4.43 中的草绘是曲线以草绘定义的坐标为起点,以图中定义的角度为上升角度对曲面进行包络;而图 4.45 中的草绘是把曲线直接投影到曲面上,相似与【垂直于曲面】的投影方式。

4.1.9　修剪特征

修剪特征是用参考特征把曲线或曲面分割成两部分的编辑特征。

选取图 4.47 中的曲面特征,单击绘图区右侧【编辑特征】工具栏上的【修剪】按钮，或者选择菜单【编辑】→【修剪】命令,系统显示出如图 4.48 所示的【修剪】特征操作面板,选取 FRONT 基准平面作为【修剪对象】,单击操作面板上的【参照】按钮,在弹出的【参照】上滑面板中可以查看和更改【修剪的面组】和【修剪对象】,如图 4.49 所示。此时,可以通过单击操作面板上的【方向】按钮，确定保留修剪面组的一侧或者保留两侧。最后,单击特征操作面板上的【完成】按钮，即可完成修剪特征的创建,效果如图 4.50 所示。

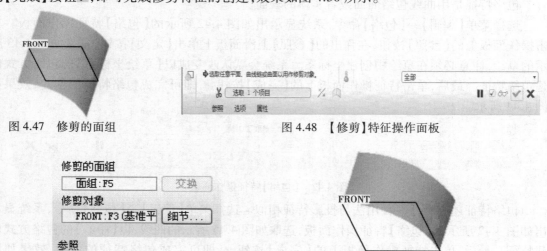

图 4.47　修剪的面组　　　　　　　　　　　　　图 4.48　【修剪】特征操作面板

图 4.49　定义修剪面组和修剪对象　　　　　　　图 4.50　修剪特征效果(保留一侧)

曲线的修剪方法与曲面的修剪方法是一样的,例如修剪前的曲线如图 4.51 所示,修剪后效果如图 4.52 所示。

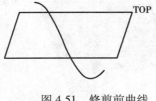

图 4.51　修剪前曲线

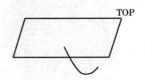

图 4.52　曲线修剪后
　　　　 效果(保留一侧)

【小提示】

修剪曲面时,修剪对象还可以是其他相交曲面或在曲面上的曲线等;修剪曲线时,修剪对象还可以是与曲线相交的曲面、相交曲线或曲线上的点等。

4.1.10　延伸特征

延伸特征是对已有曲面进行延长,延伸部分的曲面与原始曲面类型可以不同。

选取需要延伸曲面的边,如图 4.53 所示。选择菜单【编辑】→【延伸】命令,系统弹出如图 4.54 所示的【延伸】特征操作面板,单击操作面板上的【沿原始曲面延伸曲面】按钮,此时,绘图区中出现预览效果如图 4.55 左图所示。单击特征操作面板上的【选项】按钮,弹出的【选项】上滑面板中的【方式】下拉列表中列出了 3 种延伸方式:①相同,延伸部分的曲面与原始曲面类型可以相同,将按指定距离并经过其选定的原始边界延伸原始曲面;②延伸部分的曲面与原始曲面相切;③延伸部分的曲面与原始曲面形状逼近。在此,选取系统默认方式【相同】。可以通过单击操作面板上的【方向】按钮,切换曲面延伸的方向,预览效果如图 4.55 右图所示。最后,单击特征操作面板上的【完成】按钮,即可完成延伸特征的创建,效果如图 4.56 所示。

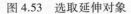

图 4.53　选取延伸对象

图 4.54　【延伸】特征操作面板

系统还提供了另外一种曲面延伸方式:将曲面延伸到参照平面。单击特征操作面板上的【将曲面延伸到参照平面】按钮,特征操作面板会变成如图 4.56 所示。激活【参照平面】收集器,选取要延伸到的参照平面。最后,单击特征操作面板上的【完成】按钮,即可完成延伸特征的创建,效果如图 4.57 所示。

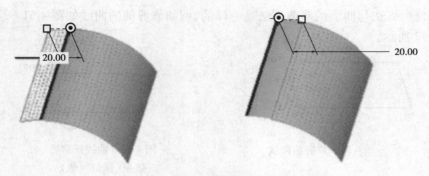

图 4.55 【沿原始曲面延伸曲面】效果预览

图 4.56 【延伸】特征操作面板

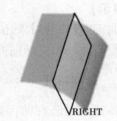

图 4.57 【将曲面延伸到
参照平面】效果

上述两种方式都可以延伸曲面,前者延伸后的曲面保持与原始曲面相切连接,延伸部分的曲面与原始曲面类型保持相同;而后者延伸后的曲面不一定与原始曲面相切连接,它的方向取决于参照平面的法向。

4.1.11 偏移特征

偏移特征是将原始曲线或曲面偏移一定的距离而复制出新的特征。

（1）偏移曲线

选取如图 4.58 所示的曲线作为偏移对象,选择菜单【编辑】→【偏移】命令,系统显示出如图 4.59 所示的【偏移】特征操作面板。特征操作面板上提供了两种曲线偏移方式:，沿参照曲面偏移曲线;，垂直于参照曲面偏移曲线。选取合适的曲线偏移方式后,激活特征操作面板上的【参照面组】收集器,选取 FRONT 基准平面作为参照平面。在操作面板上【偏距值】文本框内定义偏移距离值 8。可以通过单击操作面板上的【方向】按钮，切换偏移的方向。

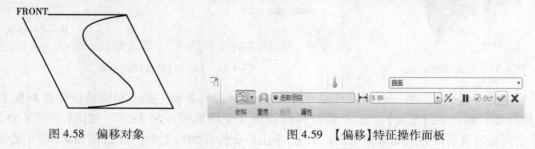

图 4.58 偏移对象

图 4.59 【偏移】特征操作面板

①如果激活按钮，以【沿参照曲面偏移曲线】方式偏移曲线,最后单击特征操作面板上的【完成】按钮，即可完成曲线偏移特征的创建,效果如图 4.60 所示。

②如果激活按钮 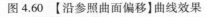，以【垂直于参照曲面偏移曲线】方式偏移曲线，最后单击特征操作面板上的【完成】按钮 ✔，即可完成曲线偏移特征的创建，如图 4.61 所示。

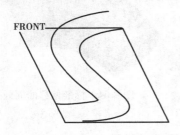

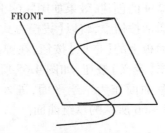

图 4.60　【沿参照曲面偏移】曲线效果　　　　图 4.61　【垂直于参照曲面偏移】曲线效果

（2）**偏移曲面**

选取如图 4.62 中所示的曲面作为偏移对象，选择菜单【编辑】→【偏移】命令，系统显示出如图 4.63 所示的【偏移】特征操作面板。特征操作面板上提供了 4 种偏移曲面的方式：

① ▥（标准偏移方式）：对选中的一个实体曲面进行整体偏移，或者从一个曲面创建偏移曲面。

② ▥（拔模偏移方式）：使用草绘选取曲面偏移的区域，并能设置拔模角度。

③ ▥（展开方式）：对于偏移曲面特征，与具有拔模方式相似，使用草绘选取偏移区域，但没有拔模功能；对于偏移实体表面，会默认以整个曲面偏移对象偏移，且偏移的曲面代替原来的曲面，改变了实体的体积。

④ ▥（替换曲面方式）：把原来的实体表面用另外一个曲面代替。

单击特征操作面板上的【选项】按钮，在弹出的【选项】上滑面板中提供了 3 种偏移曲面与原始曲面的拟合方式：

①垂直于曲面：偏移方向将垂直于原始曲面，此选项为系统默认。

②自动拟合：系统自动将原始曲面进行缩放，并在需要时进行平移。

③控制拟合，在指定坐标系下将原始曲面进行缩放并沿指定轴移动，以创建最佳拟合偏距。

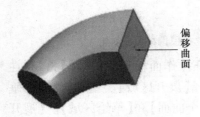

图 4.62　偏移对象

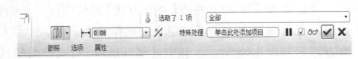

图 4.63　【偏移】特征操作面板

要定义该元素，应选择一个坐标系，并通过 X 轴、Y 轴和 Z 轴选项之前放置选中标记，选择缩放的允许方向。同时，勾选上滑面板中的【创建侧曲面】复选框，可以使偏移曲面与原始曲面封闭。

选取合适的曲面偏移方式和拟合方式后，在操作面板上【偏距值】文本框内定义偏移距离值 0.5。可以通过单击操作面板上的【方向】按钮 ，切换偏移的方向。

①如果激活按钮▥，将以【标准偏移】方式偏移曲面，最后单击特征操作面板上的【完成】按钮✔，即可完成曲面偏移特征的创建，效果如图 4.64 所示。

②如果激活按钮▥，将以【拔模方式】偏移曲面，单击特征操作面板上的【参照】按钮，在弹出的【参照】上滑面板中单击【定义】按钮，如图 4.65 所示。选取如图 4.62 中的偏移曲面作为草绘平面，进入偏移曲面的草绘，绘制如图 4.66 所示的草绘曲面。

图 4.64　标准偏移曲面效果

图 4.65　【偏移】特征操作面板

完成草绘并选取合适的曲面拟合方式后，在操作面板上【偏距值】文本框内定义偏移距离值 0.5，【拔模角度】文本框内定义拔模角度值 3°。可以通过单击操作面板上的【方向】按钮▧，切换偏移的方向。

最后单击特征操作面板上的【完成】按钮✔，即可完成曲面偏移特征的创建，效果如图 4.67 所示。

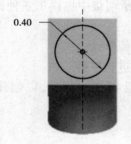

图 4.66　偏移曲面草绘

图 4.67　拔模偏移曲面效果

③如果激活按钮▥，将以【展开方式】偏移曲面。单击特征操作面板上的【选项】按钮，在弹出的上滑面板中除了可以定义曲面拟合方式外，还可以选择【展开区域】类型和【侧曲面垂直方式】，如图 4.68 所示。其中，【展开区域】有两种类型：【整个曲面】和【草绘区域】。【展开区域】类型为【整个曲面】时，偏移的对象是已有模型上的原始曲面，偏移曲面效果如图 4.69 左图所示；【展开区域】类型为【草绘区域】时，其与【拔模偏移】方式的操作方法基本相同，同样需要在偏移前定义草绘，只是不能设定拔模角度。没有拔模效果，偏移曲面效果如图 4.69 右图所示。

④如果激活按钮▥，将以【替换曲面】方式偏移曲面，偏移特征操作面板如图 4.70 所示。在特征操作面板上激活【替换面组】收集器，选取如图 4.71 中所示的曲面作为替换曲面，选取

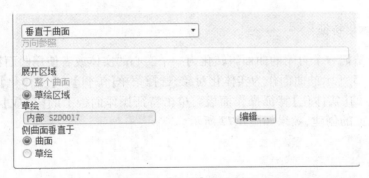

图 4.68 【选项】上滑面板

图 4.69 展开偏移曲面效果

图 4.62 中的曲面作为偏移曲面。

图 4.70 【偏移】特征操作面板

图 4.71 替换曲面

最后单击特征操作面板上的【完成】按钮✔,即可完成曲面偏移特征的创建,效果如图 4.72 所示。

4.1.12 加厚特征

加厚特征是把曲面(或面组)特征增加厚度转化为薄板类实体特征。

选取如图 4.72 所示的曲面作为加厚对象,选择菜单【编辑】→【加厚】命令,系统显示出如图 4.73 所示的【加厚】特征操作面板,在特征操作面板上的【偏距值】文本框内定义偏移距离值 5。可以通过单击操作面板上的【方向】按钮✗切换加厚的方向。

最后,单击特征操作面板上的【完成】按钮✔,即可完成曲面加厚特征的创建,效果如图 4.74 所示。

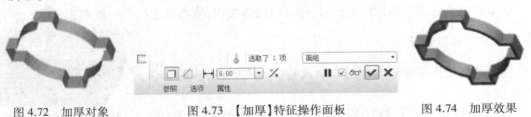

图 4.72 加厚对象　　　　图 4.73 【加厚】特征操作面板　　　　图 4.74 加厚效果

4.1.13 实体化特征

实体化特征是把一个封闭的曲面组转化为一个实心的实体或者使用曲面特征切除实体。

选取如图 4.75 所示的曲面作为实体化对象,选择菜单【编辑】→【实体化】命令,系统显示出如图 4.76 所示的【实体化】特征操作面板。单击特征操作面板上的【完成】按钮 ,即可完成曲面实体化特征的创建,效果如图 4.77 所示。

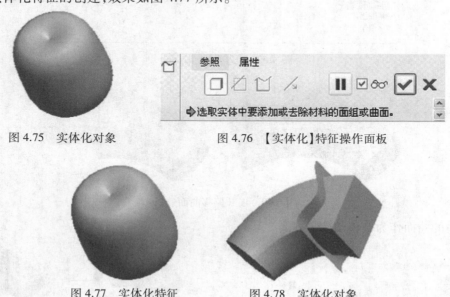

图 4.75　实体化对象　　　　　　　　　图 4.76　【实体化】特征操作面板

图 4.77　实体化特征　　　　　　　　　图 4.78　实体化对象

选取如图 4.78 中的曲面作为实体化对象,选择菜单【编辑】→【实体化】命令,系统显示出如图 4.79 所示的【实体化】特征操作面板,单击特征操作面板上的【移除材料】按钮 ,用曲面切除实体。可以通过单击操作面板上的【方向】按钮 切换切除的部分。最后,单击特征操作面板上的【完成】按钮 ,即可完成曲面实体化特征的创建,效果如图 4.80 所示。

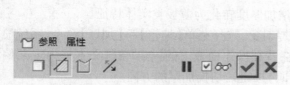

图 4.79　【实体化】特征操作面板　　　　　　图 4.80　实体化特征

注意:用于切除实体的曲面必须大于或等于实体的截面,否则无法完成实体化。
如果曲面刚好等于实体的截面时,还可以激活按钮,使用方法与上一种方法一样。

4.1.14 移除特征

移除特征是用于移除实体的表面或特征,以恢复实体的原来形状。

选取图 4.81 中的孔特征和倒角特征的表面,选择菜单【编

图 4.81　移除特征对象

辑】→【移除】命令,系统显示出如图 4.82 所示的【移除】特征操作面板。单击特征操作面板上的【完成】按钮✔,即可完成移除特征的创建,同时移除特征会显示在如图 4.83 所示的模型树中,特征效果如图 4.84 所示。

图 4.82　【移除】特征操作面板　　　　　图 4.83　显示【移除】特征

【实例 4.1】创建如图 4.85 所示的实体模型。

分析:通过该实例主要掌握阵列、合并、投影、偏移、剪切、延伸、包络和加厚等编辑特征的创建方法。

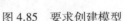

图 4.84　移除特征效果　　　　　图 4.85　要求创建模型

1)创建新文件

单击【文件】工具栏中的【新建文件】按钮。系统弹出【新建】对话框,在该对话框的【类型】选项组中选择【零件】单选按钮 ⊙ □ 零件,并在对话框底部的【名称】文本框内输入模型的文件名"exa5_1",取消勾选【使用缺省模板】复选框,单击【确定】按钮。系统弹出【新文件选项】对话框,选择"mmns_part_solid"作为模板。单击【确定】按钮,完成新建文件的创建。

2)创建拉伸曲面特征

单击绘图区右侧【基础特征】工具栏上的【拉伸】特征按钮,弹出【拉伸】特征操作面板,单击【曲面】按钮。定义 FRONT 基准平面为草绘平面,RIGHT 基准平面为参照平面,参照方向为右,草绘拉伸截面如图 4.86 所示。然后,在【拉伸】特征操作面板上将拉伸类型设置为【对称】,拉伸深度设置为 100。其他设置接受系统默认,创建如图 4.87 所示的拉伸圆柱面。

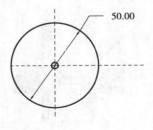
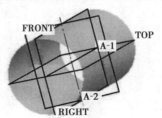

图 4.86　草绘拉伸截面　　　　　图 4.87　【拉伸】特征

3）创建阵列特征

选取步骤（2）创建的圆柱面为阵列对象，单击绘图区右侧【编辑特征】工具栏上的【阵列】特征按钮 ，系统显示出【阵列】特征操作面板，如图 4.88 所示。以【轴】方式阵列，选取圆柱

图 4.88　【阵列】特征操作面板

面中轴线 A-2 作为阵列的参考轴，设置阵列个数为 2，旋转角度为 90°，然后单击特征操作面板上的【完成】按钮 ✔，即可完成阵列特征的创建，效果如图 4.89 所示。

图 4.89　圆柱面阵列效果

4）合并曲面

按住 Ctrl 键选取图 4.89 中的两个曲面特征，单击绘图区右侧【编辑特征】工具栏上的【合并】特征按钮 ，系统显示出【合并】特征操作面板，如图 4.90 所示。通过单击操作面板上的两个【方向】按钮 ，调整欲保留曲面的部分，最后单击操作面板上的【完成】按钮 ✔，完成曲面合并特征的创建，合并效果如图 4.91 所示。

图 4.90　【合并】特征操作面板

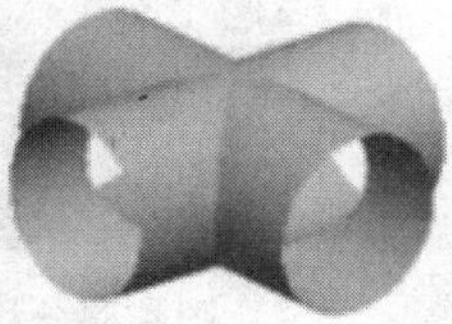

图 4.91　合并效果

5）创建投影特征

选择菜单【编辑】→【投影】命令，系统显示出如图 4.92 所示的【投影】特征操作面板，选取如图 4.92 中的文字草绘为对象；选取图 4.93 中的合并曲面的上表面为投影曲面；选择【沿方向】投影方法；激活【方向参照】收集器，选择 DTM1 基准平面，以它的法向指向合并曲面方向为投影方向。最后，单击特征操作面板上的【完成】按钮 ✔，即可完成投影特征的创建，效果如图 4.94 所示。

图 4.92　【投影】特征操作面板

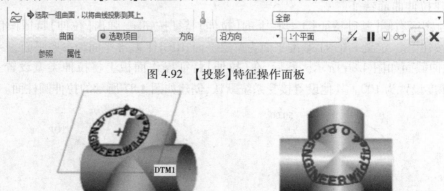

图 4.93　投影对象　　　　图 4.94　投影效果

6）创建偏移曲面

选取图 4.91 中的合并曲面的下表面作为偏移对象,选择菜单【编辑】→【偏移】命令,系统显示出如图 4.95 所示的【偏移】特征操作面板。激活按钮 ,以【拔模方式】偏移曲面,单击特征操作面板上的【参照】按钮,在弹出的【参照】上滑面板中单击【定义】按钮,选取如图 4.96 中的偏移基准平面 DTM2 作为草绘平面,绘制如图 4.97 所示的草绘曲面。然后在操作面板上【偏距值】文本框内定义偏移距离值 5,【拔模角度】文本框内定义拔模角度值 30°;单击操作面板上的【方向】按钮 ,调整偏移的方向使其朝向曲面外侧。最后单击特征操作面板上的【完成】按钮 ,即可完成曲面偏移特征的创建,效果如图 4.98 所示。

图 4.95　【偏移】特征操作面板

图 4.96　设置草绘平面

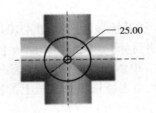

图 4.97　草绘偏移曲面

图 4.98　拔模偏移曲面效果

7）剪切曲面

选取图 4.98 中的合并曲面作为【修剪的面组】,单击绘图区右侧【编辑特征】工具栏上的【修剪】按钮 ,系统显示出如图 4.99 所示的【修剪】特征操作面板,选取如图 4.100 所示的圆柱曲面作为【修剪对象】。单击操作面板上的【方向】按钮 ,确定保留修剪后的面组为圆柱曲面外侧。然后,单击特征操作面板上的【完成】按钮 ,即可完成修剪特征的创建,修剪完毕后再删除作为【修剪对象】的圆柱曲面,最后效果如图 4.101 所示。

图 4.99　【修剪】特征操作面板

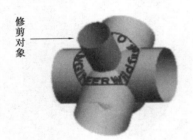

图 4.100　选取修剪对象

图 4.101　修剪特征效果

8）延伸曲面

选取经过步骤（7）修剪后的合并曲面，选择菜单【编辑】→【延伸】命令，系统显示出如图 4.102 所示的【延伸】特征操作面板。单击特征操作面板上的【将曲面延伸到参照平面】按钮，激活【参照平面】收集器 ，选取要延伸到的参照平面 DTM1。最后，单击特征操作面板上的【完成】按钮 ，即可完成曲面延伸，效果如图 4.103 所示。

图 4.102 　【延伸】特征操作面板　　　　　　　　图 4.103 　曲面延伸效果

9）创建包络

选择菜单【编辑】→【包络】命令，系统显示出如图 4.104 所示的【包络】特征操作面板，选取步骤（8）创建的延伸曲面为【包络目标】。单击操作面板上的【参照】按钮，在弹出的【参照】上滑面板上单击【定义】按钮，选取 FRONT 基准平面为草绘平面，DTM1 基准平面为参照平面，定义如图 4.105 所示的草绘。最后，单击特征操作面板上的【完成】按钮 ，即可完成包络特征的创建，效果如图 4.106 所示。

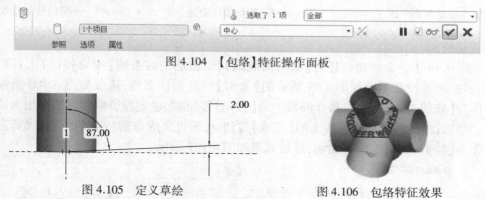

图 4.104 　【包络】特征操作面板

图 4.105 　定义草绘　　　　　　　　图 4.106 　包络特征效果

10）创建扫描特征

以步骤（9）创建的包络曲线为扫描轨迹，草绘如图 4.107 所示的扫描截面草图，最后创建如图 4.108 所示的扫描特征。

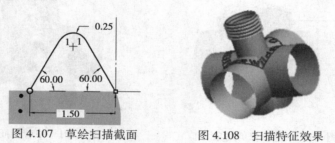

图 4.107 　草绘扫描截面　　　　　　　　图 4.108 　扫描特征效果

11）加厚曲面

选取步骤（10）所创建的合并曲面作为加厚对象,选择菜单【编辑】→【加厚】命令,系统显示出如图 4.109 所示的【加厚】特征操作面板。在特征操作面板上的【偏距值】文本框内定义偏移距离值 2,单击操作面板上的【方向】按钮，切换加厚的方向使其向外。最后,单击特征操作面板上的【完成】按钮，即可完成曲面加厚,效果如图 4.110 所示。

图 4.109　【加厚】特征操作面板

图 4.110　加厚效果

至此,已经按照题意完成了题目要求的模型的创建,读者可以尝试用更简单的方法和更简洁的步骤创建出题目要求的模型。

【实例 4.2】 创建如图 4.111 所示的接线盒盖模型,通过该实例掌握镜像和阵列编辑特征的创建方法。

1）创建新文件

单击【文件】工具栏中的【新建文件】按钮 。系统弹出【新建】对话框,在该对话框的【类型】选项组中选择【零件】单选按钮 ，并在对话框底部的【名称】文本框内输入模型的文件名"exa5_2",取消勾选【使用缺省模板】复选框,单击【确定】按钮。系统弹出【新文件选项】对话框,选择 mmns_part_solid 作为模板。单击【确定】按钮,完成新建文件的创建。

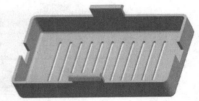

图 4.111　接线盒盖模型

2）创建拉伸、倒圆角和抽壳特征

参照 FRONT、RIGHT 和 TOP 基准平面创建 300×150×50 长方体拉伸特征;并在拉伸特征的底面四条边和侧面四条边上创建倒圆角特征,倒圆角半径为 10;然后在此基础上创建厚度为 5 的壳特征,得到效果如图 4.112 所示模型。

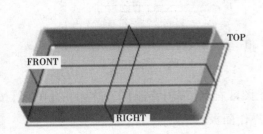

图 4.112　拉伸、倒圆角和抽壳特征

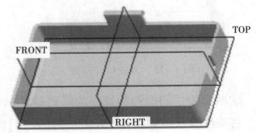

图 4.113　添加拉伸特征

3）创建拉伸特征

在步骤（2）的基础模型上通过【拉伸增加材料】和【拉伸去除材料】创建如图 4.113 所示的

拉伸特征。其中,【拉伸增加材料】特征的截面如图 4.114 所示,拉伸类型为【对称】,拉伸深度为 60;【拉伸去除材料】特征的截面如图 4.115 所示,拉伸类型为【盲孔】,拉伸深度为 5。

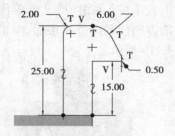

图 4.114　草绘【增加材料拉伸】截面

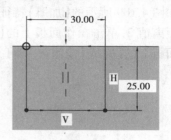

图 4.115　草绘【去除材料拉伸】截面

4）创建镜像特征

在步骤(3)的模型上选取图 4.113 中的【拉伸增加材料】特征为镜像的对象,单击绘图区域右侧【编辑特征】工具栏上的【镜像】按钮,选取 FRONT 基准平面作为镜像平面;然后单击操作面板上的【完成】按钮✓,即可完成镜像【拉伸增加材料】特征的创建,效果如图 4.116 所示。按照同样方法,选取 RIGHT 基准平面作为镜像平面,镜像【拉伸去除材料】特征,效果如图 4.117 所示。

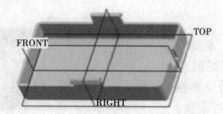

图 4.116　镜像【增加材料拉伸】特征

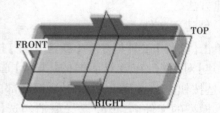

图 4.117　镜像【去除材料拉伸】特征

5）创建阵列特征

在步骤(3)的模型上通过【拉伸去除材料】的方法创建如图 4.118 所示的拉伸特征。其中,拉伸特征的截面如图 4.119 所示,拉伸类型为【盲孔】,拉伸深度为 5。

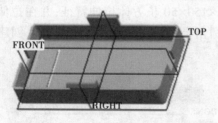

图 4.118　添加拉伸特征

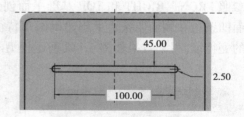

图 4.119　草绘拉伸截面

选取模型中的拉伸特征作为阵列对象,单击绘图区右侧【编辑特征】工具栏上的【阵列】按钮,系统显示出如图 4.120 所示的【阵列】特征操作面板。

图 4.120　【阵列】特征操作面板

在特征操作面板上的【阵列方式】下拉列表中选择【尺寸】阵列方式,选择如图 4.119 中拉伸特征在壳特征基体上的定位尺寸 45 作为驱动尺寸。单击操作面板上的【尺寸】按钮,系统弹出【尺寸】上滑面板,在上滑面板上定义该驱动尺寸的【增量】值为 20。定义完驱动尺寸后,在操作面板上的方向 1 后的文本框内输入需要阵列特征的个数 11。最后,单击特征操作面板上的【完成】按钮✔,即可完成尺寸阵列特征的创建,效果如图 4.121 所示。

至此,已经按照题意完成了题目要求的模型的创建,读者也可以尝试用更简单的方法和更简洁的步骤创建出题目要求的模型。

【实例 4.3】绘制如图 4.122 所示的冰箱蛋夹。

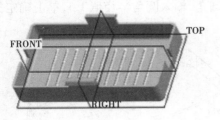

图 4.121　阵列特征

图 4.122　冰箱蛋夹

①选择菜单栏中的【文件】→【新建】命令,建立新的文件。

②选择【拉伸】命令,实体拉伸,选择 TOP 基准面为草绘平面,进入草绘界面后绘制如图 4.123 所示的线型。单击确定按钮✔结束剖面绘制。在拉伸高度栏中输入实体拉伸高度 20,单击确定按钮✔结束拉伸,得到如图 4.124 所示图形。

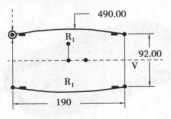

图 4.123　绘制线段

图 4.124　产生拉伸实体

③选择菜单栏中的【拔模】命令,选择如图 4.125 所示 4 个发亮实体面为拔模曲面。拔模枢轴为图 4.126 所示的发亮实体面,向外拔模,拔模角度 3°,单击确定按钮✔结束拔模。

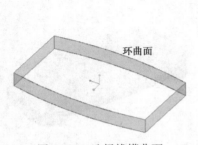

图 4.125　选择拔模曲面

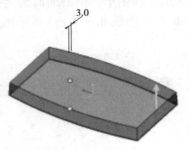

图 4.126　选择拔模枢轴

④单击圆角按钮🔲,将如图 4.127 所示 4 条边倒圆角,输入圆角半径值 30,单击确定按钮✔结束,如图 4.128 所示。

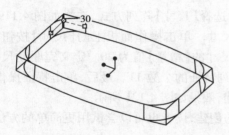

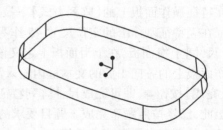

图 4.127　选择圆角边　　　　　　　　　　　　图 4.128　圆角结果

⑤单击圆角按钮 ，将如图 4.129 所示实体边倒圆角,输入圆角半径值 1.5,单击确定按钮
 结束,结果如图 4.130 所示。

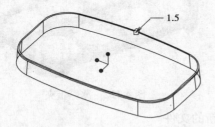

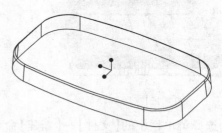

图 4.129　选择圆角边　　　　　　　　　　　　图 4.130　圆角结果

⑥单击抽壳按钮 ,系统提示选择要抽壳的面,选择如图 4.131 所示的实体底面,输入抽
壳厚度 1 并单击确定按钮 结束,结果如图 4.132 所示。

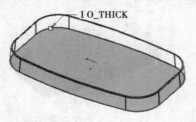

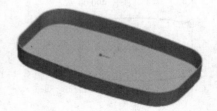

图 4.131　选择抽壳面　　　　　　　　　　　　图 4.132　抽壳结果

⑦选择菜单栏中的【拉伸】命令,选择 FRONT 基准面为草绘平面,进入草绘界面绘制如图
4.133 所示的几何图形。单击剖面确定按钮 结束剖面绘制,在拉伸特征选项中选择双向拉
伸、穿透和切除,得到如图 4.134 所示图形。

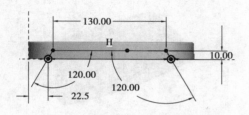

图 4.133　绘制线段几何图形　　　　　　　　　图 4.134　拉伸切除实体

⑧选择菜单栏中的【拉伸】命令,选择 RIGHT 基准面为草绘平面,进入草绘界面绘制如图
4.135 所示的几何图形。单击剖面确定按钮 结束剖面绘制,在拉伸特征选项中选择双向拉

伸、穿透和切除,得到如图 4.136 所示图形。

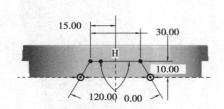

图 4.135　绘制线段几何图形

图 4.136　拉伸切除实体

⑨选择菜单栏中的【拉伸】命令,选择蛋夹顶面为草绘平面,进入草绘界面绘制如图 4.137 所示的几何图形。单击剖面确定按钮✔结束剖面绘制,拉伸特征选择切除,得到如图 4.138 所示图形。

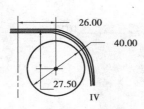

图 4.137　绘制圆

图 4.138　拉伸切除实体

图 4.139　阵列圆孔结果

⑩选择菜单栏中的【阵列】命令,选择尺寸 27.50 为第一方向尺寸,输入阵列第一方向尺寸增量 45,阵列个数输入 4;选择尺寸 26 为第二方向尺寸,输入阵列第二方向尺寸增量−52,阵列个数输入 2。单击确定按钮✔,结果如图 4.139 所示。

【实例 4.4】绘制如图 4.140 所示的电话机外壳。

①选择菜单栏中的【拉伸】命令,在草绘界面绘制如图 4.141 所示矩形,单击特征工具中的剖面确定按钮✔,结束剖面绘制。

②在拉伸特征选项中的拉伸高度栏输入实体拉伸高度 50,按回车键确认,单击信息提示区右侧的按钮✔。产生拉伸实体如图 4.142 所示。

图 4.140　电话机外壳

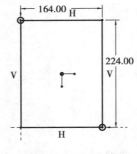

图 4.141　绘制矩形

图 4.142　产生拉伸实体

③选择【拉伸】命令,选择 TOP 基准面为草绘视图参照,并在方向栏选择【顶】选项后点击草绘,进入草绘界面。

④进入草绘界面后,单击【消隐】▢按钮,打开模型线框显示。绘制如图 4.143 所示线段,然后单击剖面确定按钮✔。在拉伸特征选项中选择"贯穿"选项▣,单击✕使切除方向朝电话

机外壳内部,然后单击切除按钮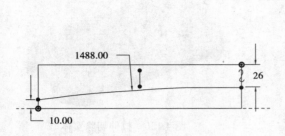,最后单击✔完成绘制,结果如图 4.144 所示的图形。

图 4.143　绘制线段

图 4.144　产生拉伸切除

⑤单击特征工具栏中的基准平面按钮▱,选择 TOP 基准面为基准平面参照,在提示对话框【平移】输入栏内输入 2,单击【确定】按钮,结果如图 4.145 所示,产生基准面 DTM1。

图 4.145　输入平移距离

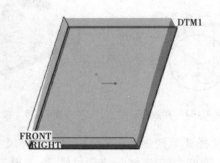

图 4.146　产生基准面 DTM1

⑥选择【拉伸】命令,选择 DTM1 基准面为草绘平面,进入草绘界面。在草绘界面中绘制如图 4.147 所示的图形,单击✔完成草绘。在拉伸特征选项中选择"贯穿"选项▦,单击切除按钮▱,然后单击✔完成拉伸,结果如图 4.148 所示。

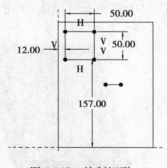

图 4.147　绘制矩形

图 4.148　产生拉伸切除

⑦选择【拉伸】命令,选择 DTM1 基准面为草绘平面,进入草绘界面。在草绘界面中绘制如图 4.149 所示的图形,单击✔完成草绘,在拉伸特征选项中选择【贯穿】选项▦,单击切除按钮▱,然后单击✔完成拉伸,如图 4.150 所示。

⑧选择菜单栏中的【拔模】命令,选择如图 4.151 所示的实体面,接着按 Shift 键选择该实体面的边线如图 4.152 所示。在【参照】选项中的拔模枢轴选择图中发亮,然后在模角度栏

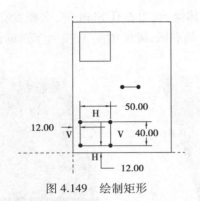

图 4.149　绘制矩形

图 4.150　产生拉伸切除

输入拔模角度 15,按回车键确认,单击拔模方向切换按钮 ，使拔模方向朝外,如图 4.153 所示。最后单击 结束拔模,结果如图 4.154 所示。

图 4.151　选择实体面

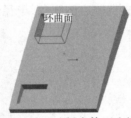

图 4.152　选择实体面边线

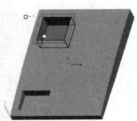

图 4.153　拔模方向

⑨再用上述步骤将下面的凹槽拔模,结果如图 4.155 所示。

⑩选择【拔模】命令,选择如图 4.156 所示的发亮面为拔模曲面,在【参照】选项中拔模枢轴选择如图 4.156 所示的左前面,输入拔模角度 8,按回车键确定,最后单击 ,结束拔模,结果如图 4.157 所示。

图 4.154　拔模结果

图 4.155　拔模结果

图 4.156　选择拔模曲面

⑪选择【拔模】命令,选择如图 4.158 所示的发亮面为拔模曲面。在【参照】选项中拔模枢轴选择如图 4.158 所示的右前面,输入拔模角度 8,按回车键确定,最后单击 结束拔模,结果如图 4.159 所示。

图 4.157　拔模结果

图 4.158　选择拔模曲面

图 4.159　拔模结果

⑫选择【拔模】命令,选择如图4.160所示发亮实体面;接着按住Shift键,选择发亮实体面的一条边,结果如图4.161所示。拔模枢轴选择TOP基准面,拔模角度3,按回车键确认,单击按钮✔,结束拔模,结果如图4.162所示。

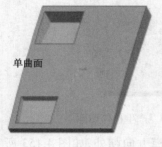

单曲面

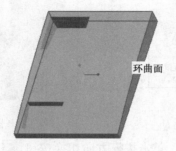

环曲面

图4.160　选择拔模曲面　　　　图4.161　选择拔模曲面　　　　图4.162　拔模结果

⑬将图4.163所示两个凹槽的竖直棱边倒圆角,半径值为5,结果如图4.164所示。

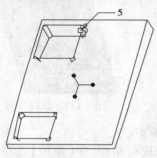

5

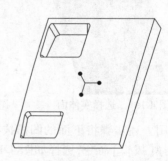

图4.163　选择圆角边　　　　　　　　　　图4.164　圆角结果

⑭按住Ctrl键逐一选择图4.165所示凹槽的未圆角边,半径值为2,结果如图4.166所示。

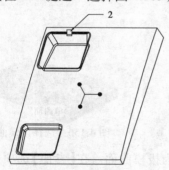

2

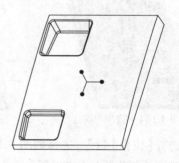

图4.165　选择圆角边　　　　　　　　　　图4.166　圆角结果

⑮单击圆角按钮,按住Ctrl键,逐一选择如图4.167所示外壳的四个角边,半径值为12,进行圆角,结果如图4.168所示。

⑯单击圆角按钮,选择如图4.169所示的实体边,输入半径值2,按回车键确定,结果如图4.170所示。

⑰单击抽壳按钮🔲,选择如图4.171所示发亮实体面,输入抽壳厚度1.5,按回车键确认,单击✔退出抽壳,结果如图4.172所示。

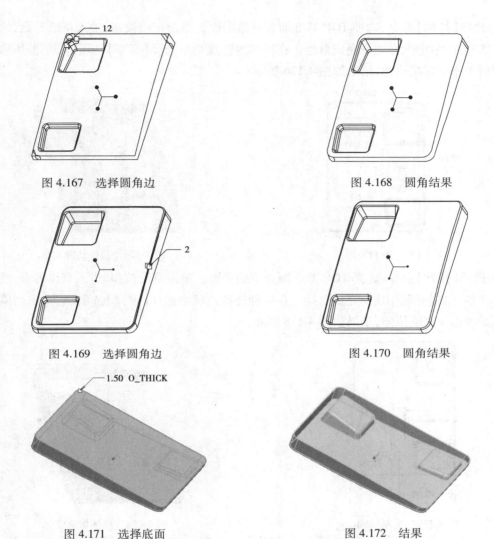

图 4.167　选择圆角边

图 4.168　圆角结果

图 4.169　选择圆角边

图 4.170　圆角结果

图 4.171　选择底面

图 4.172　结果

⑱选择【拉伸】命令,选择 TOP 基准面为草绘平面。单击草绘按钮,进入草绘界面,绘制如图 4.173 所示的圆和矩形。单击✔完成草绘,在拉伸特征选项中选择【贯穿】选项▇▇,单击切除按钮◿,然后单击✔完成拉伸,结果如图 4.174 所示。

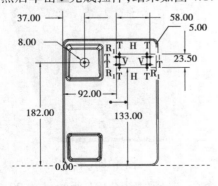

图 4.173　绘制矩形和圆

图 4.174　拉伸切除实体

⑲选择【拉伸】命令,选择 TOP 基准面为草绘平面。单击草绘按钮,进入草绘界面,绘制如图 4.175 所示的图形,单击✔完成草绘。在拉伸特征选项中选择【贯穿】选项 ██,单击切除按钮 ◹,然后单击✔完成拉伸,结果如图 4.176 所示。

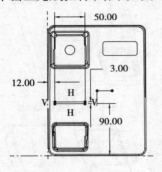

图 4.175　绘制矩形

图 4.176　拉伸切除实体

⑳选择【拉伸】命令,选择 TOP 基准面为草绘平面。单击草绘按钮,进入草绘界面,绘制如图 4.177 所示的椭圆,单击✔完成草绘。在拉伸特征选项中选择【贯穿】选项 ██,单击切除按钮 ◹,然后单击✔完成拉伸,结果如图 4.178 所示。

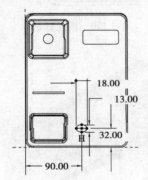

图 4.177　绘制椭圆

图 4.178　拉伸切除实体

㉑选择步骤⑲所绘制的剪切方孔,接着选择菜单栏中的【阵列】命令。进入阵列界面后,选择如图 4.179 所示尺寸 90 为阵列第一方向尺寸,输入阵列第一方向尺寸增量 8,按回车键确定,结果如图 4.180 所示。

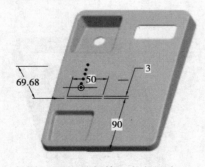

图 4.179　选择第一方向尺寸

图 4.180　阵列结果

㉒选择步骤⑳所绘制的椭圆,再选择【阵列】命令,选择如图 4.181 所示尺寸 90 为阵列第

一方向尺寸,尺寸增量为 24,第一方向阵列个数为 3;单击第二方向【无项目】栏,开始定义第二方向阵列,选择尺寸 32 为第二方向尺寸,尺寸增量为 24,第二方向阵列个数为 4,单击确定按钮✔完成阵列,结果如图 4.182 所示。

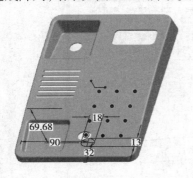

图 4.181　选择方向尺寸

图 4.182　阵列结果

4.2　三维建模高级特征

Creo Elements Pro 5.0 除了拥有强大的三维基础建模功能外,还具有能创建特别复杂的三维模型的高级特征。这样使 Creo Elements Pro 5.0 除了能解决工程上的问题外,还能满足工业设计中复杂曲面的设计要求,下面对 Creo Elements Pro 5.0 三维建模高级特征进行介绍。

4.2.1　造型特征

在 Creo Elements Pro 5.0 中,【造型】特征也称 ISDX(Interactive Surface Design Extensions),即交互式曲面设计模块。该模块以样条曲线为基础,通过曲率分布图,能方便直观地编辑曲线。没有尺寸标准的约束,可以方便而迅速地创建自由形式的曲线,以创建高质量的造型曲面,并能将多个元素组合成超级特征。【造型】特征之所以被称为超级特征,因为它们可以包含无限数量的曲线和曲面,广泛应用于产品的概念设计、外形设计、逆向工程等工业设计领域。由于【造型】特征功能强大,而本书的重点是模具设计,所以下面只作简单介绍,读者可以参考其他学习资料或 Creo Elements Pro 5.0 自带的帮助文档。

单击绘图区右侧【基础特征】工具栏上的【造型工具】按钮⬜,或者选择菜单【插入】→【造型】命令,Creo Elements Pro 5.0 会自动进入造型操作界面,如图 4.183 所示。进入了【造型】设计界面后,在绘图区域右侧的工具栏是造型工具栏。通过工具栏上的工具可以完成造型的建模功能,各按钮的含义和作用见表 4.1。

曲面的类型主要有 3 种:边界曲面、放样曲面和混合曲面,由于不同的曲面类型对曲线的要求也存在各种差异,而且变换多样,十分灵活,功能强大,所以这里就不一一介绍了,在后边的实例和习题中会通过一些使用造型特征创建的简单实例来让读者体会造型特征的用法。

4.2.2　扭曲特征

扭曲特征通过使用不同方式改变已有的实体、曲线或曲面的形式和形状。选择菜单【插

105

入】→【扭曲】命令,系统显示出如图 4.184 所示的【扭曲】特征操作面板,其上共有 7 种扭曲工具。

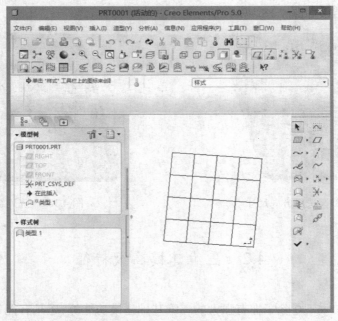

图 4.183　造型界面

表 4.1　造型工具按钮

工具按钮	说　明	工具按钮	说　明
	设置活动基准平面		通过曲线投影到曲面上创建 cos 曲线
	创建内部基准平面		通过相交曲面创建 cos 曲线
	创建样条曲线		从边界曲线创建曲面
	创建圆		连接曲面
	创建圆弧		修剪所选的曲面
	编辑曲线		使用直接操作曲面形状

图 4.184　【扭曲】特征操作面板

➢ 　:变换工具。

➢ 　:扭曲工具。

➢ 　:骨架工具。

> 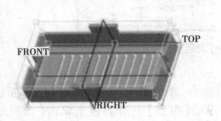　：拉伸工具。
> ：折弯工具。
> ：扭转工具。
> ：雕刻工具。

下边以【扭曲工具】为例简要介绍【扭曲特征】的创建方法。

单击【扭曲】特征操作面板上的【参照】按钮，系统弹出【参照】上滑面板。在弹出的上滑面板上激活【几何】收集器，并选取如图 4.185 中的几何实体模型作为扭曲对象；然后激活上滑面板上的【方向】收集器，并在绘图区中选择平面或坐标系以定义扭曲方向，在此选择 RIGHT 基准平面。此时，【扭曲】特征操作面板上的所有工具按钮被激活，单击其中的【扭曲工具】按钮　，此时，绘图区中围绕实体模型出现调整框，如图 4.185 所示。选择调整框中的控制手柄，并沿着边线拖动控制手柄，几何模型会发生错位扭曲，效果如图 4.186 所示。

图 4.185　扭曲调整框

图 4.186　【扭曲】效果

扭曲包括 3 种方式：相反、中心和自由。如果在拖动控制手柄的同时按住 Alt 键（或在操作面板中【扭曲方式】下拉列表中选择【自由】选项）可以进行自由拖动；如果在拖动控制手柄的同时按住 Alt+Shift 键（或在操作面板中【扭曲方式】下拉列表中选择【中心】选项），则模型围绕其中心进行扭曲，当拖动一条边线时，与之相对的边线也发生相应的变化。由于在模具设计中扭曲特征并不常用，一般用于一些概念设计，所以这里就不展开介绍了，其他几种比较常用的扭曲工具将在之后的例题和习题中详细介绍。

4.2.3　数据共享

数据共享是一项必不可少的功能。因为设计界有许多软件，有时候设计出来的模型并不是用 Creo Elements Pro 5.0 设计的，所以不能直接打开，只能保存为通用数据格式（如 iges、stl 等）再导入 Creo Elements Pro 5.0 中进行再修改或者模具设计等。又或者在设计一个零件的时候要用到另外一个零件的特征作参照时，也需要用到数据共享功能。数据共享有 5 项功能：自文件、发布几何、复制几何、合并/继承和收缩包络。

下边对数据共享中两个最常用的功能进行介绍。

> 自文件：将外部数据插入活动对象。
> 复制几何：插入复制几何。

（1）自文件

选择菜单【插入】→【共享数据】→【自文件】命令，系统弹出如图 4.187 所示的对话框。选择需要打开的文件，然后单击对话框右下角的【打开】按钮，读取文件信息后，系统弹出【选取实体选项和放置】对话框，单击对话框中的【确定】按钮以缺省方式打开文件；或者单击对话框

中的按钮 ，系统弹出【得到坐标系】菜单。选取模型中需要的坐标系后，单击【选取实体选项和放置】对话框上的【确定】按钮，即可完成数据文件的插入。

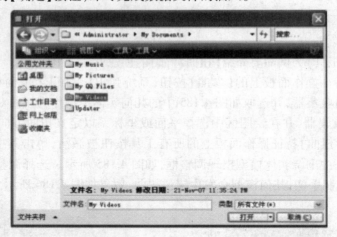

图 4.187 【打开】对话框

（2）复制几何

选择菜单【插入】→【共享数据】→【复制几何】命令，系统弹出【复制几何】操作面板，如图 4.188 所示。单击操作面板上的【参照】按钮，在弹出的【参照】上滑面板上单击【参照模型】收集器后面【打开】按钮 ，如图 4.189 所示。系统会弹出【打开】对话框，选取需要复制几何的模型，系统弹出图 4.190 所示的【放置】对话框，单击对话框中的【确定】按钮。激活【参照】对话框中对应的【参照模型】收集器，系统界面会切换到刚才打开的模型，可以选取对应的特征进行复制。单击操作面板上的【完成】按钮 ，即可完成几何的复制。

图 4.188 【复制几何】操作面板

图 4.189 【参照】对话框

【实例 4.5】掌握【扭曲】特征中【折弯工具】的应用，效果如图 4.191 所示。

①单击主工具栏中的【打开文件】按钮 ，打开配套光盘中的文件 ex4_1_surface.prt，如图 4.192 所示。

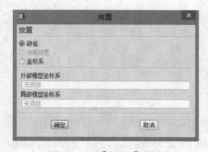

图 4.190 【放置】菜单

图 4.191 最终效果

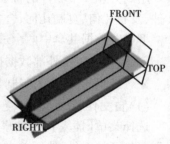

图 4.192 折弯对象

②选择菜单【插入】→【扭曲】命令,系统显示出如图 4.193 所示的【扭曲】特征操作面板。

图 4.193 【扭曲】特征操作面板

③单击【扭曲】特征操作面板上的【参照】按钮,系统弹出【参照】上滑面板,在弹出的上滑面板上激活【几何】收集器,并选取如图 4.192 所示的几何实体模型作为折弯对象;然后激活上滑面板上的【方向】收集器,并在绘图区中选择 FRONT 基准平面为参照方向;勾选【复制原件】复选框确定需保留原件,如图 4.194 所示。然后在【扭曲】特征操作面板上所有被激活的工具按钮中单击【折弯工具】按钮，此时,绘图区中围绕实体模型出现调整框,同时操作面板上弹出了如图 4.195 所示的选项。在操

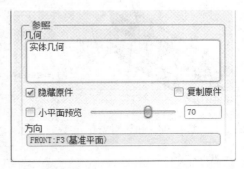

图 4.194 【参照】上滑面板

作面板上输入折弯角度为 150°,通过单击折弯选项中三个按钮 （切换 X、Y、Z 方向）、 （反向）和 （以 90°为增量改变方向）调整折弯方向和折弯方式,直至出现如图 4.196 所示的折弯效果。最后,单击操作面板上的【完成】按钮,即可完成折弯特征的创建。

图 4.195 折弯选项

【实例 4.6】掌握【扭曲】特征中【扭转工具】的应用,效果如图 4.197 所示。

图 4.196 折弯效果

图 4.197 最终效果

①单击主工具栏中的【打开文件】按钮，打开配套光盘中的文件 ex4_1_surface.prt,如图 4.198 所示。

②选择菜单【插入】→【扭曲】命令,系统显示出如图 4.199 所示的【扭曲】特征操作面板。

③单击【扭曲】特征操作面板上的【参照】按钮,系统弹出【参照】上滑面板,在弹出的上滑面板上激活【几何】收集器,并选取如图 4.198 所示的几何实体模型作为扭转对象;然后激活上滑面板上的【方向】收集器,并在绘图区中选择 FRONT 基准平面为参照方向;勾选【复制原件】

复选框确定需保留原件,如图 4.200 所示。然后在【扭曲】特征操作面板上所有被激活的工具按钮中,单击【扭转工具】按钮 。此时,绘图区中围绕实体模型出现调整框,同时操作面板上弹出了如图 4.201 所示的选项。在操作面板上输入扭转角度为 360°,通过单击扭转选项中两个按钮 （切换 x、y、z 方向）和 （反向）调整扭转方向和扭转方式,直至出现如图4.202所示的扭转效果。最后,单击操作面板上的【完成】按钮 ,即可完成扭转特征的创建。

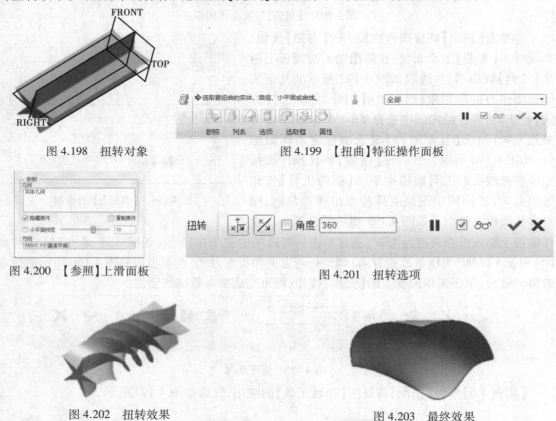

图 4.198　扭转对象　　　　　　图 4.199　【扭曲】特征操作面板

图 4.200　【参照】上滑面板　　　　　　图 4.201　扭转选项

图 4.202　扭转效果　　　　　　　　图 4.203　最终效果

【实例 4.7】创建一边界曲面,了解造型特征基本用法。效果如图 4.203 所示。

1）创建新文件

单击【文件】工具栏中的【新建文件】按钮 。系统弹出【新建】对话框,在该对话框的【类型】选项组中选择【零件】单选按钮 ,并在对话框底部的【名称】文本框内输入模型的文件名 exa5_2,取消勾选【使用缺省模板】复选框,单击【确定】按钮。系统弹出【新文件选项】对话框,选择 mmns_part_solid 作为模板。单击【确定】按钮,完成新建文件的创建。进入绘图界面后,单击绘图区右侧【编辑特征】工具栏上的【造型工具】按钮 ,进入创建造型曲面工作界面。

2）创建边界曲线

单击主工具栏上的【显示所有视图】按钮 ,将视图切换成 4 个视图,以方便绘制和调整曲线。单击绘图区右侧【造型工具】栏上的【曲线】按钮 ,系统弹出【曲线】特征操作面板,如图 4.204 所示。单击操作面板上的【平面】单选按钮,使绘制的曲线始终在平面上,以系统默认的 TOP 基准平面作为活动平面。在 TOP 基准平面上绘制一条曲线,然后单击操作面板上的

110

【完成】按钮✔,初步完成一条平面曲线的绘制,效果如图 4.205 所示。

图 4.204　【曲线】特征操作面板　　　　图 4.205　绘制平面曲线

接下来需编辑曲线。单击绘图区右侧【造型工具】栏上的【编辑曲线】按钮,系统弹出【编辑曲线】特征操作面板,如图 4.206 所示。此时,在绘图区中曲线上的点会加亮显示,单击曲线上的点并拖动,以对曲线进行调整,然后单击操作面板上的【完成】按钮✔,曲线编辑效果如图 4.207 所示。

图 4.206　【编辑曲线】操作面板　　　　图 4.207　编辑曲线

按照上述曲线的绘制和编辑方法,依次创建另外 3 条曲线,如图 4.208 所示。

按住 Ctrl 键选取已创建的 4 条曲线,单击绘图区右侧【造型工具】栏上的【编辑曲线】按钮,在弹出【编辑曲线】特征操作面板上单击【自由】单选按钮,将平面曲线转换成自由曲线。此时曲线上的点可以进行任意方向的移动,参照其他视图依次调整 4 条曲线上的点,调整完毕后,单击操作面板上的【完成】按钮✔。

接下来需设置曲线间的约束关系。选取绘图区中的一条曲线,单击绘图区右侧【造型工具】栏上的【编辑曲线】按钮,按住 Shift 键,鼠标带有【+】标志,选择并拖动曲线的端点到另一条曲线的端点上,此时该端点会转化为软点并与另一条曲线相连,如图 4.209 所示。按照同样的方法,将 4 条曲线的端点依次相连。

图 4.208　创建曲线　　　　　　　　　图 4.209　约束曲线

3)创建边界曲面

单击绘图区右侧【造型工具】栏上的【曲面】按钮,系统弹出【曲面】特征操作面板,如图 4.210 所示;按住 Ctrl 键在绘图区中连续选择已创建的 4 条曲线,系统将按照选择的曲线自动生成曲面,效果如图 4.211 所示。

111

图 4.210 【曲面】特征操作面板   图 4.211 边界曲面

4.3 综合实例

【实例 4.8】绘制如图 4.212 所示的外壳模型。

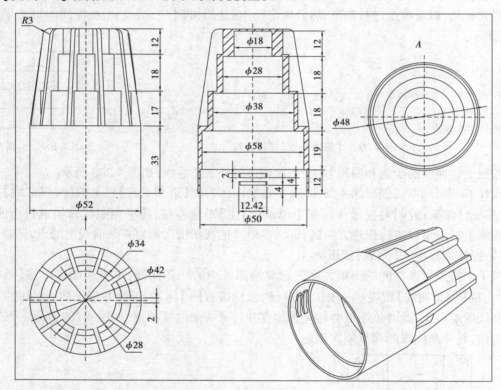

图 4.212 外壳的工程图

①新建一个零件文件,命名为"waike.prt",取消缺省(默认)模板,选择 mmns_prt_solid 模板(毫米级的实体零件创建),单击【确认】,进入零件设计界面。

②选择【旋转】→【放置】→【定义】,在【草绘】对话框中选择 TOP 基准面,然后确认进行草绘,绘制出如图 4.213 所示的图形。设置【旋转】参数为【实体】、【360】,确认完成。

③选择【拉伸】→【放置】→【定义】,在【草绘】对话框中选择零件的底面为基准面,然后确认进行草绘,绘制出如图 4.214 所示的图形。设置参数为【实体】、【去除材料】,输入 12,选择【向内】,确认完成。

④继续选择【拉伸】→【放置】→【定义】,在【草绘】对话框中选择零件孔的底面为基准面,

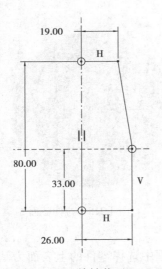

图 4.213　旋转截面 1

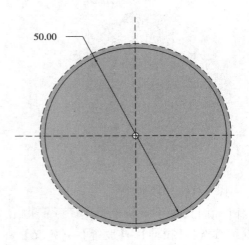

图 4.214　拉伸截面

然后确认进行草绘,绘制出如图 4.215 所示的图形。设置参数为【实体】、【去除材料】,输入 19,选择【向内】,确认完成。

⑤再次选择【拉伸】→【放置】→【定义】,在【草绘】对话框中选择零件孔的底面为基准面, 然后确认进行草绘,绘制出如图 4.216 所示的图形。设置参数为【实体】、【去除材料】,输入 18,选择【向内】,确认完成。

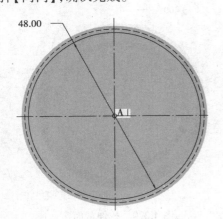

图 4.215　拉伸截面 2

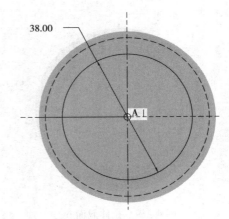

图 4.216　拉伸截面 3

⑥继续选择【拉伸】→【放置】→【定义】,在【草绘】对话框中选择零件孔的底面为基准面, 然后确认进行草绘,绘制出如图 4.217 所示的图形。设置参数为【实体】、【去除材料】,输入 18,选择【向内】,确认完成。

⑦选择【拉伸】→【放置】→【定义】,在【草绘】对话框中选择零件孔的底面为基准面,然后 确认进行草绘,绘制出如图 4.218 所示的图形。设置参数为【实体】、【去除材料】,输入 12,选 择【向内】,确认完成。

⑧继续选择【拉伸】→【放置】→【定义】,在【草绘】对话框中选择零件的上表面为基准面, 然后确认进行草绘,绘制出如图 4.219 所示的图形。设置参数为【实体】、【去除材料】,输入

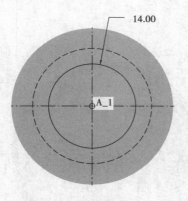

图 4.217　拉伸截面 4

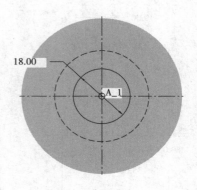

图 4.218　拉伸截面 5

47,选择【向内】,　将材料的拉伸方向更改为草绘的另一侧。　确认完成。

⑨继续选择【拉伸】→【放置】→【定义】,在【草绘】对话框中选择零件的上表面为基准面,然后确认进行草绘,绘制出如图 4.220 所示的图形。设置参数为【实体】、【去除材料】,输入30,选择【向内】,　将材料的拉伸方向更改为草绘的另一侧。　确认完成。

⑩继续选择【拉伸】→【放置】→【定义】,在【草绘】对话框中选择零件的上表面为基准面,然后确认进行草绘,绘制出如图 4.221 所示的图形。设置参数为【实体】、【去除材料】,输入12,选择【向内】,　将材料的拉伸方向更改为草绘的另一侧。　确认完成。

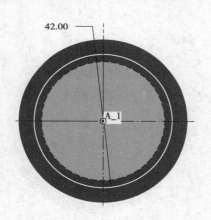

图 4.219　拉伸截面 6

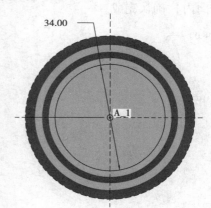

图 4.220　拉伸截面 7

⑪选择【插入】→【筋板】→【profile rib】→【参照】→【定义】,选择 TOP 面为草绘面。进入草绘界面之后,绘制如图 4.222 所示的图元,设置厚度为 2,方向为向内,确认完成。

⑫选择筋为对象,然后选择【阵列】→【轴】,创建一个中心的轴,把它作为【旋转轴】,设置参数为数量为 10、角度为 36。确认完成。

⑬选择【旋转】→【放置】→【定义】,在【草绘】对话框中选择 TOP 基准面,然后确认进行草绘,绘制出如图 4.223 所示的图形。设置【旋转】参数为【实体】,选择 360,确认完成。

⑭选择【拉伸】→【放置】→【定义】,在【草绘】对话框中选择零件的下表面为基准面,然后确认进行草绘,绘制出如图 4.224 所示的图形。设置参数为【实体】、【去除材料】,输入 11,选择【向内】,确认完成。

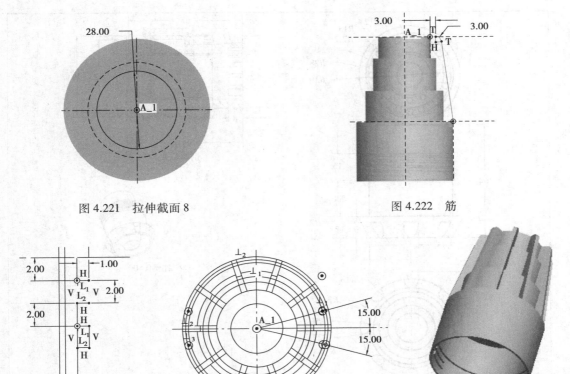

图 4.221　拉伸截面 8

图 4.222　筋

图 4.223　旋转截面 2

图 4.224　拉伸截面 9

图 4.225　完成零件

⑮着色显示零件,缺省放置,如图 4.225 所示。

⑯保存文件,拭除内存。

【实例 4.9】创建如图 4.226 所示的底座模型。

①新建一个零件文件,命名为"dizuo.prt",取消缺省(默认)模板,选择 mmns_prt_solid 模板(毫米级的实体零件创建),单击【确认】,进入零件设计界面。

②选择【旋转】→【放置】→【定义】,在【草绘】对话框中选择 TOP 基准面,单击【确认】进行草绘,绘制出如图 4.227 所示的图形。设置【旋转】参数为【实体】,选择 360,确认完成。

③选择【拉伸】→【放置】→【定义】,在【草绘】对话框中选择零件的底面为基准面,然后确认进行草绘,绘制出如图 4.228 所示的图形。设置参数为【实体】、【去除材料】,输入 32,选择【向内】,确认完成。

④选择【拉伸】→【放置】→【定义】,在【草绘】对话框中选择零件的孔底面为基准面,然后确认进行草绘,绘制出如图 4.229 所示的图形。设置参数为【实体】、【去除材料】,输入 15,选择【向内】,确认完成。

⑤选择【拉伸】→【放置】→【定义】,在【草绘】对话框中选择零件上表面为基准面,然后确认进行草绘,绘制出如图 4.230 所示的图形。设置参数为【实体】、【去除材料】,输入 20,选择【向内】,确认完成。

⑥选择【拉伸】→【放置】→【定义】,在【草绘】对话框中选择零件的底面为基准面,然后确认

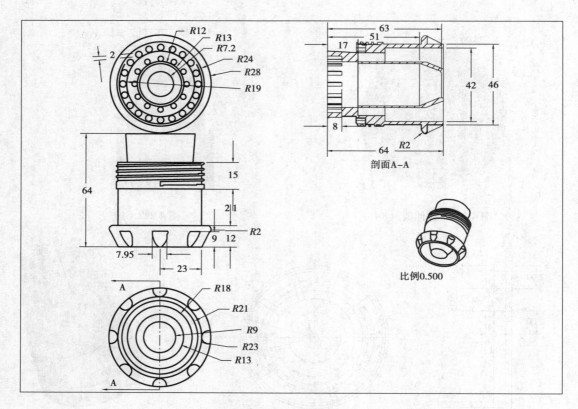

图 4.226   底座工程图

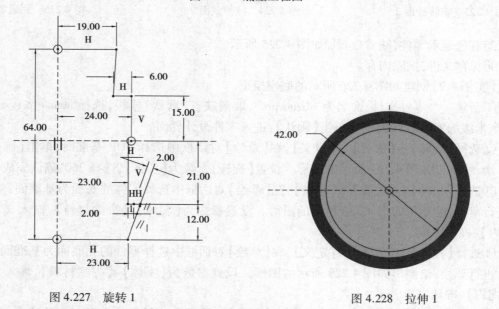

图 4.227   旋转 1   图 4.228   拉伸 1

进行草绘,绘制出如图 4.231 所示的图形。设置参数为【实体】,输入 47,选择【向内】,确认完成。

⑦选择【旋转】→【放置】→【定义】,在【草绘】对话框中选择 RIGHT 基准面,然后确认进行草绘,绘制出如图 4.232 所示的图形。设置【旋转】参数为【实体】、【去除材料】,输入 360,选

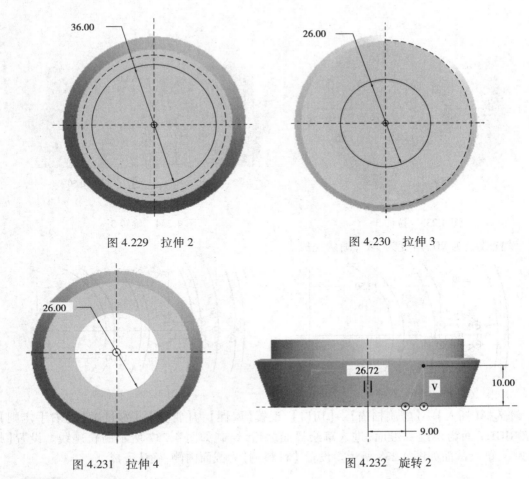

图 4.229　拉伸 2　　　　　　　　图 4.230　拉伸 3

图 4.231　拉伸 4　　　　　　　　图 4.232　旋转 2

择【向外】,确认完成。

⑧选择【拉伸】→【放置】→【定义】,在【草绘】对话框中选择零件的上孔底面为基准面,然后确认进行草绘,绘制出如图 4.233 所示的图形。设置参数为【实体】、【去除材料】,输入 34,选择【向内】,确认完成。

⑨选择【旋转】→【放置】→【定义】,在【草绘】对话框中选择 TOP 基准面,然后确认进行草绘,绘制出如图 4.234 所示的图形。设置【旋转】参数为【实体】、【去除材料】,输入 360,选择【向外】,确认完成。

⑩选择【拉伸】→【放置】→【定义】,在【草绘】对话框中选择零件的上表面为基准面,然后确认进行草绘,绘制出如图 4.235 所示的边长为 2 的正六边形图形。设置参数为【实体】,输入 8,选择【去除材料】、【向内】,确认完成。

⑪选择正六边形的孔为对象,然后【阵列】→【轴】,创建一个中心的轴,把它作为【旋转轴】,设置数量为 12、角度为 30°,确认完成。(注意:要将辅助圆变成构件)。

⑫选择【拉伸】→【放置】→【定义】,在【草绘】对话框中选择零件上表面的第二个为基准面,然后确认进行草绘,绘制出如图 4.236 所示的边长为 2 的正六边形图形。设置参数为【实体】,输入 5,选择【去除材料】、【向内】,确认完成。(注意:要将辅助圆变成构件)。

⑬选择正六边形的孔为对象,然后选择【阵列】→【轴】,选择上一个阵列所使用的为【旋转

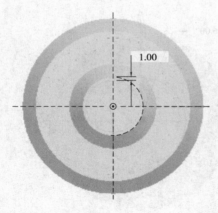

图 4.233　拉伸 5

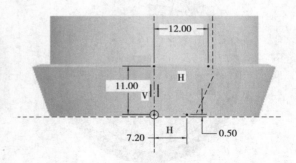

图 4.234　旋转 3

轴】,设置数量为 20、角度为 18°,确认完成。

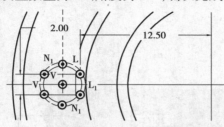

图 4.235　拉伸 6

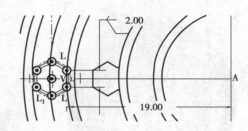

图 4.236　拉伸 7

⑭选择【插入】→【螺旋扫描】→【切口】,设置【属性】为【常数】、【穿过轴】、【右手定则】,选择 RIGHT 面为草绘基准面,进入草绘界面之后,绘制如图 4.237 所示的轨迹线。设置【螺距】为 3,草绘截面如图 4.238 所示。设置【材料侧】为截面内侧,确认完成。

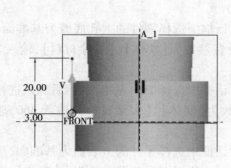

图 4.237　轨迹

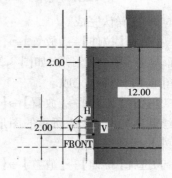

图 4.238　截面

⑮选择【拉伸】→【放置】→【定义】,在【草绘】对话框中选择零件的下表面为基准面,然后确认进行草绘,绘制出如图 4.239 所示的截面。设置参数为【实体】,输入 9,选择【去除材料】、【向内】,确认完成。

⑯选择圆孔为对象,然后【阵列】→【轴】,创建一个中心的轴,把它作为【旋转轴】,设置数量为 6、角度为 60°,确认完成,如图 4.240 所示。

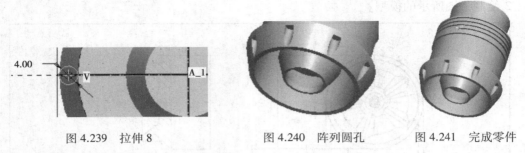

图 4.239　拉伸 8　　　　图 4.240　阵列圆孔　　　　图 4.241　完成零件

⑰着色显示零件,缺省放置。最后结果如图 4.241 所示。

⑱保存文件,拭除内存。

本章小结

　　本章主要介绍了 Creo Elements Pro 5.0 的三维建模编辑功能和三维建模高级功能的使用方法,这些编辑功能和高级功能比前面章节的基础特征和工程特征更灵活,但并不是很难掌握。例如,填充等编辑特征是非常容易掌握的,而阵列等特征的变化比较多,所以技巧性也相对比较强,读者可通过实例和习题掌握它的基本应用。

本章习题

1.绘制下图所示模型。

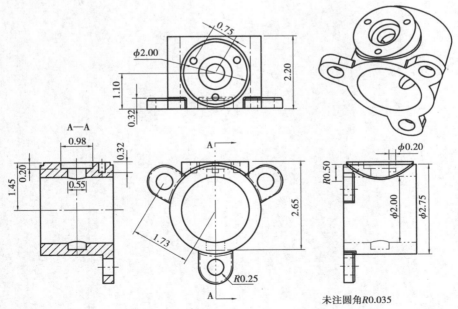

未注圆角 R0.035

2.绘制下图所示的模型。

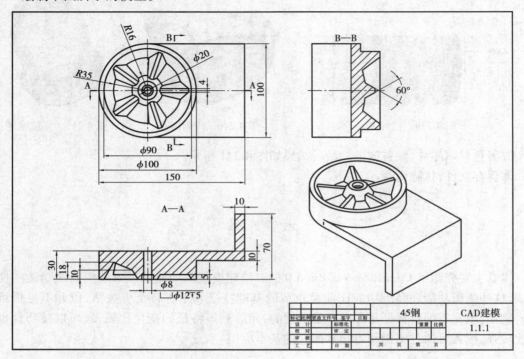

第 **5** 章

基准特征

本章主要学习内容：

➢ 基准特征的分类
➢ 新建零件文件
➢ 创建基准平面
➢ 创建准点
➢ 创建基准轴
➢ 创建基准曲线
➢ 创建基准坐标系
➢ 综合实例

基准（Datum）是进行 3D 几何设计时的参考或基准数据。在 Creo Elements Pro 5.0 中，基准也属于特征的一种。基准特征是其他所有特征创建的基础，在创建任何特征前都需要通过基准特征来确定其在空间的位置。但是基准特征只起到基准的作用，而不构成零件形状的任何几何元素。本章主要介绍各常用基准特征的用途和建立方法。

5.1　基准特征的分类

基准特征主要包括基准平面、基准轴、基准曲线、基准点和基准坐标系。

单击【基准】工具栏上的相应按钮或者选择主菜单【插入】→【模型基准】命令就可以创建基准特征，如图 5.1 和图 5.2 所示。

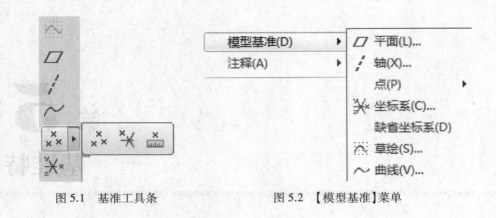

图 5.1　基准工具条　　　　　　　　　图 5.2　【模型基准】菜单

5.2　新建零件文件

　　基准平面是最常用的基准特征之一,它是二维无限延伸没有质量和体积的 Creo Elements Pro 5.0 特征。基准特征在不同的建模模块中起着不同的作用,通常作为各种特征操作的参照平面,可用于尺寸标注的参考、镜像平面、草绘平面等。

　　启动 Creo Elements Pro 5.0 后,新建文件时如果使用了系统默认的模板,则主视区域会自动生成三个相互正交的基准平面,分别是【FRONT】、【TOP】、【RIGHT】基准平面,如图 5.3 所示。每个基准平面有两侧,视角不同基准平面边界线的显示颜色也不同。正面观察时边界显示为褐色,背面显示时边界显示为灰黑色。

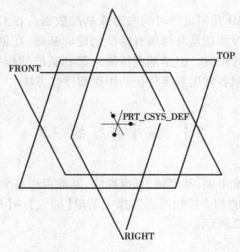

图 5.3　系统默认基准平面

　　单击【基准】工具栏上的【基准平面】按钮 ▱ ,或者选择主菜单【插入】→【模型基准】→【平面】命令,系统弹出【基准平面】对话框,如图 5.4 所示,通过选取放置参照、调整显示方向和尺寸、修改基准平面名称来创建基准平面。

（a）选取放置参照

（b）调整显示方向和尺寸

（c）修改基准平面名称

图 5.4　【基准平面】对话框

5.3　基准平面

在 Creo Elements Pro 5.0 的使用过程中,遇到最频繁的对象就是基准平面。基准平面是指系统或者用户定义做参照基准的平面。因此,能够在适当的地方建立基准平面,可以提高工作效率。基准平面的常见用途有:草绘平面、尺寸标注的参照面、特征建立的终点面、特征复制的对称面、方向给定的参照面、零件装配的对齐参照等。

基准平面是以一个"四边形"的形式显示在画面上,时间上是无穷大的,新增的基准平面的默认名称为"DTM#",#为从 1 开始的正整数。

5.3.1　基准平面在模型建立中的主要用途

（1）作为尺寸标注的参考

草绘特征截面时,可选择已建立的某基准面作为截面的尺寸标注参考,并且可避免造成必要的特征父子关系。

（2）作为视图方位设定的参考

设定 3D 模型视图方位时需要指定两个互相垂直的面,而基准面可以作为其视图方位设定的参考平面。

5.3.2　相关实例

【实例 5.1】【平面旋转】基准平面的建立。

单击【基准】工具栏中【基准平面】按钮 ⬦ ,系统弹出【基准平面】对话框。选择 FRONT 基准平面作为平面参照,同时按住 Ctrl 键,选择另一个通过该平面的圆柱体中轴线作为边参照,在【旋转】文本框中输入绕此参照边转的角度 30,单击【确定】按钮,即可完成基准平面的创建,效果如图 5.5 所示。

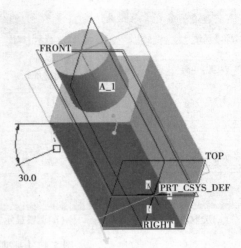

图 5.5　创建【平面旋转】基准平面

【实例 5.2】【平面偏移】基准平面的建立。

【平面偏移】基准平面是在已有基准平面的某一方向上进行一定距离的偏移而得到的新的基准平面。单击【基准】工具栏中【基准平面】按钮□,系统弹出【基准平面】对话框。选择圆柱体的上表面作为参照平面,然后在【基准平面】对话框中的【偏距平移】文本框内输入偏移距离 10,最后单击【确定】按钮,即可完成基准平面的创建,效果如图 5.6 所示。

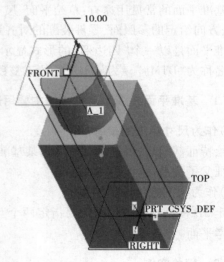

图 5.6　创建【平面偏移】基准平面

【实例 5.3】【曲面相切】基准平面的建立。

单击【基准】工具栏中【基准平面】按钮□,系统弹出【基准平面】对话框。选择圆柱体的外圆柱面为参照,设定放置条件为【相切】;按住 Ctrl 键选择正四棱柱右侧面为参照平面,设定放置条件为【法向】,最后单击【确定】按钮,即可完成基准平面的创建,效果如图 5.7 所示。

【实例 5.4】【两条边】基准平面的建立。

单击【基准】工具栏中【基准平面】按钮□,系统弹出【基准平面】对话框。选择两条相互

 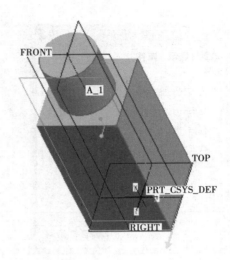

图 5.7　创建【曲面相切】基准平面

垂直的边:正四棱柱的一条底边和一条棱边,作为参照,设定其放置条件分别为【穿过】和【法向】,最后单击【确定】按钮,即可完成基准平面的创建,效果如图 5.8(a)所示。也可以选择两条相互平行的边:正四棱柱的两条对角棱边,作为参照,设定其放置条件均为【穿过】,最后单击【确定】按钮,即可完成基准平面的创建,效果如图 5.8(b)所示。

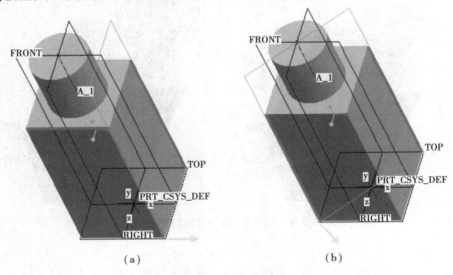

(a)　　　　　　　　　　　　　(b)

图 5.8　创建【两条边】基准平面

【实例 5.5】【三点】基准平面的建立。

　　单击【基准】工具栏中【基准平面】按钮▱,系统弹出【基准平面】对话框。按住 Ctrl 键选择空间内不在同一条直线上的三个点为参照,设定它们的放置条件均为【穿过】,最后单击【确定】按钮,即可完成基准平面的创建,效果如图 5.9 所示。

【实例 5.6】【一点一平面】基准平面的建立。

　　单击【基准】工具栏中【基准平面】按钮▱,系统弹出【基准平面】对话框。选择圆柱底面上一点为参照,设定放置条件为【穿过】;同时按住 Ctrl 键选择正四棱柱右侧面为参照平面,设

 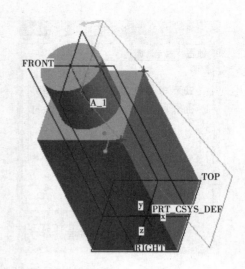

图 5.9　创建【三点】基准平面

定放置条件为【法向】或【平行】，最后单击【确定】按钮，即可完成基准平面的创建，效果如图5.10 所示。

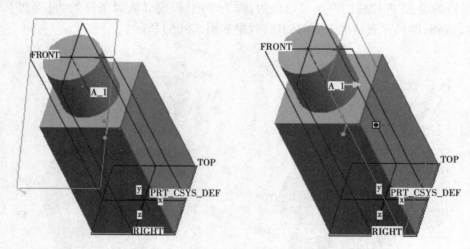

图 5.10　创建【一点一平面】基准平面

5.4　基准点

　　基准点也是一个十分常用的基准特征，主要用于对其他特征进行空间定位，辅助基准轴、基准平面、基准曲线等其他基准特征的创建。基准点也可以用于建构一个曲面造型；定义孔特征的位置；定义基准目标符号和注释箭头的指向位置；定义模具模型中的浇口位置等。基准点主要包括一般基准点、草绘基准点、偏移坐标系基准点和域基准点。

　　基准点会以符号"X"的形式显示在画面上，并且会跟着一个代号"PNT#"，#为从 0 开始的正整数。

126

5.4.1　基准点的用途

①借助基准点来定义参数,如建立变半径圆角时可利用基准点指定圆角半径值得参考点;
②定义有限元分析网格的施力点;
③计算几何公差时用来指定附加基准目标的位置。

5.4.2　创建基准点的方法

单击【基准】工具栏上【基准点】按钮 右方的小三角,系统弹出【基准点】工具条,如图
5.11左图所示,单击工具条中的按钮可以依次创建一般基准点、草绘基准点、偏移坐标系基准
点和域基准点。或者选择主菜单【插入】→【模型基准】→【点】命令,系统弹出【基准点】菜单,
如图 5.11 右图所示,选择菜单中的命令,可以创建相应类型的基准点。

图 5.11　【基准点】工具条和菜单

【实例 5.7】一般基准点的建立。

单击【基准】工具栏中【基准点】按钮 ,系统弹出【基准点】对话框。可以自由选取空间中
的任意一个特殊点作为新的基准点,如图 5.12 所示。选取正四棱柱一条棱边与底面的交点,
作为基准点 PNT0。

 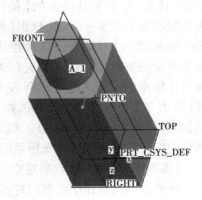

图 5.12　创建一般基准点

也可以在某一轴或者平面上创建一个非特殊位置的基准点,如图 5.13 所示。选择正四棱
柱的一条棱边作为参照,但是该参照不能唯一确定基准点的位置,只能确定基准点位于被选中
的棱边上,可以通过施加约束的方式来确定基准点的唯一位置。在模型上选取棱边的端点为
偏移参照,在【偏移】文本框内输入偏移的【比率】值或【实数】值 0.5,以约束基准点的位置。
当然也可以另外选取平面或其他基准点作为偏移参照。

在平面上创建基准点的方法与在轴上创建基准点的方法类似,只需设定足够的约束即可,
在此不详述。

【实例 5.8】草绘基准点的建立。

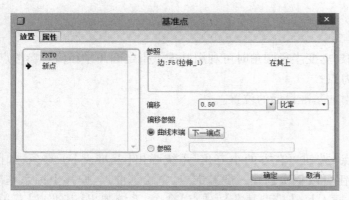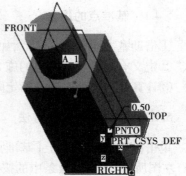

图 5.13　创建一般基准点

单击【基准】工具栏上【基准点】按钮右方的小三角,系统弹出【基准点】工具条。单击工具条上的【草绘基准点】按钮,利用草绘点功能创建基准点。系统弹出【草绘的基准点】对话框中,选择正四棱柱的前侧面为草绘平面,下底面为参照平面,方向为【底部】。然后单击【草绘】按钮,进入草绘模式,绘制如图 5.14 左图所示的点。草绘完毕后,单击绘图区域右侧【草绘器工具栏】中的【完成】按钮,确定基准点的创建,效果如图 5.14 右图所示。

【实例 5.9】偏移坐标系基准点的建立。

单击【基准】工具栏上【基准点】按钮右方的小三角,系统弹出【基准点】工具条,单击工具条上的【偏移坐标系基准点】按钮,系统弹出【偏移坐标系基准点】对话框。选择绘图区域中的全局坐标系 PRT_CSYS_DEF 为参照坐标系,在【类型】下拉列表中选择【笛卡尔】坐标类型(也可选择【圆柱】坐标系或者【球坐标系】)。然后在

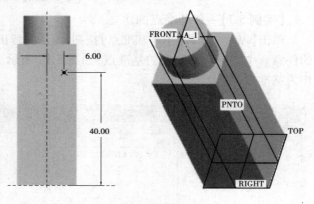

图 5.14　创建草绘基准点

列表中定义基准点与参考坐标系原点的距离,可以一次创建多个点,效果如图 5.15 所示。

【实例 5.10】域基准点的建立。

域基准点没有详细的参照对其空间的具体位置进行严格规定,只需选择一个放置平面或轴,然后在平面或轴上随机选取一个点即可作为基准点。域基准点仅用于【行为建模】,一个域基准点代表一个几何区域。

单击【基准】工具栏上【基准点】按钮右方的小三角,系统弹出【基准点】工具条。单击工具条上的【域点】按钮,系统弹出【域基准点】对话框。选取正四棱柱的右侧面作为参照平面,用于放置域基准点,在参照平面内随意选取一点,然后单击对话框中的【确定】按钮,即可完成基准点的创建,效果如图 5.16 所示。

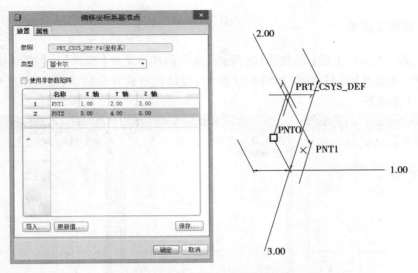

图 5.15　创建偏移坐标系基准点

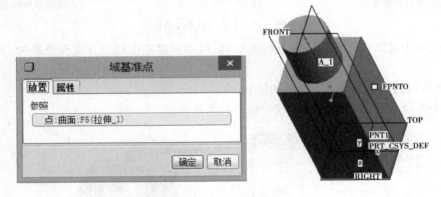

图 5.16　创建域基准点

5.5　基准轴

　　基准轴的应用也比较广泛,常用作创建其他特征的参照,如孔特征的定位参照、尺寸标注参照、阵列复制和旋转复制的旋转轴参考、装配参照等。当创建拉伸圆柱特征、旋转特征、孔特征时,系统会自动标注出基准轴。

　　基准轴以一段虚线的形式显示在画面上,实际上是无限长的,并且会伴随着一个编号A-#,#为从 1 开始的正整数。

5.5.1　基准轴的用途

①作为旋转特征的中心线,如圆柱、孔等。
②作为同轴特征的参考。

5.5.2　新建基准轴

单击【基准】工具栏上的【基准轴】按钮 ╱，或者选择主菜单【插入】→【模型基准】→【轴】命令，系统弹出【基准轴】对话框，如图 5.17 所示，通过选取放置参照、调整显示尺寸、修改基准轴名称来创建基准轴。

（a）选取放置参照　　　　　（b）调整显示尺寸　　　　　（c）修改基准轴名称

图 5.17　【基准轴】对话框

根据空间中可以唯一确定一条直线的原则，可知创建基准轴的方法有很多种，下面分别予以介绍：

【实例 5.11】【穿过两点】基准轴的建立。

空间中的任意不重合两点可以唯一确定一条基准轴。

 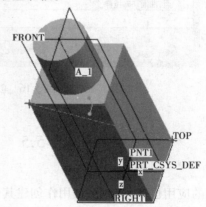

图 5.18　创建【穿过两点】的基准轴

单击【基准】工具栏上的【基准轴】按钮 ╱，系统弹出【基准轴】对话框。按住 Ctrl 键选择模型上的任意两点为参照，设定放置条件均为【穿过】，单击【确定】按钮，即可完成基准轴的创建，效果如图 5.18 所示。

【实例 5.12】【通过一点相切于圆弧】基准轴的建立。

单击【基准】工具栏上的【基准轴】按钮 ╱，系统弹出【基准轴】对话框。选择圆柱体上底面上的圆弧边为参照，设定放置条件为【相切】；按住 Ctrl 键选择圆柱体上底面圆弧边上的一点为参照，设定放置条件为【穿过】。单击【确定】按钮，即可完成基准轴的创建，效果如图 5.19 所示。

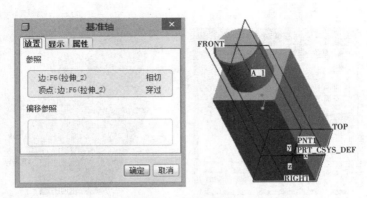

图 5.19　创建【通过一点相切于圆弧】的基准轴

【实例 5.13】【垂直于平面】基准轴的建立。

此种基准轴的创建原理是选择一个与基准轴垂直的参照平面,再选择其他平面、轴或边作为轴偏移参照,从而创建一个基准轴。

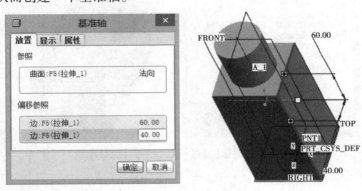

图 5.20　创建【垂直于平面】的基准轴

单击【基准】工具栏上的【基准轴】按钮 ，系统弹出【基准轴】对话框。选择正四棱柱的右侧面为参照平面,设定放置条件为【法向】;按住 Ctrl 键选择正四棱柱右侧面的两条边作为偏移参照,并设定偏移值分别为 60 和 40。单击【确定】按钮,即可完成基准轴的创建,效果如图 5.20 所示。

【实例 5.14】【通过两相交平面】基准轴的建立。

空间中的任意两相交平面可以唯一确定一条基准轴。

单击【基准】工具栏上的【基准轴】按钮 ，系统弹出【基准轴】对话框。按住 Ctrl 键选择模型上的任意两相交平面为参照,设定放置条件均为【穿过】,单击【确定】按钮,即可完成基准轴的创建,效果如图 5.21 所示。

【实例 5.15】【通过一点一平面】基准轴的建立。

单击【基准】工具栏上的【基准轴】按钮 ，系统弹出【基准轴】对话框。选择正四棱柱右侧面为参照平面,设定放置条件为【法向】;按住 Ctrl 键选择参照平面上的一点 PNT0 为参照点,设定放置条件为【穿过】。单击【确定】按钮,即可完成基准轴的创建,效果如图 5.22 所示。

当然,还有很多创建基准轴的方法,例如利用旋转特征的旋转中心创建基准轴、通过模型棱边创建基准轴等,在创建过程中应该根据模型的特征灵活选用这些方法。

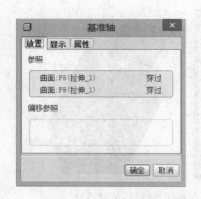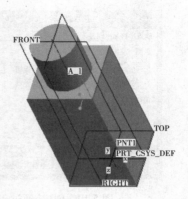

图 5.21　创建【通过两相交平面】的基准轴

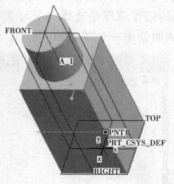

图 5.22　创建【通过一点一平面】的基准轴

5.6　基准曲线

基准曲线经常用作扫描特征的轨迹线、曲面特征的边界线等。曲面建模中经常配合基准点来完成曲线乃至曲面的创建。基准曲线允许创建二维截面,这个截面可以用于创建许多其他特征,例如拉伸和旋转特征。

5.6.1　基准曲线的用途

①作为扫描特征的轨迹线;
②作为边界曲面的边界线或其他参考线;
③用来定义加工制造时 NC 程序的切削路径。

5.6.2　新建基准曲线

单击【基准】工具栏上的【基准曲线】按钮～,或者选择主菜单【插入】→【模型基准】→【曲线】命令,系统弹出【曲线选项】菜单管理器,如图 5.23 所示,选择菜单管理器中的命令可以依次创建【经过点】基准曲线、【自文件】基准曲线、【使用剖截面】基准曲线、【草绘】基准曲线和【从方程】基准曲线。

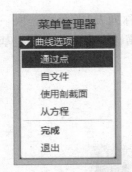

图 5.23　【曲线选项】菜单
　　　　　管理器

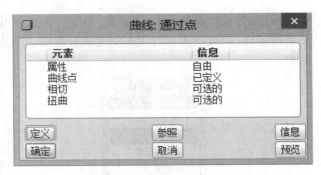

图 5.24　【曲线:通过点】对话框

【实例 5.16】【经过点】基准曲线的建立。

单击【基准】工具栏上的【基准曲线】按钮 ~，系统弹出【曲线选项】菜单管理器。选择菜单管理器中的【经过点】→【完成】命令，系统弹出【曲线:通过点】对话框和【连结类型】菜单管理器，分别如图 5.24 和图 5.25 所示。

图 5.25　【连结类型】菜单管理器

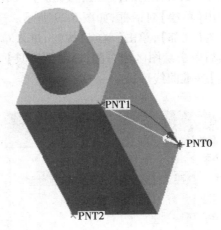

图 5.26　创建【通过点】基准曲线

依次顺序选取模型上的基准点 PNT0~PNT2，以默认的联结类型连接各点，系统通过这些点自动生成一条有向的光滑曲线，如图 5.26 所示，系统默认为第一个指定点是该曲线的起点。还可以根据需要在【曲线:通过点】对话框中设置基准曲线起点和终点的相切方式、曲线扭曲等。最后选择【曲线选项】菜单管理器中的【完成】命令和单击【曲线:通过点】对话框中的【确定】按钮完成【通过点】基准曲线的创建。

【实例 5.17】【自文件】基准曲线的建立。

单击【基准】工具栏上的【基准曲线】按钮 ~，系统弹出【曲线选项】菜单管理器，选择菜单管理器中的【自文件】→【完成】命令，如图 5.27 所示。系统弹出【得到坐标系】菜单管理器，如图 5.28 所示。在绘图区域中选取一个坐标系作为放置参照，系统弹出【打开】对话框，可以直接将 ∗.ibl、∗.igs 和 ∗.vda 格式文件的基准曲线导入模型中。

【实例 5.18】【使用剖截面】基准曲线的建立。

单击【基准】工具栏上的【基准曲线】按钮 ~，系统弹出【曲线选项】菜单管理器，选择菜单管理器中的【使用剖截面】→【完成】命令。从所有可用横截面的【名称列表】菜单中选取一个平面横截面,横截面边界可用来创建基准曲线。注意,不能使用偏距横截面中的边界创建基准曲线。

图 5.27　【曲线选项】菜单管理器

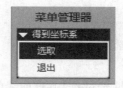

图 5.28　【得到坐标】菜单管理器

【实例 5.19】【草绘】基准曲线的建立。

单击【基准】工具栏上的【草绘】按钮，或者选择主菜单【插入】→【模型基准】→【草绘】命令,系统弹出【草绘】对话框,如图 5.29 所示。选择正四棱柱的前侧面为草绘平面,底面为参照平面,方向为【底部】,单击【草绘】按钮,进入草绘模式。在绘图区中创建如图 5.30 所示的曲线草图,然后单击绘图区域右侧【草绘器工具】栏中的【完成】按钮，完成草绘,即可生成一条二维【草绘】基准曲线。

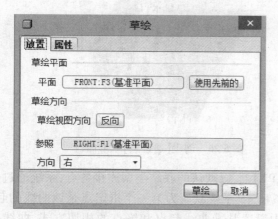

图 5.29　【草绘】菜单管理器

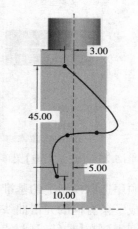

图 5.30　【草绘】基准曲线

【实例 5.20】【从方程】基准曲线的建立。

单击【基准】工具栏上的【基准曲线】按钮，系统弹出【曲线选项】菜单管理器,选择菜单管理器中的【从方程】→【完成】命令。系统弹出【曲线:从方程】对话框,如图 5.31 所示,对话框中的坐标系、坐标系类型和方程元素分别用于定义坐标系、指定坐标系类型和输入方程。

双击【曲线:从方程】对话框中的【坐标系】元素,系统弹出【得到坐标系】菜单管理器,如图 5.32 所示。选择绘图区域中的全局坐标系 PRT_CSYS_DEF 为参照,系统弹出【设置坐标类型】菜单管理器,如图 5.33 所示。选择【笛卡尔】命令(也可选择【圆柱】坐标系或者【球坐标系】),以笛卡尔坐标类型创建方程曲线。

图 5.31　【曲线:从方程】对话框

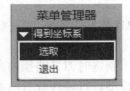

图 5.32　【得到坐标系】菜单管理器

系统弹出【rel.ptd】记事本编辑器窗口,如图 5.34 所示,用于输入曲线方程,编辑器窗口标题包含特定方程的指令,它取决于所选的坐标系类型。根据从 0 到 1 变化的参数 t 和三个坐标系参数来指定方程:笛卡尔坐标为 X、Y 和 Z;柱坐标为 r、theta 和 Z;球坐标为 r、theta 和 phi。

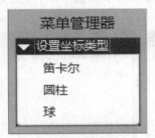

图 5.33　【设置坐标类型】菜单管理器

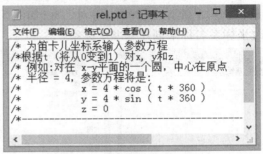

图 5.34　【rel.ptd】记事本编辑器窗口

在记事本编辑器窗口中输入曲线方程:

$x = 4 * \cos (t * 360)$

$y = 4 * \sin (t * 360)$

$z = 4 * t$

输入完成后,保存并关闭记事本。

至此,【曲线:从方程】对话框中的元素已经全部定义,可以通过【定义】来修改列表中的项目,单击【确定】按钮,完成创建,效果如图 5.35 所示。

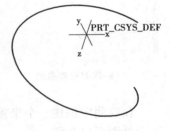

图 5.35　方程曲线

5.7　基准坐标系

基准坐标系是 Creo Elements Pro 5.0 中重要的参照特征,许多任务的完成必须以基准坐标系为参照,例如计算零件的质量属性、施加有限元分析的约束以及创建其他基准特征等。在造型应用中,基准坐标系也不可或缺。基准坐标系也常用于组件模块和制造模块中。

相较于前面的基准特征,基准坐标的使用频率比较低,大部分都是要捕获基准坐标系的三个轴向作为参照方向,另外,零件装配的对齐参照有时也可以使用基准坐标系。

在 Creo Elements Pro 5.0 中有三种类型的坐标系,即笛卡尔坐标系、圆柱坐标系和球坐标系。进入 Creo Elements Pro 5.0 界面后,系统在绘图区域中自动生成了一个名称为 PRT_

CSYS_DEF 的笛卡尔坐标系。

5.7.1 基准坐标系的用途

①用于 CAD 数据的转换,如进行 IGES、STEL 等数据格式的输入与输出时都必须设置坐标系统;

②作为加工制造时刀具路径的参考;

③对零件模型进行特性分析的参考;

④作为零件装配设计时的配合参考。

5.7.2 新建基准坐标系

单击【基准】工具栏上的【基准坐标系】按钮,或者选择主菜单【插入】→【模型基准】→【坐标系】命令,系统弹出【坐标系】对话框,如图 5.36 所示,通过选取放置参照、调整坐标轴定向、修改坐标系名称来创建基准坐标系。

(a)选取放置参照   (b)调整坐标轴定向   (c)修改坐标系名称

图 5.36 【坐标系】对话框

在空间中创建一个坐标系,只需设置完整的约束即可。创建基准坐标系的方法有很多种,下面分别予以介绍:

【实例 5.21】【偏移】基准坐标系。

单击【基准】工具栏上的【基准坐标系】按钮,系统弹出【坐标系】对话框。选取系统默认的基准坐标系 PRT_CSYS_DEF 为参照,在【坐标系】对话框的【原始】选项组中选择坐标类型为【笛卡尔】,设定新建基准坐标系相对于参照坐标系的 X、Y、Z 轴上的偏移值分别为 5、-6 和 0。在对话框的【定向】选项组中设定每个坐标轴的旋转量均为 30。在对话框的【属性】选项组中修改新建坐标轴的名称为【CSO】,如图 5.37 所示。最后单击【确定】按钮完成基准坐标系的创建,效果如图 5.38 所示。

【实例 5.22】【两条边】确定的基准坐标系的建立。

单击【基准】工具栏上的【基准坐标系】按钮,系统弹出【坐标系】对话框。按住 Ctrl 键在模型上选取两条不平行的边作为参照,新建坐标系的原点在两条边的交点或投影交点上,新建坐标系的 X 轴方向与选取的第一条边同向,Y 轴方向与选取的第二条边平行,通过右手法则可以确定 Z 轴的方向,如图 5.39 所示。在【坐标系】对话框的【定向】选项组中可以调整各坐标轴的正方向。

（a）选取参照、设置偏移

（b）设定坐标轴定向

（c）修改名称属性

图 5.37　【坐标系】对话框

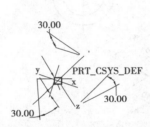

图 5.38　创建【偏移】基准坐标系

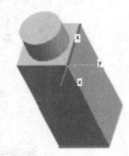

图 5.39　【两条边】确定的基准坐标系

【实例 5.23】【三相交平面】确定的基准坐标系。

单击【基准】工具栏上的【基准坐标系】按钮 ，系统弹出【坐标系】对话框。按住 Ctrl 键在模型上选取三个相交平面作为参照，在此选取正四棱柱的前、右侧面和上底面，新建坐标系的原点即为三个平面的交点，如图 5.40 所示。在【坐标系】对话框的【定向】选项组中，单击【反向】按钮，系统会根据右手法则自动调整各坐标轴的正方向，如图 5.41 所示。

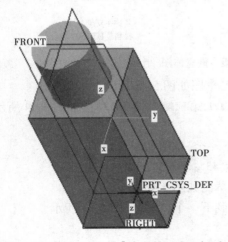

图 5.40　【三相交平面】确定的基准坐标系

图 5.41　【坐标系】对话框

137

5.8 综合实例

【实例 5.24】绘制如图 5.42 所示的支架。

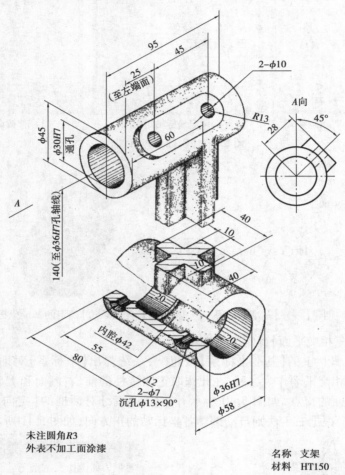

图 5.42 支架零件立体图

①拉伸 1:RIGHT 面为草绘面,对称拉伸 80,草图如图 5.43 所示。

②拉伸 2:FRONT 面为草绘面,第一侧拉伸 60,第二侧拉伸 35,草图如图 5.44 所示。

③DTM1:TOP 面上偏 50。

④拉伸 3:DTM1 面为草绘面,两侧都选到下一个,草图如图 5.45 所示。

⑤DTM2:上圆柱轴心线和 RIGHT 面夹角为 45°;DTM3:DTM2 上偏 28。

⑥拉伸 4:DTM3 面为草绘面,选到下一个,草图如图 5.46 所示。

⑦拉伸 5:DTM3 面为草绘面,去除材料,选到下一个,草图如图 5.47 所示。

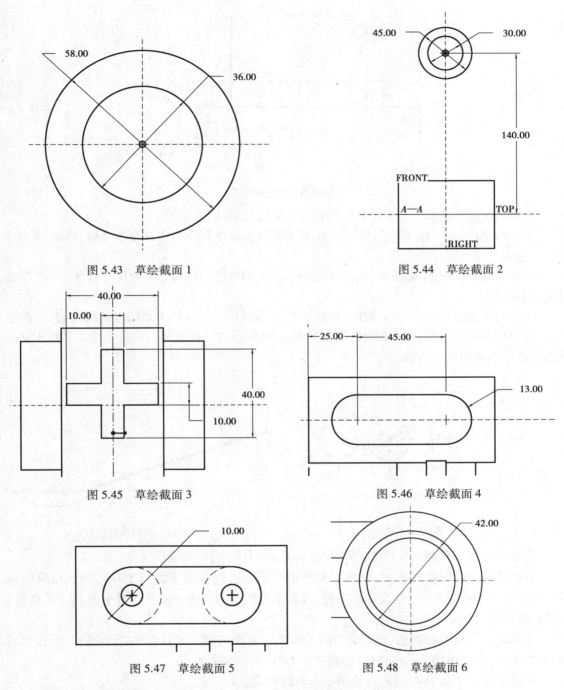

图 5.43　草绘截面 1

图 5.44　草绘截面 2

图 5.45　草绘截面 3

图 5.46　草绘截面 4

图 5.47　草绘截面 5

图 5.48　草绘截面 6

⑧拉伸 6：RIGHT 面为草绘面，去除材料，对称 40，草图如图 5.48 所示。

⑨旋转 1：TOP 面为草绘面，去除材料，草绘如图 5.49 所示。

⑩镜像 1：旋转 1 镜像面为 RIGHT 面。

⑪倒圆角：中间支撑部分为 R3。

【实例 5.25】绘制勺子。

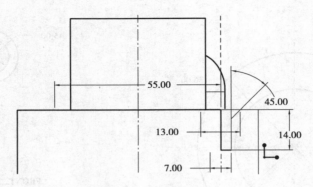

图 5.49　草绘截面 7

①单击主窗口右侧工具栏中草绘按钮,系统显示【草绘】对话框。

②单击基准平面"DTM3"为草绘平面,接受系统默认的视图方向及参考平面,单击【草绘】按钮,进入草绘环境。

③系统显示【参照】对话框,接受系统默认的"DTM1""DTM2"作为尺寸标注参考,单击【关闭】按钮。

④单击草绘工具栏中的 ＼ 按钮,作斜线 1,再单击草绘工具栏中 ⌒ 圆锥曲线按钮,作曲线 2,中间用样条曲线连接并约束相切,绘制如图 5.50 所示的特征截面。单击草绘工具栏中 ✔ 按钮,完成第一条曲线的绘制。

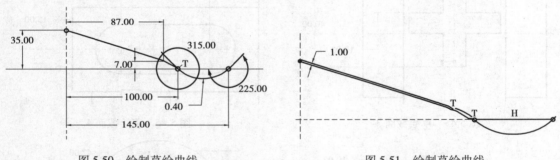

图 5.50　绘制草绘曲线　　　　　　　　　　图 5.51　绘制草绘曲线

⑤单击主窗口右侧工具栏中 ∿ 按钮,系统显示【草绘】对话框。

⑥创建一个临时基准平面,单击工具栏中的 ▱ ,选取基准平面"DTM3",输入偏移距离 25,选取基准平面"DTM4"作为草绘平面,接受系统默认的视图方向及参考平面,单击【草绘】按钮,进入草绘环境。

⑦单击工具栏中 ▢ 按钮,选取斜边向下偏移 1,再单击草绘工具栏中的 ＼ 按钮,连接圆弧的两个端点,中间用样条曲线连接,绘制如图 5.51 所示的截面。

⑧单击草绘工具中 ✔ 按钮,完成第二条曲线的绘制。

⑨方法同上,完成第三条曲线的建立。选取基准平面"DTM2"为草绘平面,接受系统默认的视图方向及参考平面。

⑩单击草绘工具栏中 ▢ 按钮,选取并通过圆弧的两个端点作两条中心参考线,再单击草绘工具栏中的 ∿ 按钮,绘制如图 5.52 所示的草绘(绘制时中间通过两点)。

⑪单击草绘工具栏中 ✔ 按钮,完成第三条曲线的绘制。

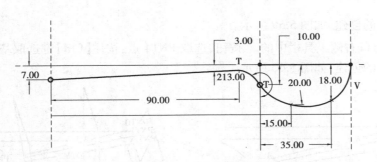

图 5.52   绘制草绘曲线

⑫选取步骤⑨获得的曲线,按住【Ctrl】键选取步骤⑩获得的曲线,选择【编辑】→【相交】命令,创建一条二投影曲线,如图 5.53 所示。

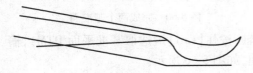

图 5.53   二投影曲线

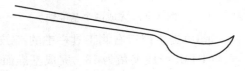

图 5.54   隐藏草绘曲线

⑬打开模型树,选取步骤⑨和⑫得到的曲线,单击鼠标右键隐藏命令(隐藏两条草绘曲线),如图 5.54 所示。

⑭选择菜单【编辑】→【特征操作】→【复制】→【镜像】命令,选取步骤⑬获得的曲线,完成曲线的选取,再选取基准平面"DTM3"为镜像平面,完成曲线的镜像,如图 5.55 所示。

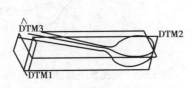

图 5.55   完成曲线的镜像

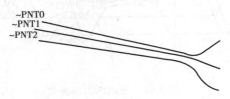

图 5.56   完成三个基准点

⑮单击主窗口右侧工具栏中 按钮,选取三条曲线的三个起始点,完成三个基准点 PNT0、PNT1、PNT2 的创建,如图 5.56 所示。

⑯单击主窗口右侧工具栏中 按钮,选取如图 5.57 所示曲线段,输入比例值为 0.5、1,完成两个基准点 PNT3、PNT4 的创建,如图 5.57 所示。

⑰单击主窗口右侧工具栏中 按钮,选取如图 5.58 所示的曲线段,输入比例值为 0、0.5,完成两个基准点 PNT5、PNT6 的创建,如图 5.58 所示。

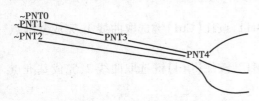

图 5.57   完成两个基准点(PNT3、PNT4)

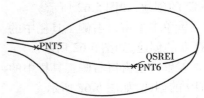

图 5.58   完成两个基准点(PNT5、PNT6)

⑱单击主窗口右侧工具栏中的 按钮,选取 PNT3 点,按住【Ctrl】键选取基准平面 DTM3,

完成基准轴 A1 的创建,如图 5.59 所示。

⑲单击主窗口右侧工具栏中的 / 按钮,选取 PNT4 点,按住【Ctrl】键选取基准平面 DTM3,完成基准轴 A2 的创建,如图 5.60 所示。

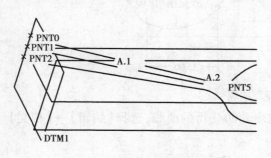

图 5.59   完成两个基准轴

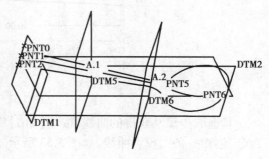

图 5.60   完成两个基准面

⑳单击主窗口右侧工具栏中的 ⃞ 按钮,选取 A1 轴,按住【Ctrl】键选取基准平面 DTM1,输入与 DTMl 所成夹角为 18°,完成基准面 DTM5 的创建,如图 5.60 所示。

㉑单击主窗口右侧工具栏中的 ⃞ 按钮,选取 A2 轴,按住【Ctrl】键选取基准平面 DTM1,输入与 DTMl 所成夹角为−24°,完成基准面 DTM6 的创建,如图 5.60 所示。

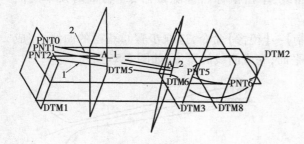

图 5.61   完成两个基准面

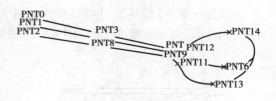

图 5.62   完成 8 个基准点

㉒单击主窗口右侧工具栏中的 ⃞ 按钮,选取 PNT5 点,按住【Ctrl】键选取基准平面 DTM6 并与之平行,完成基准面 DTM7 的创建,如图 5.61 所示。

㉓单击主窗口右侧工具栏中的 ⃞ 按钮,选取 PNT6 点,按住【Ctrl】键选取基准平面 DTM6 并与之平行,完成基准面 DTM8 的创建,如图 5.61 所示。

㉔单击主窗口右侧工具栏中的 ⁖ 按钮,选取 DTM8,按住【Ctrl】键选取曲线 1,完成基准点 PNT8 的创建,如图 5.62 所示。

㉕单击主窗口右侧工具栏中的 ⁖ 按钮,选取 DTM9,按住【Ctrl】键选取曲线 2,完成基准点 PNT7 的创建,如图 5.62 所示。

㉖单击主窗口右侧工具栏中的 ⁖ 按钮,选取 DTM11,按住【Ctrl】键选取曲线 1,完成基准点 PNT 0 的创建,如图 5.62 所示。

㉗单击主窗口右侧工具栏中的 ⁖ 按钮,选取 DTM12,按住【Ctrl】键选取曲线 2,完成基准点 PNT9 的创建,如图 5.62 所示。

㉘单击主窗口右侧工具栏中的 ⁖ 按钮,选取 DTM13,按住【Ctrl】键选取曲线 1、2,完成基准点 PNT11、PNT12 的创建,如图 5.62 所示。

㉙单击主窗口右侧工具栏中的 ⁖ 按钮,选取 DTM14,按住【Ctrl】键选取曲线 1、2,完成基准

点 PNT13、PNT14 的创建,如图 5.62 所示。

　　㉚单击主窗口右侧工具栏中的 〜按钮,再单击【通过点】选项,选取 PNT0;按住【Ctrl】键,再选取 PNT1、PNT2,完成曲线的创建,如图 5.63 所示。

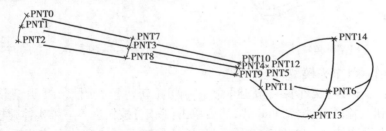

图 5.63　完成 5 条基准曲线

　　㉛单击主窗口右侧工具栏中的 〜按钮,再单击【通过点】选项,选取 PNT7;按住【Ctrl】键,再选取 PNT3、PNT8,完成曲线的创建,如图 5.63 所示。

　　㉜单击主窗口右侧工具栏中的 〜按钮,再单击【通过点】选项,选取 PNT10;按住【Ctrl】键,再选取 PNT4、PNT9,完成曲线的创建,如图 5.63 所示。

　　㉝单击主窗口右侧工具栏中的 〜按钮,再单击【通过点】选项,选取 PNT12;按住【Ctrl】键,再选取 PNT5、PNT11,完成曲线的创建,如图 5.63 所示。

　　㉞单击主窗口右侧工具栏中的 〜按钮,再单击【通过点】选项,选取 PNT14;按住【Ctrl】键,再选取 PNT6、PNT13,完成曲线的创建,如图 5.63 所示。

　　㉟单击菜单【插入】→【边界混合】选项,选取第一方向的 3 条曲线,按住【Ctrl】键选取第二方向的 5 条曲线,完成一个边界混合的创建,如图 5.64 所示。

图 5.64　完成一个边界混合

　　㊱选取上一步创建的边界混成曲面,选择菜单【编辑】→【加厚】命令,输入曲面加厚距离为 1 mm,单击✓按钮,如图 5.65 所示。

图 5.65　边界混成曲面加厚

　　㊲选择菜单【插入】→【倒圆角】命令,按住【Ctrl】键选取 A 区 2 条边,在系统信息栏中输入倒圆角半径为 5 mm,单击✓按钮,完成倒圆角特征的创建,如图 5.66 所示。

　　㊳按【Ctrl+D】组合键,最后结果如图 5.67 所示。

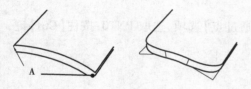

图 5.66 完成倒圆角特征　　　　　　　　　　　图 5.67 完成勺子

【实例 5.26】设计书夹模型。

①新建零件。选择【文件】→【新建】命令,弹出【新建】对话框,在【类型】选项组中选中【零件】单选按钮并输入文件名"shujia",然后单击【确定】按钮进入三维实体建模模式。

②创建书夹主体特征。如图 5.68 所示,运用拉伸工具创建拉伸实体薄板,选择【插入】→【拉伸】→【薄板伸出项】命令,打开其操作面板。首先选择【薄板】,设定薄板的厚度为 2,然后以 F 平面为草绘平面,其余按系统默认进入草绘界面,草绘书夹的平面图形,如图 5.69 所示在拉伸操作面板中设定为【双侧】拉伸,设置拉伸深度为 400,打钩完成拉伸薄板的操作,生成书夹主体特征。

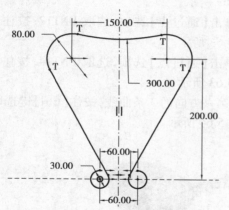

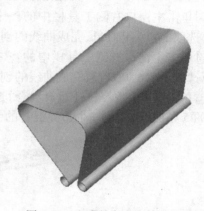

图 5.68 完成书夹的草绘图形　　　　　　　　　图 5.69 生成的书夹主体特征

③如图 5.70 所示,同样创建拉伸减材料操作,以先前的草绘平面进入第二次草绘界面,草绘图形,完成后退出草绘界面。如图 5.71 所示,设置拉伸深度为 240,为【双侧】拉伸,【减材料】,打钩完成后生成特征。

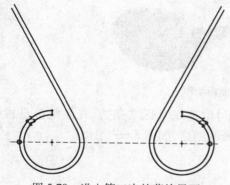

图 5.70 进入第二次的草绘界面　　　　　　　　图 5.71 生成特征

④创建书夹的架子。如图 5.72 所示，选取书夹下部的圆形曲面参照即可创建基准轴A-1。如图 5.73 所示。过基准轴 A-1，选择与书夹的侧平面平行来创建基准平面 DTM1。

图 5.72　创建基准轴 A-1

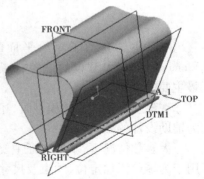

图 5.73　创建基准平面 DTM1

⑤选择【插入】→【扫描】→【伸出项：扫描】对话框，首先定义扫描轨迹，以 DTM1 为草绘面，选正向，选A-1为参照。如图 5.74 所示，草绘扫描轨迹图形，完成后退出草绘界面。在菜单管理器中选择【自由端点】命令。然后又进入草绘截面界面，草绘直径为 15 的圆弧，完成后生成扫描特征，如图 5.75 所示。

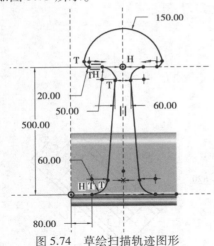

图 5.74　草绘扫描轨迹图形

图 5.75　生成的扫描特征

⑥创建书夹的另一侧。如图 5.76 所示，选择刚创建的拉伸特征以激活镜像工具，在右侧工具栏中单击【镜像】按钮，打开其操作面板，以 F 平面为镜像平面，最终完成书夹三维模型。

图 5.76　最终完成的书夹三维模型

145

本章小结

本章主要介绍了草绘平面的设置，以及各种基准特征的特点和建立方法。在 Creo Elements Pro 5.0 建模的过程中，标准基准平面特征是最重要的基准特征，它也是建模过程中最主要的参照。

在建立复杂的实体模型时，还经常要使用基准点、基准曲线、基准轴线等其他基准特征作为辅助设计的工具。

大多数情况下，基准特征主要用于实体零件创建过程中的辅助设计。基准特征一般也可用于为零件添加定位、约束及尺寸标注时的参照。

合理使用基准特征可以大幅度提高产品设计的效率。在创建各种复杂形状三维实体模型的过程中，基准特征甚至起着关键性的作用，读者应当灵活掌握有关基准特征的各种创建方法。

本章习题

绘制下列模型：
（1）   （2）

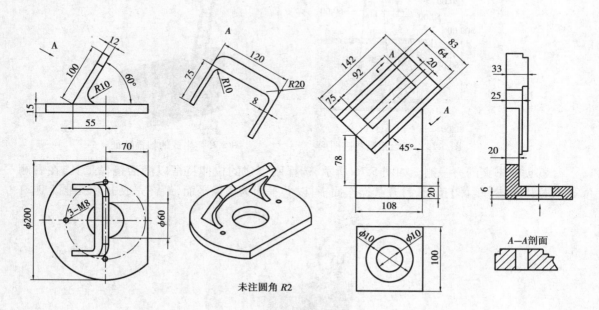

未注圆角 *R*2

（3）

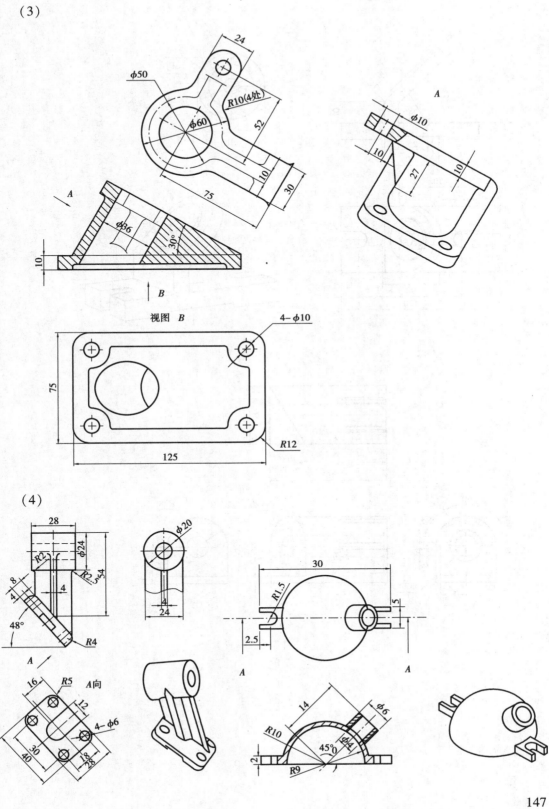

视图 *B*

（4）

（5）

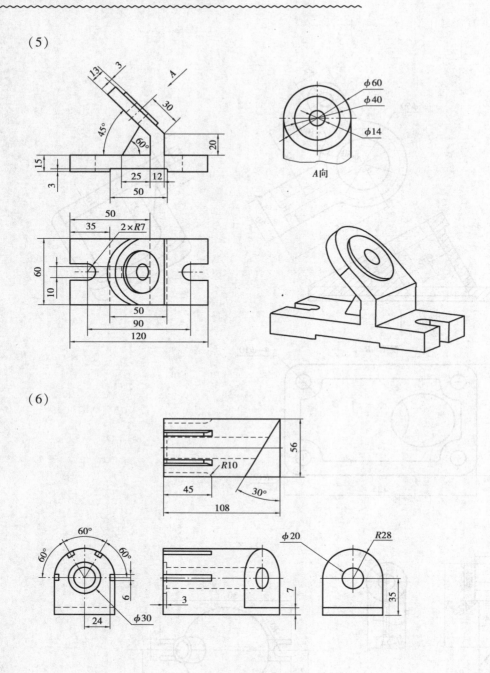

（6）

（7）

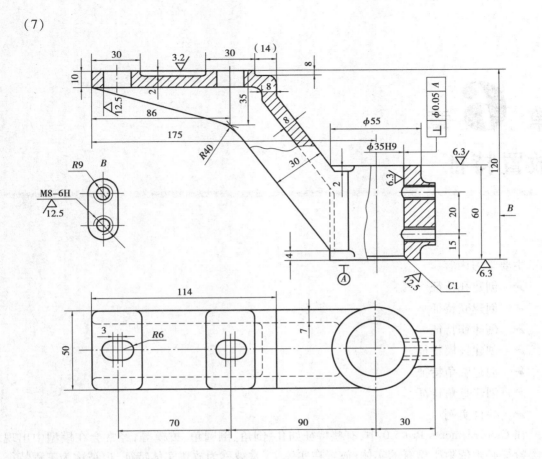

第 **6** 章

放置特征

本章主要学习内容：

➤ 创建孔特征

➤ 创建壳特征

➤ 创建筋特征

➤ 创建拔模特征

➤ 创建圆角特征

➤ 创建直角特征

➤ 综合实例

在 Creo Elements Pro 5.0 中，有些特征如孔、倒角、倒圆角、拔模等，经常会在模型中出现。这类特征必须依附于已有的实体，放置在实体上，常被称为放置实体特征，也被称为工程特征，如图 6.1 所示。

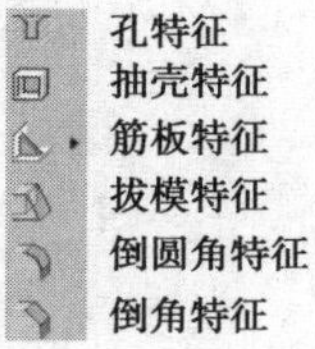

孔特征
抽壳特征
筋板特征
拔模特征
倒圆角特征
倒角特征

图 6.1　放置特征

本章将介绍 6 种主要的放置实体特征设计方法。

6.1　孔特征

下面分别使用三种定位方式（线性、直径、同轴）创建三种不同形状（简单、草绘、标准）的孔特征。下面详细介绍其创建类型。

6.1.1　孔的类型

孔分为直孔和标准孔两类，其中直孔又分为简单直孔和草绘直孔。

（1）直孔

直孔由带矩形剖面的旋转切口特征而生成,分为简单直孔和草绘直孔。

（2）标准孔

标准孔是指符合有关标准的螺纹孔,有 ISO（国际标准化组织）、UNC（粗牙系列螺纹）和 UNF（细牙系列螺纹）三类。其中,UNC 和 UNF 均为英制普通螺纹。

6.1.2　孔的放置类型

孔的放置类型有 5 种,见表6.1。

表 6.1　孔特征的放置类型

放置类型	说　明	图　例	备　注
线性	通过选取两个参照（如平面、曲面、边或轴）标注两个线性尺寸来确定孔的位置	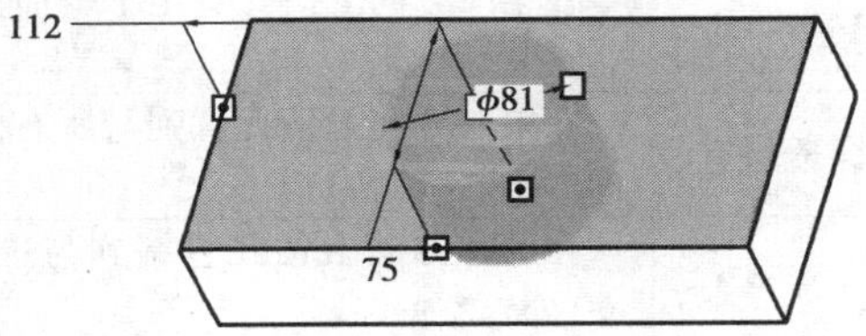	
径向	通过选取两个参照（如平面、曲面、边或轴）标注极坐标半径和角度来确定孔的位置	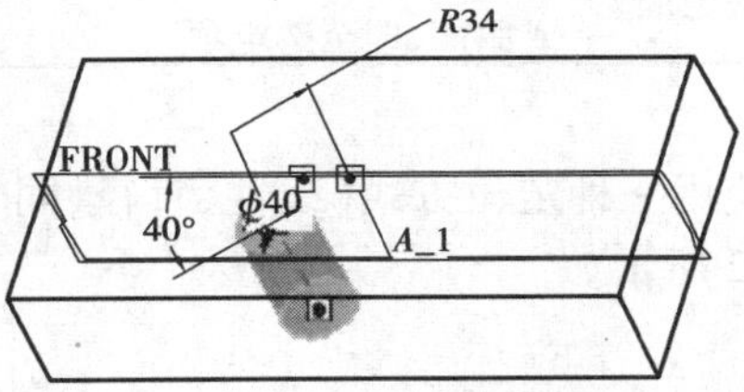	
直径	通过选取两个参照（如平面、曲面、边或轴）标注极坐标直径和角度来确定孔的位置	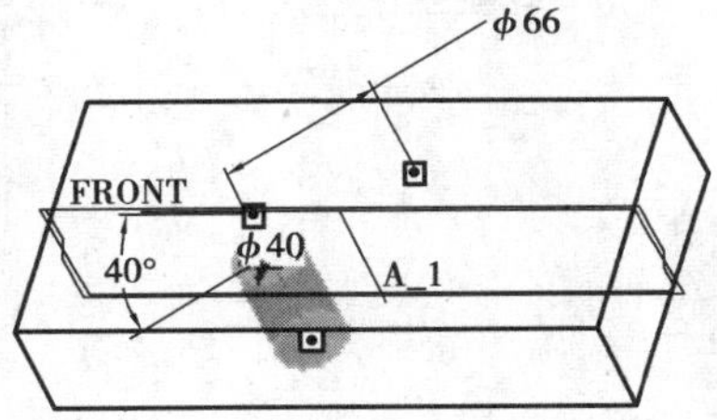	
同轴	创建与选取的基准轴同轴的孔特征	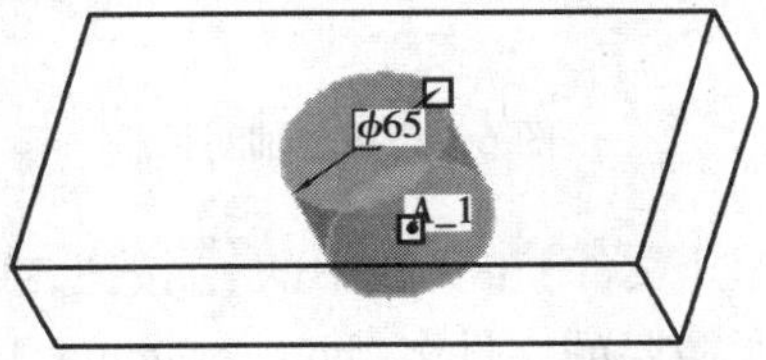	
在点上	创建主参照选取一个曲面上的基准点时的孔特征	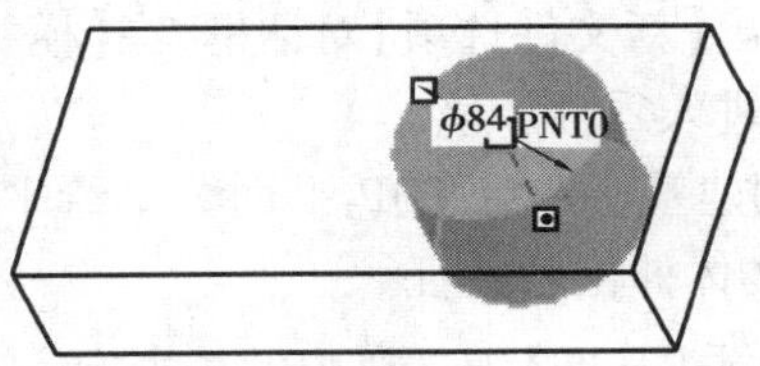	在曲面在该点处的法线方向为空特征的轴线

6.1.3 孔深度选项

孔特征的深度类型见表 6.2。

表 6.2　孔特征的深度类型

深度图标	含　义	说　　明	备　注
⬗	可变	在第一方向上从放置参照钻孔到指定深度,即可变	
-⬗-	对称	在放置参照两侧的方向上,各以指定深度值的一半进行钻孔,即对称	输入的深度值是两侧钻孔后的总深度值
⬗	到下一个	在第一方向上钻孔直至下一曲面,即到下一个	
⬗	穿透所有	在第一方向上钻孔直到与所有曲面相交,即穿透	
⬗	穿至	在第一方向上钻孔直钻到与选定曲面相交,即穿至	
⬗	到选定面	在第一方向上钻孔至选定点、曲线、平面或曲面,即至选定项	

【实例 6.1】分别使用三种定位方式(线性、直径、同轴)创建三种不同形状(简单、草绘、标准)的孔特征,如图 6.2 所示。

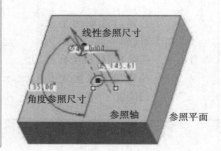

图 6.2　孔特征示例　　图 6.3　基准轴对话框　　图 6.4　【直径】定位方式

①创建新文件。单击【文件】工具栏中的 □ 按钮,或者选择【文件】→【新建】命令,系统弹出【新建】对话框,输入所需要的文件名"hole_example_1"。取消【使用缺省模板】选择框后,单击【确定】,系统自动弹出【新文件选项】对话框,在【模板】列表中选择"mmns_part_solid"选项,单击【确定】,系统自动进入零件环境。

②使用拉伸特征创建基底。以 TOP 平面为草绘平面,草绘边长为 400 的正方形,设拉伸深度为 100,创建拉伸实体伸出项特征。

③创建基准轴。单击【基准】工具栏中的 ✏ 按钮,选择 FRONT 平面和 RIGHT 平面作为基准参照,创建基准轴 A_3,如图 6.3 所示。

④使用【直径】定位方式创建简单孔。

单击【工程特征】工具栏中的 █ 按钮,进入孔特征工具操控板,选择孔的创建方式为【简单】,设孔直径为 30,孔深度选项为 █,深度值为 60。

单击【放置】,系统弹出【放置】上滑面板。选择拉伸实体上表面为主参照后,选择次参照定位方式为【直径】,使用基准轴 A_3 和拉伸实体特征侧面为次参照,参照直径值为 200,旋转角度值为 135,如图 6.4 所示。

单击 ✔ 按钮,完成孔特征创建。

⑤使用【线性】定位方式创建草绘孔。

单击【工程特征】工具栏中的 █ 按钮,进入孔特征工具操控板,选择孔的创建方式为【草绘】。

单击 █ 按钮,进入草绘环境,绘制截面如图 6.5 所示,完成后单击 ✔。

单击【放置】,系统弹出【放置】上滑面板。选择拉伸实体上表面为主参照后,选择次参照定位方式为【线性】,如图 6.6 所示。使用两条边线作为线性参照,偏移值都为 100。

单击 ✔ 按钮,完成孔特征创建。

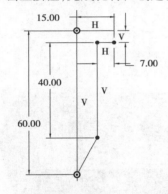

图 6.5　草绘孔截面

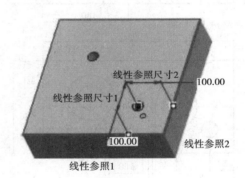

图 6.6　【线性】定位方式

⑥使用【同轴】定位方式创建标准孔。

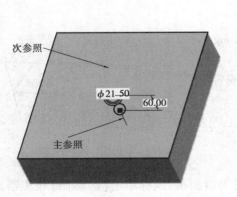

图 6.7　【同轴】定位方式

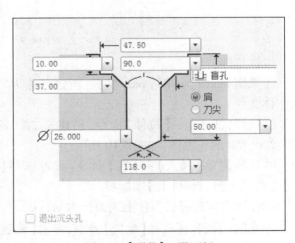

图 6.8　【形状】上滑面板

153

单击【放置特征】工具栏中的 ⛏ 按钮,进入孔特征工具操控板,选择孔的创建方式为"标准孔"。

选择螺纹类型为"ISO",螺孔尺寸为 M30×3.5,孔深度类型为 ⬚,深度值为 60。

单击【放置】,系统弹出【放置】上滑面板。选择基准轴 A_3 为主参照后,选择拉伸实体上表面为次参照,如图 6.7 所示。

按下 ⬚、⬚ 和 ⬚ 按钮后,单击【形状】,设置【形状】上滑面板如图 6.8 所示。

单击 ✔ 按钮,完成孔特征创建,得到如图 6.2 所示的模型。

【实例 6.2】绘制如图 6.9 所示的孔。

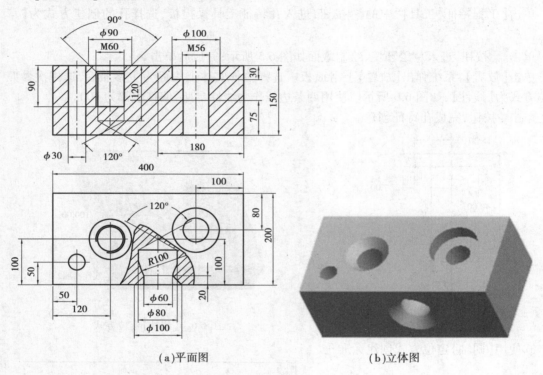

(a)平面图　　　　　　　　　　(b)立体图

图 6.9　孔

设计步骤:

①采用 mmns_solid_part 模板,新建名称为"kong-1"的实体文件。

②选择【插入】→【拉伸】命令,创建长、宽、高分别为400、200、150 的长方体,如图 6.10 所示。

③选择菜单【插入】→【孔】命令,或者选择【工程特征】工具栏工具,打开【孔】图标板。

④在图形区选择长方体上表面作为钻孔面。

⑤在【孔】操控板选择【放置】命令,弹出【放置】上滑面板,鼠标单击【次参照】收集器,激活收集器。

⑥在图形区选择长方体前表面,在【次参照】收集器列表中选择【偏移尺寸】编辑框,输入

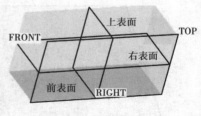

图 6.10　实体模型

尺寸值为 50,按住 Ctrl 键选择长方体左表面,输入尺寸值 50。

⑦在【孔直径】编辑器中输入直径值 30,选择拉伸深度类型为 方式,单击图标 按钮完成第 1 个孔特征。

⑧选择菜单【插入】→【孔】命令,或者选择【工程特征】工具栏工具,打开【孔】图标板。

⑨在图形区选择长方体上表面作为钻孔面。

⑩在【孔】操控板选择【放置】命令,弹出【放置】上滑面板,鼠标单击【次参照】收集器,激活收集器。

⑪在图形区选择长方体前表面,在【次参照】收集器列表中选择【偏移尺寸】编辑框,输入尺寸值 100;按住 Ctrl 键选择长方体左表面,输入尺寸值 120。

⑫选择螺纹按钮 ,在标准类型列表中选择"ISO"。

⑬在【标准螺纹】列表中选择 M60×5.5,选择工具。

⑭单击【形状】按钮,设置形状上滑面板各参数,如图 6.11 所示。

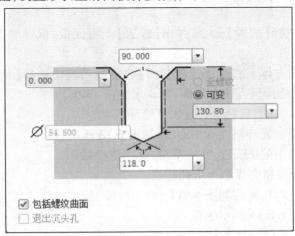

图 6.11　上滑面板参数设置

⑮在【孔深度】组合框中输入孔深度值 120。

⑯单击图标按钮 完成第 2 个孔特征。

⑰选择菜单【插入】→【孔】命令,或者选择【工程特征】工具栏工具,打开【孔】图标板。

⑱在图形区选择长方体上表面作为钻孔面。

⑲在【孔】操控板选择【放置】命令,弹出【放置】上滑面板,鼠标单击【次参照】收集器,激活收集器。

⑳在图形区选择长方体右表面,在【次参照】收集器列表中选择【偏移尺寸】编辑框,输入尺寸值 100,按住 Ctrl 键选择长方体后表面,输入尺寸值 80。

㉑选择 按钮,在标准类型列表中选择"ISO"。

㉒在【标准螺纹】列表中选择 M56×5.5,选择拉伸深度类型为方式选择工具。

㉓单击【形状】按钮,设置形状上滑面板各参数,如图 6.12 所示。

㉔单击 按钮完成第 3 个孔特征。

㉕选择【放置特征】工具栏工具,打开【孔】图标板。

㉖在图形区选择长方体前表面作为钻孔面。

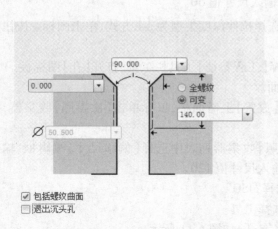

图 6.12 上滑面板

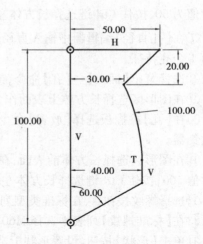

图 6.13 草绘截面

㉗在【孔】操控板选择【放置】命令,弹出【放置】上滑面板,鼠标单击【次参照】收集器,激活收集器。

㉘在图形区选择长方体下底面,在【次参照】收集器列表中选择【偏移尺寸】编辑框,输入尺寸值75;按住 Ctrl 键选择长方体右表面,输入尺寸值180。

㉙选择直孔草绘 ⊔→ ▨ ,选择 ▩ ,进入草绘环境。

㉚在草绘环境中绘制旋转截面和中心线,如图 6.13 所示。

㉛单击草绘工具栏中的 ✔ 按钮,完成草绘,返回建模截面。

㉜单击图标板的 ✔ 按钮完成第 4 个孔特征。

㉝保存文件,关闭窗口,得到如图 6.9(b)所示的模型。

【实例 6.3】绘制如图 6.14 所示的孔。

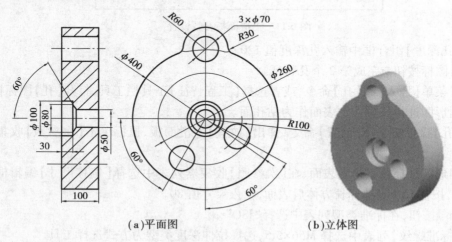

(a)平面图　　　　　(b)立体图

图 6.14 孔

设计步骤:

①采用 mmns_solid _ part 模板,新建名称为"kong-2"的实体文件。

②选择【插入】→【拉伸】命令,创建基础实体特征,如图 6.15 所示。

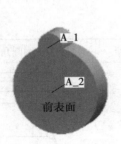

图 6.15 实体创建

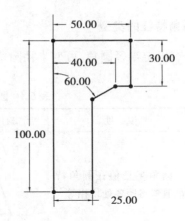

图 6.16 草绘截面

③选用基准轴工具按钮 ,创建轴 A_1 和轴 A_2。

④选择【放置特征】工具栏工具,打开【孔】图标板。

⑤单击【放置】按钮,打开【放置】上滑面板,在图形区选择轴线"A_2"作为主参照,放置类型为同轴。激活【次参照】收集器,在图形区选择前表面作为次参照。

⑥选择直孔草绘 →,选择 ,进入草绘环境。

⑦在草绘环境中绘制旋转截面和中心线,如图 6.16 所示。

⑧单击草绘工具栏中的 ,完成草绘返回建模截面。

⑨单击图标版的 按钮完成第 1 个孔特征。

⑩以轴 A_2 为主参照,前表面为次参照,采用同轴放置方式,创建直径为 70 的通孔 2。

⑪以前平面为主参照,放置方式为径向,以轴线 A_2 为次参照,半径为 100,再加选某一基准平面作为次参照,角度根据工程图确定。创建直径为 70 的通孔 3。

⑫以前平面为主参照,放置方式为径向,以轴线 A_2 为次参照,半径为 130,再加选某一基准平面作为次参照,角度根据工程图确定。创建直径为 70 的通孔 4。

⑬保存文件,关闭窗口,如图 6.14(b)所示。

6.2 倒圆角特征

圆角在机械零件中应用非常广泛。在零件的棱边上添加圆角,可以使边之间的连接过渡更加光滑、自然,也更加美观,同时还可以避免因锐利的棱边引起的误伤。铸造等加工造型的方法中,更是要求棱边全部使用圆角。

Creo Elements Pro 5.0 提供了强大的倒圆角工作。Creo Elements Pro 5.0 中的倒圆角是一种边处理特征,通过向一条或多条边、边链或在曲面之间添加半径形成。创建圆角的曲面可以是实体模型曲面,也可以是零厚度面组和曲面。

6.2.1　圆角特征的类型

圆角特征有恒定半径圆角、可变半径圆角、由曲线驱动倒圆角和完全倒圆角 4 种,具体见表 6.3。

表 6.3　圆角特征的类型

圆角类型	说　明	倒圆角前及圆角放置参照	倒圆角后
恒定半径圆角	圆角半径值在圆角特征放置参照各处均相等		
可变半径圆角	圆角半径值在圆角特征放置参照各不相等		
由曲线驱动倒圆角	圆角半径值由参照曲线确定		
完全倒圆角	圆角半径值由选取的圆角特征放置参照确定		

6.2.2　圆角特征放置参照

圆角特征从生成方式看属于放置特征,因此,创建圆角特征时,无须绘制截面,只要选取圆角特征放置参考即可。圆角特征放置见表 6.4。

表 6.4　圆角特征的类型

放置参照类型	说　明	可创建的圆角类型	倒圆角前及圆角放置参照	倒圆角后
边/边链	通过选取一条或多条边或者使用一个边链来放置倒圆角	恒定、可变、通过曲线和完全	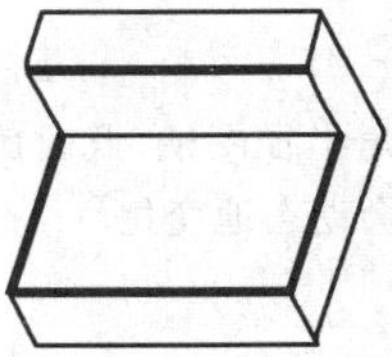	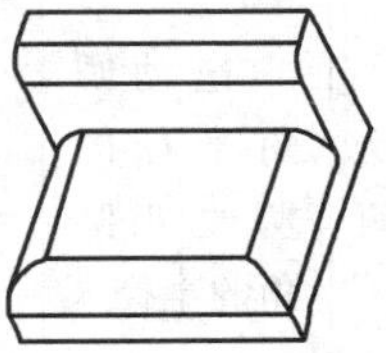
边/曲面	先选取曲面,然后选取边来放置倒圆角	恒定、可变和完全	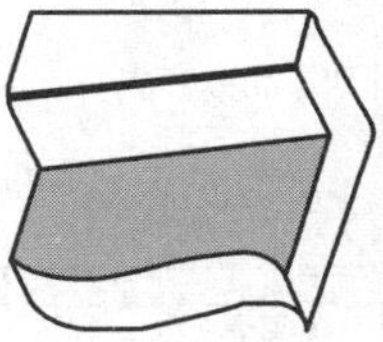	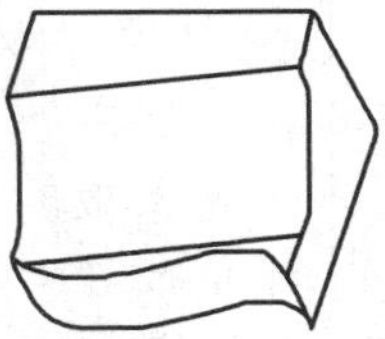
曲面-曲面	选取两个曲面来放置倒圆角	恒定、可变、通过曲线和完全	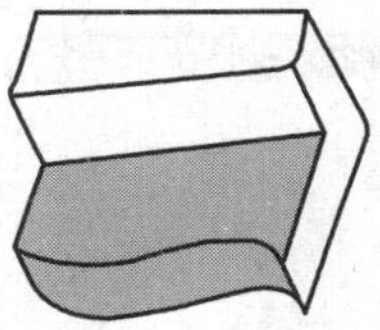 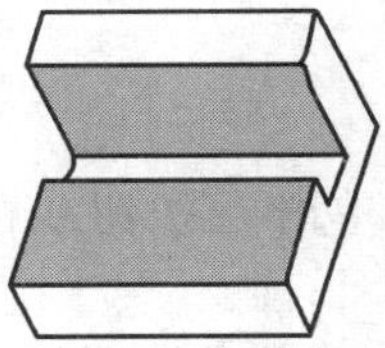	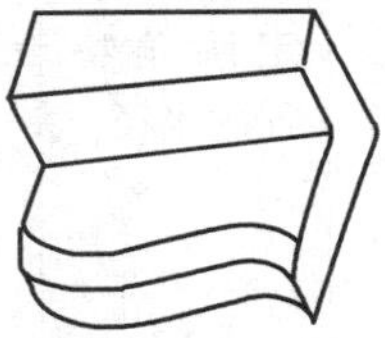 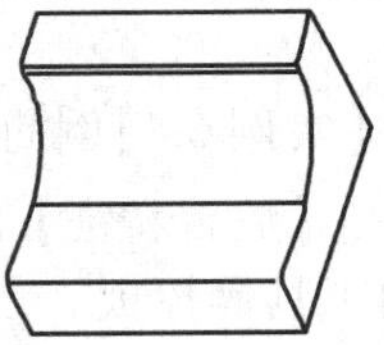

6.2.3　圆角半径的确定

圆角半径的确定方式见表 6.5。

表 6.5　圆角特征的类型

确定方式	说　明	操作界面或操作说明	倒圆角前及圆角放置参照	倒圆角后
半径值	用输入数值方式确定圆角特征的半径	 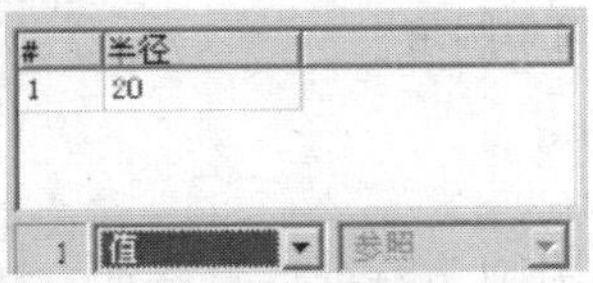	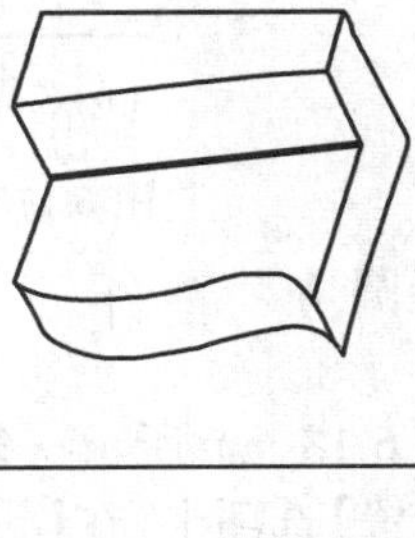	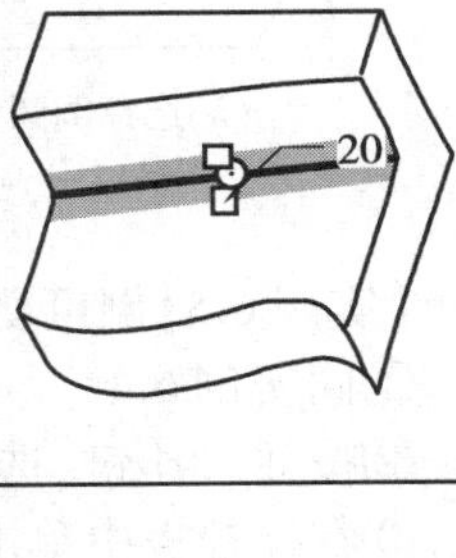 20

续表

确定方式	说　明	操作界面或操作说明	倒圆角前及圆角放置参照	倒圆角后
拖动图柄	拖动圆角半径图柄改变圆角的半径	拖动圆角半径图柄,此时圆角半径值会动态地变化		55
通过参照	先选取圆角放置参照,选取参照来确定圆角特征的半径		□PNTO	□FNTO

【实例6.4】倒简单圆角。

①【放置特征】工具栏中单击 按钮或在主菜单中依次单击【插入】→【倒圆角】,弹出倒圆角工具操控板。

②选取图6.17(a)所示边为圆角特征放置参照。

③在操控板中单击【设置】选项卡,在【设置】上滑面板中单击 通过曲线 按钮,选取图6.17(b)所示曲线为驱动曲线。

④在操控板中单击✔按钮或按鼠标中键,结果如图6.17(c)所示。

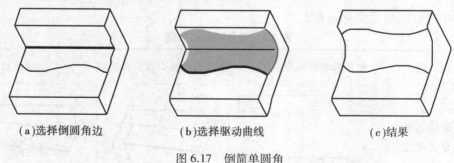

(a)选择倒圆角边　　　　　(b)选择驱动曲线　　　　　(c)结果

图6.17　倒简单圆角

【实例6.5】倒可变半径圆角。

①同实例6.4。

②按住 Ctrl 键,选取图6.18(a) 所示三条边为圆角特征放置参照。

③在操控板中单击【设置】选项卡,在【设置】上滑面板的半径表中单击鼠标右键,在右键

快捷菜单中选取【添加半径】,如图 6.18(b)所示;系统在三条边的四个端点处设置半径值,如图 6.18(c)所示,半径表如图 6.18(d)所示。

　　④在半径表中单击鼠标右键,在右键快捷菜单中选取【添加半径】,如图 6.18(e)所示。半径表中按缺省位置和缺省半径值添加了第 5 点,单击位置列中【比率】选项,将它改为【参照】,如图 6.18(f)所示,选取图示 PNT1 基准点为参照;用同样的方法在 PNT2 和 PNT3 基准点处添加半径值。至此,共在 7 个位置设置了半径值,如图 6.18(g)所示;按图 6.18(h)所示修改各位置的半径值。

　　⑤在操控板中单击按钮或按鼠标中键,结果如图 6.18(i)所示。

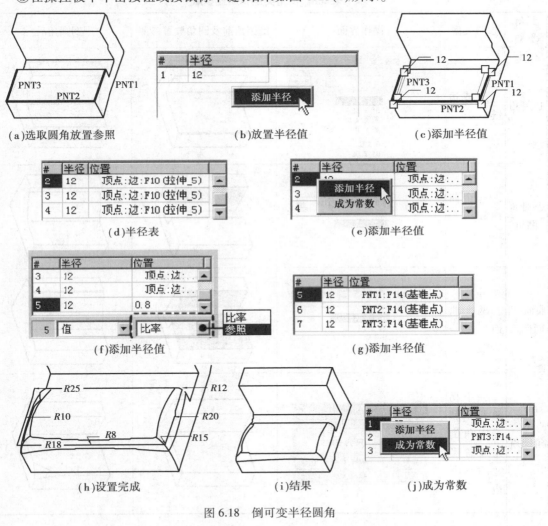

图 6.18　倒可变半径圆角

6.3　倒角特征

　　倒角特征和倒圆角特征非常相似,它们都是对实体模型的边线或者拐角进行加工。所不同的是倒圆角特征使用曲面光滑连接相邻曲面,而倒角特征则是直接使用平面相连接,类似于切削加工。在机械零件中,为方便零件的装配,常常使用倒角特征对零件的端面进行加工。

　　Creo Elements Pro 5.0 中使用的倒角特征对边或拐角进行斜切削。曲面可以是实体模型曲面或常规的 Creo Elements Pro 5.0 厚度面组和曲面。

　　边倒角是从选定边移除平整部分的材料。

6.3.1　倒角类型

Pro/E 的倒角分为边倒角、边-曲面倒角、曲面-曲面倒角和拐角等 4 种,见表 6.6。

表 6.6　倒角类型和放置参照

圆角类型	参照类型	操作界面	倒圆角前及圆角放置参照	倒圆角后
边倒角	边或边链			
边-曲面倒角	一个曲面和一个边			
曲面-曲面倒角	两个曲面			
角倒角	一个拐角参照和确定角倒角放置尺寸的三个边			

6.3.2　倒角尺寸的标注形式

倒角的尺寸标注有 D×D、D$_1$×D$_2$、角度×D、45°×D 等 4 种形式,具体见表 6.7。

162

表 6.7   圆角特征的类型

标注形式	说　明	操作界面	图　例
D×D	在各曲面上与参照边相距为 D 出创建倒角（缺省选项）	D x D ▼　D 44.00 ▼	44
D₁×D₂	在一个曲面距选定参照边 D₁、另一个曲面距选定参照边 D₂ 处创建倒角	D1 x D2 ▼　D1 44.00 ▼　D2 32.00 ▼	44　50 单击 按钮 50　44
角度×D	创建一个倒角，它距相邻曲面的选定距离为 D，与该曲面的夹角为指定角度	角度 x D ▼　角度 32.00 ▼　D 44 ▼	32　44 单击 按钮 44　32

续表

标注形式	说　明	操　作　界　面	图　例
45°×D	创建一个倒角,它与两个曲面都成45°,且与各曲面上的边的距离为D	45 x D　▼　D 12.00　▼	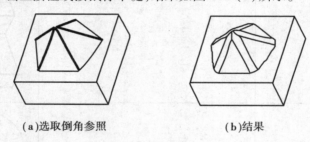 40

【实例6.6】边倒角。

①在【放置特征】工具栏中单击 按钮或在主菜单中依次单击【插入】→【倒角】→【边倒角】,弹出边倒角工具操控板。

②选取图6.19(a)所示的五条边。

③选取D×D尺寸标注形式。

④修改倒角尺寸值为5。

⑤在操控板中单击✔按钮或按鼠标中键,结果如图6.19(b)所示。

（a)选取倒角参照　　　　　　　　　（b)结果

图6.19　倒边倒角

【实例6.7】拐角倒角。

①在主菜单中依次单击【插入】→【倒角】→【拐角倒角】,弹出拐角倒角特征对话框。

②选取图6.20(a)所示的顶点。

③依次输入拐角倒角在三条边上的尺寸值:单击菜单管理器,第一条边上的距离为70,第二条边上的距离为20,第三条边上的距离为50。

④在操控板中单击✔按钮或按鼠标中键,结果如图6.20(c)所示。拐角倒角的三个尺寸如图6.20(d)所示。

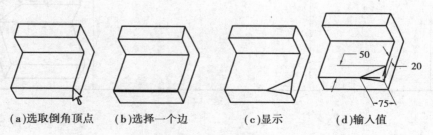

（a)选取倒角顶点　　（b)选择一个边　　（c)显示　　（d)输入值

图6.20　拐角倒角

6.4　拔模特征

在铸件上,为方便起模,往往在其表面上添加拔模斜度。而 Creo Elements Pro 5.0 中的拔模特征也与此相似,它是在圆柱面或者曲面上添加了一个 -30° ~ +30° 的拔模角度而形成的。

6.4.1　拔模面板及选项

（1）分割方式及侧选项

1）分割方式的选项

【不分割】:不分割拔模曲面,整个拔模曲面绕拔模枢轴旋转。

【根据拔模枢轴分割】:以拔模枢轴分割拔模曲面。

【根据分割对象分割】:使用面组或草绘分割拔模曲面,如果选取此选项,则系统自动激活"分割对象"收集器。

分割对象有三种类型:

➢　曲面面组,此时分割对象为此面组与拔模曲面的交线;

➢　外部（现有的）草绘曲线,此时显示 断开链接 选项;

➢　单击 定义... 按钮,在拔模曲面或其他平面上草绘分割曲线,如果草绘不在拔模曲面上,系统会以垂直于草绘平面的方向将其投影到拔模曲面上。

2）侧选项

【独立拔模侧面】:拔模曲面的每一侧指定独立的拔模角度。

【从属拔模侧面】:指定一个拔模角度,第二侧以相反方向拔模。注意:此选项仅在拔模曲面以拔模枢轴分割或使用两个枢轴分割拔模时可用。

【只拔模第一侧】:仅拔模曲面的第一侧面（由分割对象的正拔模方向确定）,第二侧面保持中性位置。注意:此选项不适用于使用两个枢轴的分割拔模。

【只拔模第二侧】:仅拔模曲面的第二侧面,第一侧面保持中性位置。注意:此选项不适用于使用两个枢轴的分割拔模。

（2）角度上滑面板

根据恒定角度拔模、可变角度拔模或分割拔模曲面拔模三种情况,其拔模角度的设定均不相同。

①对于恒定角度拔模,是一个拔模角度值。

②对于可变角度拔模,每增加一个拔模角度就会添加一行,每行均包含拔模角度值、参照和沿参照拔模角度的控制位置。

③对于带独立拔模侧面的分割拔模,每行均包含两个拔模角度值、参照和沿参照拔模角度的控制位置,如图 6.21 所示。

在角度上滑面板中,单击鼠标右键,在右键快捷菜单中选取【添加角度】,恒定角度拔模则变为可变角度拔模,如图 6.22（a）、（b）所示;在可变拔模上滑面板中,单击鼠标右键,右键快捷菜单有【添加角度】、【删除角度】、【反向角度】、【成为常数】等选项,若选取【成为常数】,则可变角度拔模又变为恒定角度拔模,如图 6.22（c）、（d）所示。

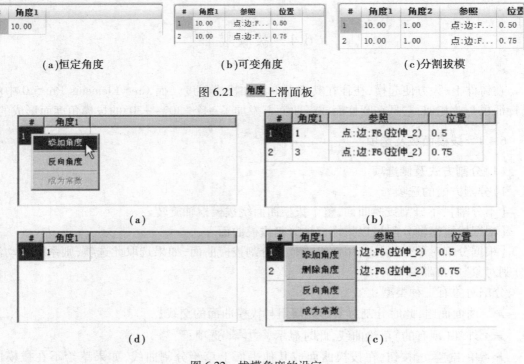

（a)恒定角度　　　　　（b)可变角度　　　　　(c)分割拔模

图 6.21　角度上滑面板

图 6.22　拔模角度的设定

（3）选项 上滑面板

选项 上滑面板有【排除环】、【拔模相切曲面】和【延伸相交曲面】三个选项。

【排除环】：可用来选取要从拔模曲面排除的轮廓，仅在所选曲面包含多个环时可用。

【拔模相切曲面】：如选中，Creo Elements Pro 5.0 会自动延伸拔模，以包含与所选拔模曲面相切的曲面。此复选框在缺省情况下被选中。

【延伸相交曲面】：如选中，Creo Elements Pro 5.0 将试图延伸拔模以与模型的相邻曲面相接触。如果拔模不能延伸到相邻的模型曲面，则模型曲面会延伸到拔模曲面中。如果以上情况均未出现，或如果未选中该复选框，则 Creo Elements Pro 5.0 将创建悬于模型边上的拔模曲面。

选项 上滑面板三个选项的说明见表 6.8。

表 6.8　选项 上滑面板的三个选项

选项设置	拔模曲面及拔模操作前	拔模操作后	
【排除环】	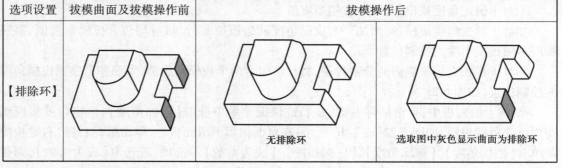	无排除环	选取图中灰色显示曲面为排除环

续表

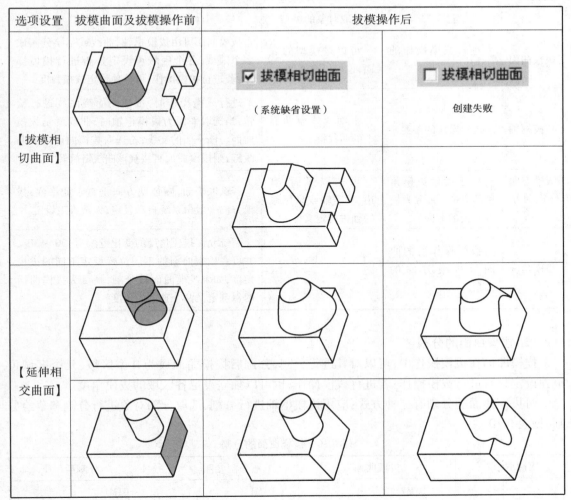

6.4.2　拔模特征概述

（1）与拔模特征有关的基本术语

与拔模特征有关的基本术语有拔模曲面、拔模枢轴、拔模方向（拖动方向）和拔模角度，见表6.9。这些既是专业术语，也是进行拔模操作时必须选取或定义的选项。正是由于这几个选项本身的多变性和各选项可以进行不同的组合，使得拔模操作显得既复杂又难懂。表6.9是与拔模特征有关的基本术语。

表 6.9　与拔模特征有关的基本术语

术语	定义	选取对象的类型	说明
拔模曲面	进行拔模操作的对象	可以是模型的表面,也可以是曲面	拔模曲面可由拔模枢轴、曲线或草绘分割成多个区域,各个区域可设定是否进行拔模操作,若进行拔模操作,可单独设定拔模角度
拔模枢轴	拔模操作的参照	平面或拔模曲面上的曲线链	进行拔模操作时,拔模曲面绕曲线进行旋转:当选取平面为拔模枢轴时,曲线就是拔模曲面与该平面的交线;若选取拔模曲面上的曲线链,则拔模曲面直接绕该曲线链旋转
拔模方向(拖动方向)	用于测量拔模角度的方向(通常为模具开模的方向)	可选取平面、直边、基准轴或坐标系的轴进行定义	若选取平面,则拖动方向垂直于此平面;拔模方向一般由系统自动设定,无须人工设定
拔模角度	拔模操作后的曲面与拔模方向的夹角		系统允许拔模角度的变化范围为$-30°\sim30°$,并可在拔模曲面的不同位置设定不同的拔模角度;如果拔模曲面被分割,则可为拔模曲面的每侧定义两个独立的角度

（2）拔模曲面的分割

拔模曲面在拔模操作中,可以对其进行分割,分割后拔模曲面成为几个区域,几个区域可单独设定是否进行拔模操作;若进行拔模操作,也可以独立设定各区域的拔模角度。

对拔模曲面的分割有三种方式:应用拔模枢轴进行分割、选取分割对象进行分割和草绘分割,见表 6.10。

表 6.10　拔模曲面的分割

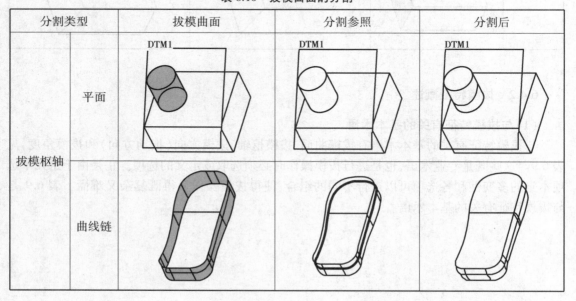

分割类型		拔模曲面	分割参照	分割后
拔模枢轴	平面			
	曲线链			

续表

分割类型	拔模曲面	分割参照	分割后
选取分割对象分割			
草绘分割			

（3）多角度拔模

在进行拔模操作时,拔模角度可以是恒定的,也可以是变化的。如果拔模角度是变化的,则将它称为可变角度拔模或多角度拔模,如图 6.23 所示。

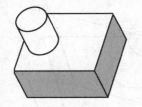

（a）拔模曲面

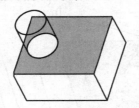

（b）拔模枢轴参照和拔模方向参照

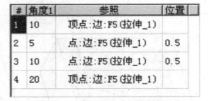

#	角度1	参照	位置
1	10	顶点:边:F5（拉伸_1）	
2	5	点:边:F5（拉伸_1）	0.5
3	10	点:边:F5（拉伸_1）	0.5
4	20	顶点:边:F5（拉伸_1）	

（c）角度上滑面板

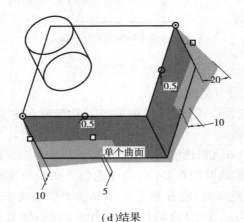

（d）结果

图 6.23　多角度拔模

【实例 6.8】恒定角度拔模、拔模枢轴参照为平面。

①创建拔模特征:在【放置特征】工具栏中单击 🔲 按钮或在主菜单中依次单击【插入】→

【斜度】,弹出拔模工具操控板。

②选取拔模曲面:按住 Ctrl 键,选取图 6.24(a)所示两个曲面为拔模曲面。

③选取拔模枢轴参照,确定拔模方向:在操控板中单击 $\diagup$ ▪选取 1 个项目 ,选取图 6.24(b)所示表面为拔模枢轴参照,系统自动将垂直于该表面的方向设定为拔模方向,接受系统的设定。

④修改拔模角度值:将拔模角度值修改为 5,结果如图 6.24(c)所示。

⑤确定角度方向:在操控板中单击角度框 $\diagup$ 5 后的 $\diagup$ 按钮,结果如图 6.24(d)所示。

⑥在操控板中单击 ✔ 按钮或按鼠标中键,结果如图 6.24(e)所示。

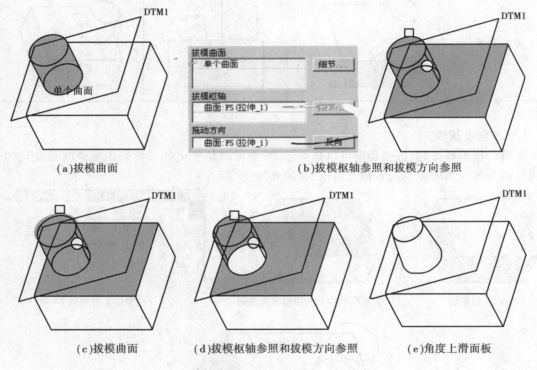

(a)拔模曲面　　　　　　　　　　　　(b)拔模枢轴参照和拔模方向参照

(c)拔模曲面　　　　　(d)拔模枢轴参照和拔模方向参照　　　(e)角度上滑面板

图 6.24　拔模特征创建

【实例 6.9】拔模枢轴参照为曲线链。

①创建拔模特征:在【放置特征】工具栏中单击 按钮或在主菜单中依次单击【插入】→【斜度】,弹出拔模工具操控板。

②选取拔模曲面:按住 Ctrl 键,选取图 6.25(a)所示两个曲面为拔模曲面。

③选取拔模枢轴参照:欲选取图 6.25(b)所示的两条曲线为拔模枢轴参照,此时,即使按住 Ctrl 键也无法一次选取两条曲线;在操控板中单击 参照 选项卡,在 参照 上滑面板中单击 细节 按钮,如图 6.25(c)所示,弹出【链】对话框。当前拔模枢轴参照只有一条曲线,如图6.25(d)所示;按住 Ctrl 键,选取另一条曲线,则两条曲线均被选取为拔模枢轴参照了如图6.25(e)所示,单击【链】对话框中的 确定 按钮。

④选取拔模方向参照:选取图 6.25(f)所示表面为拔模方向参照。

⑤修改拔模角度值:将拔模角度值修改为 10,按系统缺省的角度方向。

⑥在操控板中单击✔按钮或按鼠标中键,结果如图 6.25(g)所示。

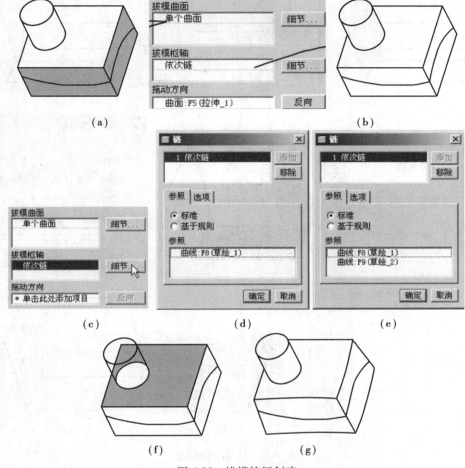

图 6.25　拔模特征创建

【实例 6.10】草绘分割拔模。

①创建拔模特征:在【放置特征】工具栏中单击 按钮或在主菜单中依次单击【插入】→【斜度】,弹出拔模工具操控板。

②选取拔模曲面:选取图 6.26(a)所示曲面为拔模曲面。

③选取拔模枢轴参照,确定拔模方向:选取图 6.26(b)所示的 TOP 基准面为拔模枢轴参照,系统自动将垂直于该平面的方向设定为拔模方向,接受系统的设定。

④绘制分割参照:在操控板中单击 分割 选项卡,在 分割 上滑面板中选取 根据分割对象分割 ▼ ,然后单击 定义 按钮,如图 6.26(c)所示;选取图 6.26(d)所示表面为草绘平面和参考平面,绘制如图 6.26(e)所示草绘。

⑤设置侧选项:在 分割 上滑面板【侧选项】中选取 只拔模第二侧 ,如图 6.26(f)所示。

⑥修改拔模角度值:将拔模角度值修改为 15,按系统缺省的角度方向。

⑦在操控板中单击✔按钮或按鼠标中键,结果如图 6.26(g)所示。

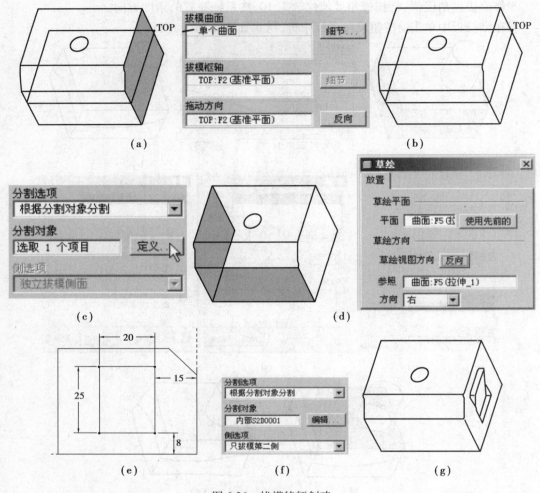

图 6.26　拔模特征创建

【实例 6.11】拔模特征创建实例。

如图 6.27 所示的花瓶,是综合使用拉伸特征、拔模特征、圆角特征和壳特征所创建的,其中最重要的部分是拔模特征,下面介绍其创建过程。

1)创建新文件

单击【文件】工具栏中的 □ 按钮,或者单击【文件】→【新建】,系统弹出【新建】对话框,输入文件名"shaft_example_1",取消【使用缺省模板】选择框后,单击【确定】,系统自动弹出【新文件选项】对话框,在【模板】列表中选择"mmns_part_solid"选项,单击【确定】,系统自动进入零件环境。

2)使用拉伸特征创建基底

单击【基础特征】工具栏中的 ⊡ 按钮,进入拉伸特征工具操控板,选择 FRONT 平面为草绘平面后,绘制如图 6.28 所示的截面后,单击【选项】,进行【选项】上滑面板,设置深度选项如图 6.29 所示。完成后单击 ✔ 按钮。

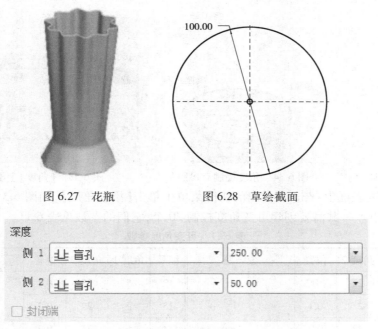

图 6.27　花瓶　　　　　　　　　图 6.28　草绘截面

图 6.29　深度设置

3）使用拔模特征创建瓶体

①定义拔模曲面、拔模枢轴和拔模方向。单击【工程特征】工具栏中的 按钮,进入拔模特征工具操控板;单击【参照】,进入【参照】上滑面板;单击【细节】,进入【曲面集】对话框;单击【增加】后,使用环曲面方式选择拔模曲面,选择锚点曲面和环边如图 6.30 所示,单击【确定】返回【参照】上滑面板。

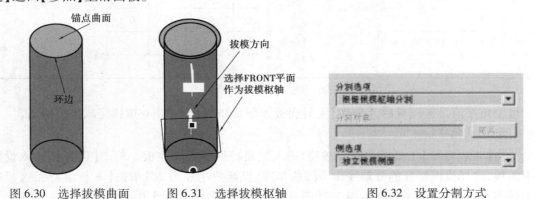

图 6.30　选择拔模曲面　　　图 6.31　选择拔模枢轴　　　　图 6.32　设置分割方式

激活【拔模枢轴】列表框,选择 FRONT 平面为拔模枢轴,系统自动设置一个拔模方向,如图 6.31 所示。

②定义分割选项。单击【分割】,进入【分割】上滑面板,设置【分割选项】为【根据拔模枢轴分割】,【侧选项】为【独立拔模侧面】,如图 6.32 所示。

③定义可变角度。单击【角度】,进入【角度】上滑面板,分别设角度 1 和角度 2 值为 2°和22°。调整拔模角度的方向,使拔模特征所生成的材料方向如图 6.33 所示。

　　　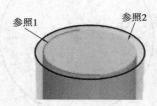　　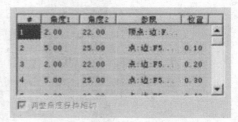

图 6.33　拔模方向　　　　　图 6.34　角度控制点参照　　　　　图 6.35　【角度】上滑面板

在【角度】列表框中右击,在弹出的快捷菜单中单击【添加角度】,如图 6.34 所示。以创建可变角度控制点。一共需要创建可变角度控制 20 个,它们的参数见表 6.11。

表 6.11　可变角度参数

编号	角度1	角度2	位置	参　照	编号	角度1	角度2	位置	参　照
1	2	22	0		12	5	25	0.1	
2	5	25	0.1		13	2	22	0.2	
3	2	22	0.2		14	5	25	0.3	
4	5	25	0.3		15	2	22	0.4	
5	2	22	0.4	如图 6.34 中所示的参照 1	16	5	25	0.5	如图 6.34 中所示的参照 2
6	5	25	0.5		17	2	22	0.6	
7	2	22	0.6		18	5	25	0.7	
8	5	25	0.7		19	2	22	0.8	
9	2	22	0.8		20	5	25	0.9	
10	5	25	0.9						
11	2	22	1						

可变角度值设置完成后,【角度】上滑面板如图 6.35 所示,单击✔按钮完成拔模特征。

4)创建圆角特征

单击【工程特征】工具栏中的▨按钮,进入圆角特征工具操控板。单击【设置】,进入设置上滑面板,选择拔模特征的分割线作为圆角参照,设圆角半径为 20;单击【＊新组】后,选择底部边线为圆角参照,设圆角半径为 2,如图 6.36 所示,单击✔完成圆角创建。

5)创建壳特征

单击【工程特征】工具栏中的▨按钮,进入壳特征工具操控板,选择上表面作为移除的表面,如图 6.37 所示,设壳特征厚度为 3,单击✔完成壳特征创建。

6)创建圆角特征

单击【工程特征】工具栏中的▨按钮,进入圆角特征工具操控板。单击【设置】,进入设置上滑面板,选择圆角参照如图 6.38 所示,设圆角半径为 1,单击✔完成圆角创建。

圆角半径20

圆角半径2

图 6.36　圆角参照

要移除的曲面

图 6.37　移除的曲面

图 6.38　圆角参照

6.5　筋 特 征

为了快速创建零件上经常出现的加强筋，Creo Elements Pro 5.0 中提供了筋特征造型工具。筋特征与拉伸特征类似，不同的是筋特征的横截面会自动变化以与相连的曲面边界保持封闭，这一点使得在创建与曲面相连的筋时显得非常方便。

筋特征类型包括：

➢　创建轮廓筋特征；

➢　创建轨迹筋特征。

【实例6.12】绘制如图6.39所示轮廓筋。

1）创建拉伸实体

①选取命令。从菜单栏选择【插入】→【拉伸】，或从工具栏中单击【拉伸】按钮操作控制面板，再单击【拉伸为实体】按钮。

②定义草绘平面和方向。选择【放置】→【定义】，打开"草绘"对话框。在【平面】框中选择 FRONT 平面作为草绘平面，在【参照】框中选择 RIGHT 平面作为参照平面，在【方向】框中选择【右】，单击【草绘】按钮进入草绘模式，绘制草绘截面如图6.40所示。单击草绘器工具栏的按钮✔退出草绘模式。

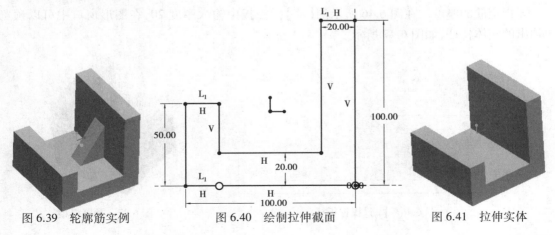

图 6.39　轮廓筋实例　　　　图 6.40　绘制拉伸截面　　　　图 6.41　拉伸实体

③指定拉伸方式和深度在【拉伸】操控板中选择【对称】按钮 🔲，然后输入拉伸深度 100。在图形窗口中可以预览拉伸出的实体特征。单击操控板的 ✓ 按钮，完成拉伸特征的创建工作，实体形状如图 6.41 所示。

2）创建轮廓筋

①单击按钮 📐，进入【参照】选择框，如图 6.42 所示，得到图 6.43 所示的选择面板，选择【定义】→FRONT 草绘面，如图 6.44 所示，默认方向为右，选择【草绘】进入草绘平面，绘制如图 6.45 所示的截面。

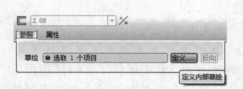

图 6.42 【参照】对话框

图 6.43 【草绘】对话框

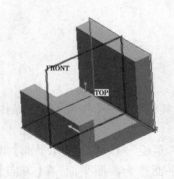

图 6.44 选择 FRONT 草绘面

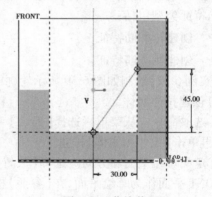

图 6.45 草绘截面

②单击草绘器工具栏的 ✓ 按钮，退出草绘模式。

③指定筋的厚度。在图 6.46 所示的【筋】操控板中输入厚度 20，在图形窗口中可以预览拉伸出的实体特征，如图 6.47 所示。

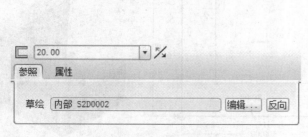

图 6.46 【筋】操控板

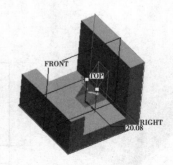

图 6.47 预览模型

176

【实例 6.13】创建如图 6.48 所示的筋特征。

1）建立新文件

单击【文件】工具栏中的 按钮，或者选择【文件】→
【新建】命令，系统弹出【新建】对话框，输入文件名"rib_ex-
ample_1"；取消【使用缺省模板】选择框后，单击【确定】按
钮，系统自动弹出【新文件选项】对话框，在【模板】列表中选
择"mmns_part_solid"选项，单击【确定】按钮，系统自动进入
零件环境。

图 6.48 筋特征实例

2）使用拉伸特征创建基底

单击【基础特征】工具栏中的按钮，进入拉伸特征工具
操控板，单击【放置】，进入【放置】上滑面板。

选择 FRONT 平面为草绘平面后，单击【定义】，进入草绘环境，绘制如图 6.49 所示的拉伸
截面，完成后单击 按钮，返回拉伸特征工具操控板。单击【选项】，设置【选项】上滑面板，如
图 6.50 所示。单击 按钮，完成拉伸特征创建。

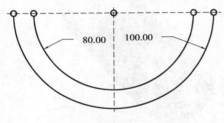

图 6.49 拉伸截面草绘

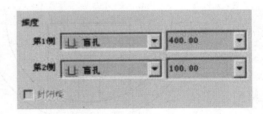

图 6.50 拉伸深度设置

3）创建拉伸特征

单击【基础特征】工具栏中的按钮，进入拉伸特征工具操控板，单击【放置】，进入【放置】
上滑面板。

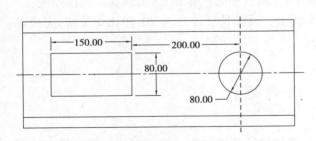

图 6.51 拉伸截面草绘

图 6.52 拉伸终止曲面

选择 TOP 平面为草绘平面后，单击【定义】，进入草绘环境，绘制如图 6.51 所示的拉伸截
面。完成后单击 按钮，返回拉伸特征工具操控板。

设置拉伸厚度选项为 ，并选择如图 6.52 所示的曲面为拉伸终止截面。单击 按钮，完
成拉伸特征创建。

4）创建筋特征 1

单击【工程特征】工具栏中的 按钮，进行筋特征工具操控板。单击【参照】进入【参照】

上滑面板。

选择 RIGHT 平面为草绘平面,草绘如图 6.53 所示的筋特征剖面。注意,此处要合理使用🔲工具帮助定位。完成后,单击✔按钮,返回筋特征工具操控板。

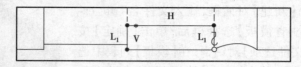

图 6.53　筋特征剖面

设筋特征厚度为 20,单击✔按钮,完成筋特征创建。

5)创建筋特征 2

单击【工程特征】工具栏中的▨按钮,进入筋特征工具操控板。单击【参照】进入【参照】上滑面板。

选择 RIGHT 平面为草绘平面,草绘如图 6.54 所示的筋特征剖面。完成后,单击✔按钮,返回筋特征工具操控板。

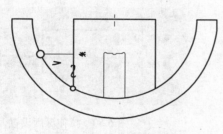

图 6.54　筋特征剖面

图 6.55　镜像平面

设筋特征厚度为 20,单击✔按钮,完成筋特征创建。

6)镜像筋特征 2

选中刚刚创建筋特征 2 后,单击【特征操作】工具栏中的▨按钮,进行镜像工具操控板。

选择 RIGHT 平面为镜像平面,如图 6.55 所示。设筋特征厚度为 20,单击✔按钮,完成筋特征镜像,即得到如图 6.48 所示的实体模型。

6.6　壳特征

壳特征通过挖去实体模型的内部材料,获得均匀的薄壁结构。使用壳特征创建的实体模型,使用材料少,质量轻,常用于创建各种薄壁结构和各种容器。与基础特征切口相比,壳特征通过简单的操作步骤,得到复杂的薄壁容器,具有极大的优越性。

6.6.1　壳特征类型

壳特征根据选取移除面的情况可分为有移除面壳特征和无移除面壳特征,具体见表 6.12。

表 6.12 壳特征类型

壳特征类型	壳特征创建前及参照	壳特征创建后
有移除面创建壳特征	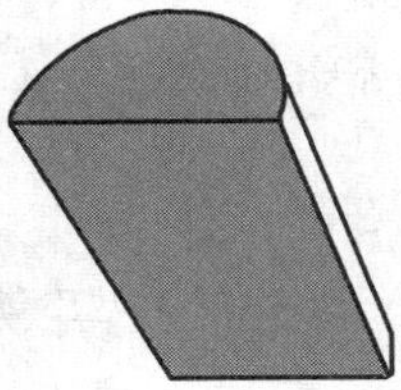	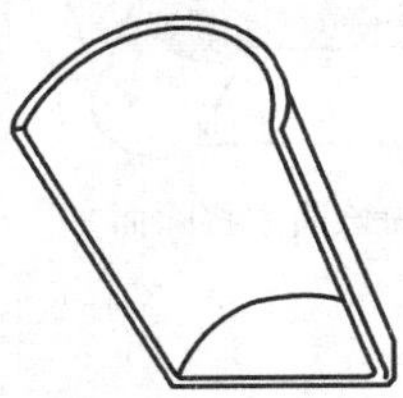
无移除面创建壳特征		

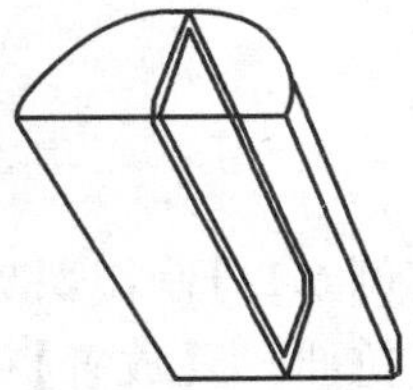

6.6.2 壳特征的厚度

壳特征的厚度有缺省厚度和非缺省厚度两类,见表 6.13。

表 6.13 壳特征类型

壳特征厚度	显示符号	壳特征创建前及参照	壳特征创建后	备 注
缺省厚度	O_THICK	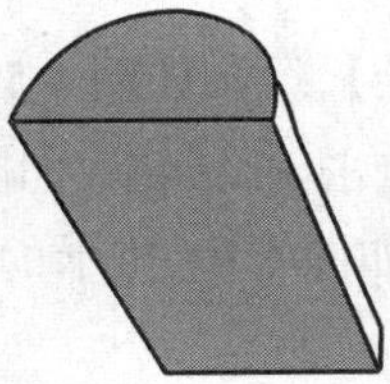	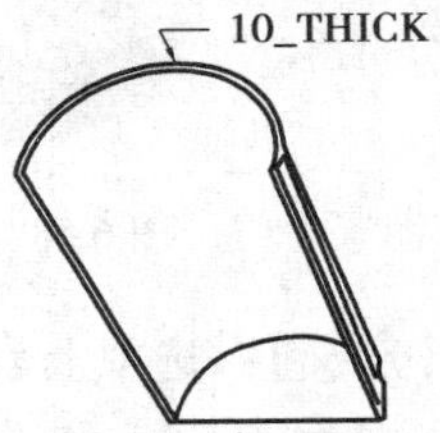 10_THICK	壳特征的厚度值可以是正值,也可以是负值;若为负值,则壳特征的厚度将被添加到零件的外部,其功能与操控板中的 ⚄ 按钮功能相同
非缺省厚度	THICK		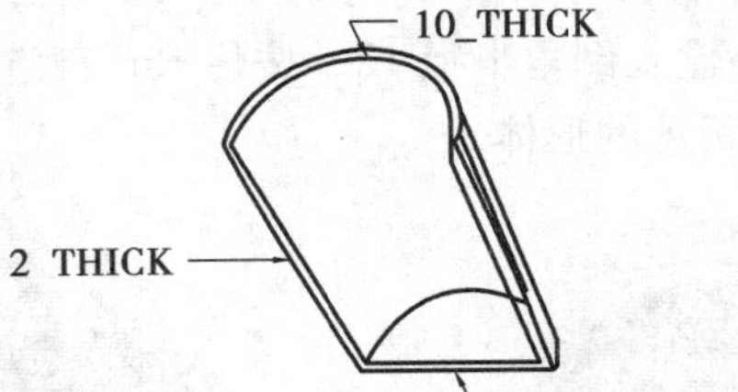 10_THICK 2 THICK 2.5 THICK	

6.6.3 排除曲面

在零件的结构中,若某些曲面出不创建壳特征(即不被壳化),创建特征时,可以将该曲面取为排除曲面,如图 6.56 所示。

179

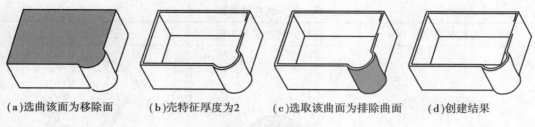

(a)选曲该面为移除面　　(b)壳特征厚度为2　　(c)选取该曲面为排除曲面　　(d)创建结果

图 6.56　排除曲面抽壳

6.7　综合实例

【实例 6.14】制作烟灰缸。

①【拉伸】→【放置】→【定义】→TOP 面→【草绘】→画出如图 6.57 所示的草绘图→选中圆在空白处按住右键出现命令条→选择【构造】→单击✔ 确定→输入拉伸高度 26,选择✔按钮,如图 6.58 所示。

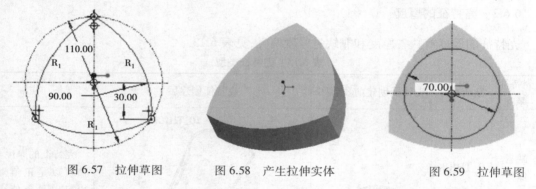

图 6.57　拉伸草图　　　　　　图 6.58　产生拉伸实体　　　　　　图 6.59　拉伸草图

②【拉伸】→【放置】→【定义】→选中上表面→【草绘】,绘制如图 6.59 所示的草绘截面,单击✔按钮,输入拉伸高度 20→【反向】 →【切割】 →点击✔以确定,如图 6.60 所示。

③【倒圆角】→输入倒角半径 12→按住 Ctrl 键选中如图 6.61 所示的 3 条边→单击✔以确定,得到如图 6.62 所示的形体。

图 6.60　产生拉伸切除　　　　图 6.61　选择圆角边　　　　图 6.62　圆角结果

④【插入】→【拔模】→选中上表面→按住 Shift 键选中顶面外缘边线,得如图 6.63 所示。

选择图 6.64 的第一个【单击此处】→选中上表面→输入拔模角度 30 →【单击反向】↗→单击✔以确定,如图 6.65 所示。

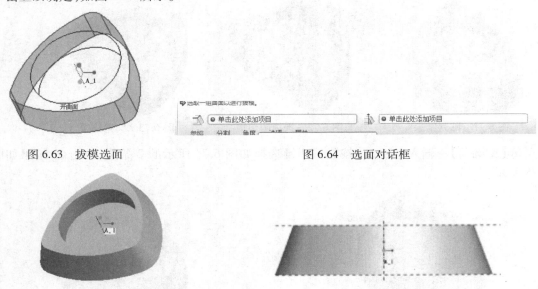

图 6.63　拔模选面　　　　　　　　　　图 6.64　选面对话框

图 6.65　拔模结果　　　　　　　　　　图 6.66　参照

⑤【拉伸】→【放置】→【定义】→选中 FRONT 面→单击【草绘】按钮→单击上栏的【草绘】→【参照】→选中顶线,如图 6.66 所示,绘制如图 6.67 的截面圆→单击✔按钮,输入拉伸长度 100,选择【反向】↗→【切割】↗→单击✔按钮,如图 6.68 所示。

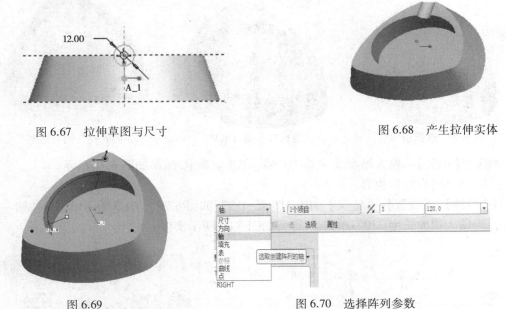

图 6.67　拉伸草图与尺寸　　　　　　　图 6.68　产生拉伸实体

图 6.69　　　　　　　　　　　　　　　图 6.70　选择阵列参数

⑥选中上一个拉伸→点击上栏【编辑】→【阵列】→选择轴阵列,选中图 6.69 所示的轴→输入如图 6.70 的参数→点击✔以确定,得到图 6.71 所示的实体。

⑦选择【倒圆角】→输入倒角半径 5→按住 Ctrl 键选中如图 6.72 所示的 6 条边,单击✔,结果如图 6.73 所示。

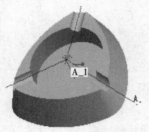
图 6.71　阵列结果

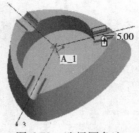
图 6.72　选择圆角边

图 6.73　圆角结果

⑧【倒圆角】→输入半径 3→按住 Ctrl 键选择如图 6.74 所示的 2 条边,单击✔,结果如图 6.75 所示。

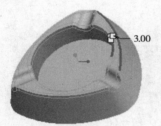
图 6.74　选择圆角边

图 6.75　圆角结果

⑨【倒圆角】→输入倒角半径 8→按住 Ctrl 键选中如图 6.76 所示边,单击✔,结果如图6.77 所示。

图 6.76　选择圆角边

图 6.77　圆角结果

图 6.78　抽壳结果

⑩选择【抽壳】→输入厚度 2→选中底面→单击✔确定,结果如图 6.78 所示。

【实例 6.15】台灯罩模具。

①【拉伸】→【放置】→【定义】→RIGHT 面→绘制如图 6.79 所示草图→单击✔按钮→选择【双向】→输入拉伸长度 320→单击✔,得到如图 6.80 所示实体。

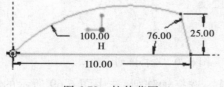
图 6.79　拉伸草图

图 6.80　拉伸实体

②选择【拉伸】→【放置】→【定义】→TOP 面→绘制如图 6.81 所示草图→【切割】◿→单击✓确定→输入拉伸长度→单击✓,得到如图 6.82 所示实体。

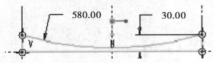

图 6.81　拉伸草图

图 6.82　产生拉伸切除

③选择【倒圆角】→输入半径 25→按住 Ctrl 键→选中如图 6.83 所示的两边→单击✓,得到如图 6.84 所示的结果。

图 6.83　选择圆角边

图 6.84　圆角结果

④选择【倒圆角】→选择如图 6.85 所示的圆角边→选择【集】→【通过曲线】→选择如图 6.86 所示的边→单击✓,得到如图 6.87 所示的圆角结果。

图 6.85　选择圆角边

图 6.86　选择圆角边

⑤重复步骤④得到如图 6.88 所示的圆角结果。

图 6.87　圆角结果

图 6.88　圆角结果

⑥选择【倒圆角】→输入半径 20→选择如图 6.89 所示的边,单击✓,得到如图 6.90 所示的圆角结果。

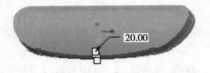

图 6.89　选择圆角边

图 6.90　圆角结果

⑦按住 Ctrl 键→选中图 6.91 所示的所有的面→【编辑】→【偏移】→选择【具有拔模特征】,如图 6.92 所示→【参照】→【编辑】→画实体偏移草图,如图 6.93 所示(下圆弧向上偏移 3 上直线向上偏移 5)→单击✓确定→输入相关尺寸,如图 6.94 所示→单击✓确定,得到如图 6.95 所示的偏移结果。

⑧选择【拉伸】→【放置】→【定义】→RIGHT 面→绘制如图 6.96 所示草图(圆弧交点相切)→单击✓确定→【切割】◿→输入拉伸长度 110→单击✓确定,得到如图 6.97 所示拉伸实体。

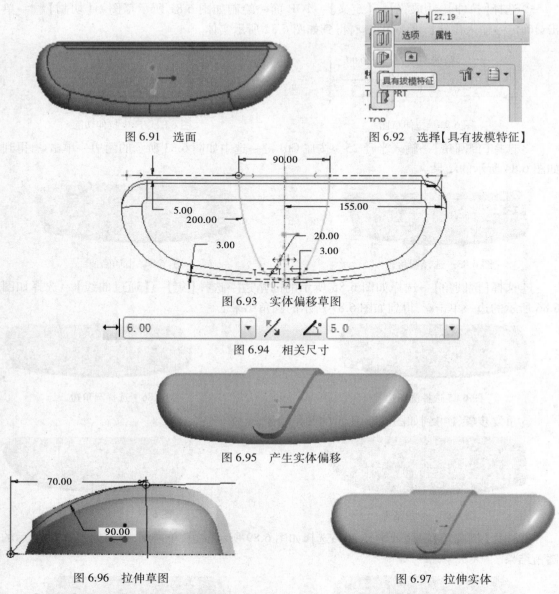

图 6.91 选面　　　　　　　　　图 6.92 选择【具有拔模特征】

图 6.93 实体偏移草图

图 6.94 相关尺寸

图 6.95 产生实体偏移

图 6.96 拉伸草图　　　　　　　图 6.97 拉伸实体

⑨选择【倒圆角】→输入半径 3→选中图 6.98 所示的边→单击✔,得到如图 6.99 所示的结果。

⑩选择【倒圆角】→输入半径 3→选中图 6.100 所示的边→单击✔,得到如图 6.101 所示的结果。

图 6.98 选择圆角边

图 6.99 圆角结果

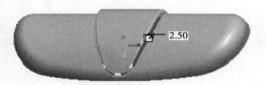

图 6.100　选择圆角边

图 6.101　圆角结果

⑪构建基准面,单击创建基准面▱→选择 FRONT 面→输入偏移距离-140→单击【确定】, 得到 DIM1 面,如图 6.102 所示。

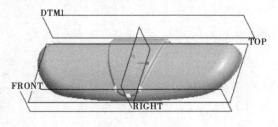

图 6.102　产生基准面

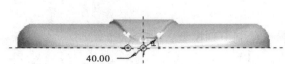

图 6.103　拉伸草图与尺寸

⑫选择【拉伸】→【放置】→【定义】→DIM1 面→绘制图 6.103 所示的草绘截面→单击✔确 定→⊥→选面→单击✔,得到如图 6.104 所示的拉伸实体。

图 6.104　产生拉伸实体

图 6.105　选择圆角边

⑬选择【倒圆角】→输入半径 12→选中图 6.105 所示的边→单击✔,如图 6.106 所示。

⑭选择【抽壳】按钮→输入厚度为 2→按住 CTRL 键→选中底面→单击✔,如图 6.107 所示。

图 6.106　圆角结果

图 6.107　抽壳结果

最后效果图如图 6.108 所示。

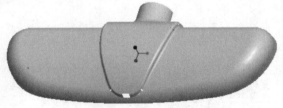

图 6.108　灯罩三维模型

本章小结

本章主要介绍 Creo Elements Pro 5.0 中放置实体特征的创建方法,其中主要介绍了孔特征、倒圆角特征、边倒角特征、拐角倒角特征、拔模特征、筋特征和抽壳特征等的创建步骤,解释了创建过程中主要选项的含义。最后,以一个烟灰缸造型的实例练习了本章介绍的几种特征。

本章习题

绘制下列模型:

(1)   (2)

(3)   (4)

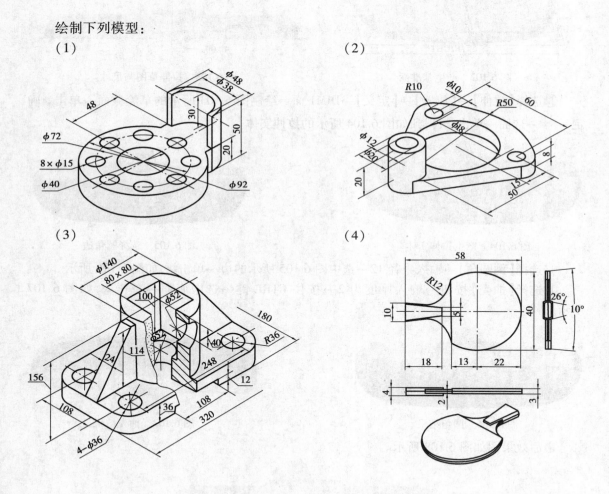

第 **7** 章
曲面特征

本章主要学习内容：
- ➢ 曲面造型
- ➢ 曲面基础特征常用的造型方法
- ➢ 综合实例

通常情况下，对不太复杂的零件用实体特征就可以完成，但对一些结构相对复杂的零件，尤其是表面形状有一定特殊要求的零件，完全靠实体特征则难以完成，即使能完成也很麻烦。在这种情况下，一般使用曲面功能。Creo Elements Pro 5.0 的曲面功能很强，实体特征能完成的功能用曲面特征也可以完成，两者创建特征的基本方法也一样，但通常曲面完成后，往往需要再转换为实体。

7.1 曲面造型

曲面特征主要用来创建复杂零件。曲面没有厚度。在 Creo Elements Pro 5.0 中首先采用各种方法建立曲面，然后对曲面进行修剪、切削等工作，之后将多个单独的曲面进行合并，得到一个整体的曲面；最后对合并来的曲面进行实体化，也就是将曲面加厚使之变为实体。

7.2 曲面基础特征常用的造型方法

7.2.1 拉伸曲面

Extrude(拉伸曲面)是指一条直线或者曲线沿着垂直于绘图平面的一个或者两个方向拉伸所生成的曲面。其具体建立步骤如下：

①选择特征生成方式为拉伸，单击 □ ，将拉伸方式确定为曲面。

②选择 FRONT 面作为草绘平面，按照系统默认的参照，单击【草绘】按钮，系统自动进入草图绘制，绘制曲线如图 7.1 所示。

187

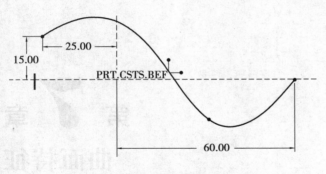

图 7.1　曲面截面曲线

图 7.2　生成的曲面

③单击✔→距离定义方式选择为盲孔,在信息区输入生长深度 20,单击✔→【确定】按钮,创建曲面如图 7.2 所示。

7.2.2　旋转曲面

Revolve(旋转曲面)是一条直线或者曲线绕一条中心轴线,旋转一定角度(0~360°)而生成的曲面特征。

①选择特征生成方式为旋转,单击◻,将拉伸方式确定为曲面。

②在位置选项卡中定义绘图平面为 FRONT 面,按照系统默认的参照,单击【草绘】进入草绘界面,绘制如图 7.3 所示的草图与旋转中心线。

③单击✔→选择旋转角度为 270°→单击✔按钮,创建曲面如图 7.4 所示。

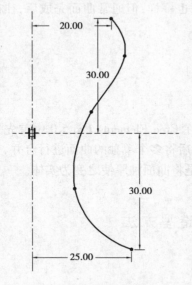

图 7.3　绘制曲线和旋转中心轴线

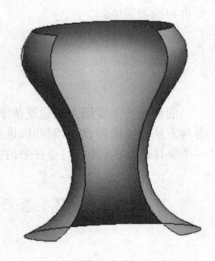

图 7.4　旋转曲面

7.2.3　扫描曲面

Sweep(扫描)曲面是指一条直线或者曲线沿着一条直线或曲线路径扫描所生成的曲面。

①选择【插入】→【扫描】→【曲面】,出现如图 7.5 所示的对话框。

②在扫描轨迹菜单管理器中选择草绘轨迹→选择 Front(前视图)作为草绘平面,使用系统

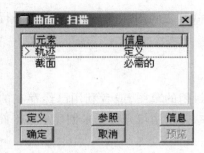

图 7.5　【扫描】曲面对话框　　　　　　　　　图 7.6　扫描轨迹菜单管理器

默认的参考方向→正向→缺省,系统自动进入草图绘制模式,绘制如图 7.7 所示的曲线。

③单击✔→在属性菜单管理器中选择开放端→完成,系统自动进入截面绘制方式,绘制如图 7.8 所示的截面。注意图中两条虚线相交的地方是轨迹线的起点,截面封闭与否均可。

④单击【确定】,生成扫描曲面如图 7.9 所示。

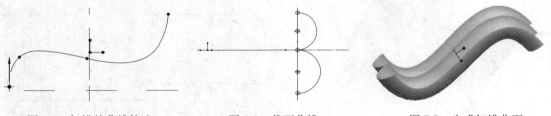

图 7.7　扫描的曲线轨迹　　　　图 7.8　截面曲线　　　　图 7.9　生成扫描曲面

7.2.4　混合曲面

Blend(混合)曲面的绘制方法与混合实体方式相似,是指由一系列直线或曲线(可是封闭的)串联所生成的曲面,可以分为直线过渡型和曲线光滑过渡型。

①选择【插入】→【混合】→【曲面】→出现【混合选项】菜单管理器。

②选取【平行】→【规则截面】→【草绘截面】→【完成】。

③在【属性】菜单管理器中选择【光滑】→【开放终点】→【完成】→选择 Front(前视图)作为草绘平面→正向→缺省,使用系统默认的参考方向进入草绘界面。

④绘制第一条曲线,注意起点位置箭头方向,如图 7.10 所示。

⑤单击【草绘】下拉菜单→【特征工具】→【切换截面】,第一条曲线变为灰色,绘制第二条曲线,如图 7.11 所示。

⑥单击【草绘】下拉菜单→【特征工具】→【切换截面】,第二个曲线变为灰色,绘制第三条曲线,如图 7.12 所示。

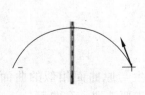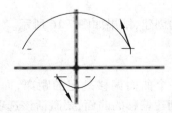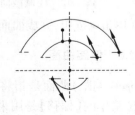

图 7.10　截面第一条曲线　　　图 7.11　截面第二条曲线　　　图 7.12　截面第三条曲线

⑦单击✔→选择【盲孔】→完成→输入相邻两个截面之间的深度→确定,生成平行混合曲面如图 7.13 所示。

7.2.5 平整曲面

Flat(平整)曲面是指在指定的平面上绘制一个封闭的草图,或者利用已经存在的模型的边线来形成封闭草图的方式来生成曲面。在 ProE 中,是采用填充特征来创建平整平面的。注意,Flat(平整曲面)的截面必须是封闭的。

①建立一个新文件,命名为"pzqumian.prt"。

②单击【编辑】下拉菜单→【填充】,打开如图 7.14 所示的填充操作板。

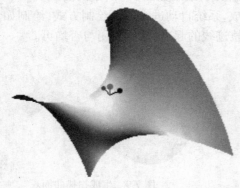

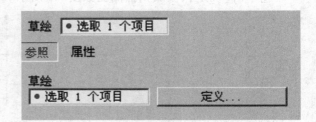

图 7.13 生成平行混合曲面　　　　　　　　图 7.14 【填充】操作板

③单击操作板上的【参照】标签,从弹出的上滑面板中单击【定义】标签,弹出【草绘】面板。选择 Front(前视图)作为草绘平面,使用系统默认的参考方向,系统自动进入草图绘制模式,绘制截面,如图 7.15 所示。

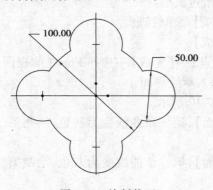

图 7.15 绘制截面　　　　　　　　　　图 7.16 生成平整曲面

④ 单击✔按钮,完成曲面的创建,结果如图 7.16 所示。

7.2.6 偏距曲面

Offset(偏距)曲面是指将一个曲面偏移一定的距离,而产生与原曲面相似的曲面。【编辑】下拉菜单的【偏移】是用来创建偏移的曲面,要激活该选项,需要选取一个曲面。

偏移操作是在如图 7.17 所示的偏移操作板中进行的。

图 7.17 偏移操作版

其中,参照用于指定偏移的曲面,操作界面如图 7.18 所示。【选项】标签用来进行排除曲面等操作,界面如图 7.19 所示。

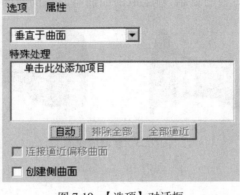

图 7.18 【参照】选项   图 7.19 【选项】对话框   图 7.20 偏移类型

ProE 提供的偏移形式有以下四种:创建标准偏移特征;创建具有拔模特征的偏移特征;创建展开偏移特征;创建替换曲面特征,如图 7.20 所示。具体此处不予详细介绍。

①利用拉伸的方式来生成一个有圆弧曲面,如图 7.21 所示。

②选择要偏移的曲面,选择【编辑】→【偏移】命令。

③定义偏移类型为【标准偏移特征】。

④定义偏移距离,在操作板的偏移数值栏输入距离为 8,定义偏移方向。

⑤单击✔按钮,完成操作。得到的偏移结果如图 7.22、图 7.23 所示。

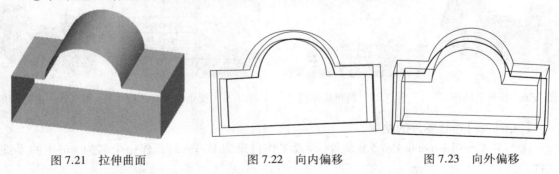

图 7.21 拉伸曲面   图 7.22 向内偏移   图 7.23 向外偏移

7.2.7 复制曲面

复制曲面是通过复制已有曲面的方式来生成新的曲面。

①通过 Revolve(旋转)的方式生成图 7.25 左边的曲面。

②选定要复制的【曲面】→【编辑】→【复制】→【编辑】→【粘贴】,出现如图 7.24 所示的【粘贴】操作板。

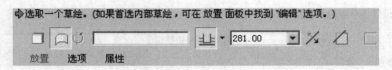

图 7.24　【粘贴】操作板

③在操作板中选择放置选项,点击编辑按钮,选择目标草绘面(可以选择不同的对象作为粘贴草绘面),进入草绘界面。发现被复制对象的草绘图形→对图形进行编辑→单击✔按钮退出草绘界面,单击✔,完成对象的复制,新生成的曲面与原来的曲面完全一致,如图 7.25 所示。

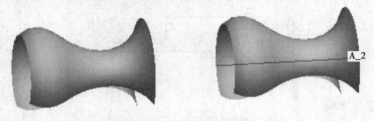

图 7.25　复制的曲面

7.2.8　倒圆角曲面

倒圆角曲面是通过创建圆角或倒圆角曲面来生成一个独立的面组。
①首先利用拉伸的方式来生成如图 7.26 所示的曲面。
②选择【插入】→【倒圆角】,出现如图 7.27 所示的圆角操作板。
③选择"集"标签,在参照中选择需要倒圆角的两个面,如图 7.28 所示。
④在信息区中输入倒圆角的半径尺寸→单击✔→【确定】,曲面圆角如图 7.29 所示。

 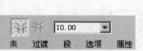  

图 7.26　拉伸的曲面　　图 7.27　圆角操作板　　图 7.28　圆角设置对话框　　图 7.29　曲面圆角

【实例 7.1】弯管零件的绘制。

①打开 Creo Elements Pro 5.0 软件,设置工作目录为 D:\ex3,新建一个名为 surf-1 的零件文件。

②单击工具栏上的 按钮进入拉伸特征创建界面,在操控板中选择【曲面】选项。选择 FRONT 基准平面为草绘平面,以 RIGHT 基准平面为参照面,参照方向为【右】,单击【草绘】按钮进入草绘模块。

③绘制如图 7.31 所示截面,完成后单击✔按钮。选择深度定义方式为 ,拉伸深度为 200,创建拉伸曲面如图 7.32 所示。

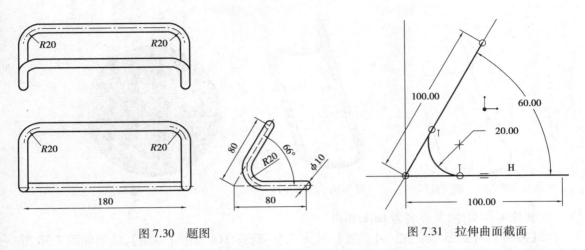

图 7.30　题图

图 7.31　拉伸曲面截面

④单击工具按钮,在操控板中选择【曲面】选项,并选择【位置】→【定义】命令,系统弹出【草绘】对话框。选择 TOP 平面为草绘平面,以 RIGHT 平面为参照,参照方向为【右】,单击【草绘】按钮进入草绘界面,绘制如图 7.33 所示截面。完成后单击按钮,给定旋转角度为360°,结果如图 7.34 所示。

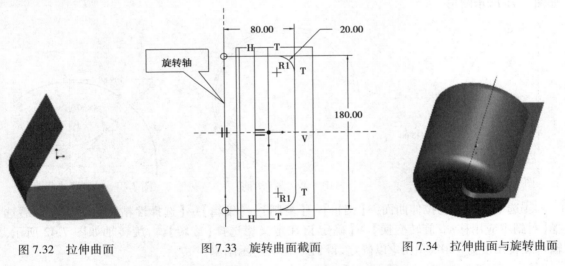

图 7.32　拉伸曲面

图 7.33　旋转曲面截面

图 7.34　拉伸曲面与旋转曲面

⑤按住 Ctrl 键,在绘图区或模型树中同时选择前面所创建的拉伸及旋转曲面,选择【编辑】→【相交】命令,在两个曲面相交之处生成曲线。

⑥建立一个名为"Surfs"的图层,将拉伸及旋转曲面放置于该图层上,并对其进行隐藏操作,结果如图 7.35 所示。

⑦选择【插入】→【扫描】→【伸出项】命令,以图 7.35 所示曲线为扫描轨迹线,以直径为 10 的圆为截面,创建弯管零件如图 7.36 所示。

【实例 7.2】绘制如图 7.37 所示的篮球。

图 7.35　相交曲线

图 7.36　弯管零件

图 7.37　篮球

①新建零件文件,文件名为 basketball。

②【旋转】→【加厚草绘】▢→【放置】→【定义】→选择 TOP 面→【草绘】,绘制如图 7.38 所示绘制草绘截面,单击✔按钮完成。输入薄壁厚度为 3,旋转角度为 360°,单击✔以确定,得到如图 7.39 所示旋转结果。

③【拉伸】→【曲面】▢→【放置】→【定义】→选择 FRONT 面→【草绘】,进入草绘界面后,绘制如图 7.40 所示草绘截面。单击✔按钮以完成,输入拉伸长度为 150,单击✔以确定,得到如图 7.41 所示图形。

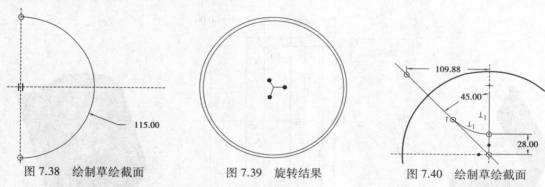

图 7.38　绘制草绘截面　　　　图 7.39　旋转结果　　　　图 7.40　绘制草绘截面

④选中步骤③的拉伸曲面→【编辑】→【复制】→【编辑】→【选择性粘贴】,弹出窗口后选择【对副本应用移动/旋转变换】→【确定】,在定义栏选择【旋转】⟳,旋转轴如图 7.42 所示。输入旋转角度为 180°,单击✔以确定,得到图 7.43 所示结果。

图 7.41　拉伸曲面结果

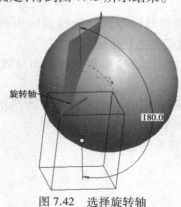

图 7.42　选择旋转轴

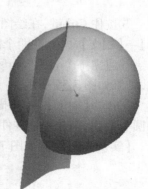

图 7.43　复制结果

⑤创建相交曲线。如图 7.44 所示,选中步骤③绘制的曲面→【编辑】→【相交】→进入相交界面,按住 Ctrl 键选择步骤②的旋转体表面,单击✓以确定。采用同样步骤创建下半部的相交曲线,结果如图 7.45 所示。

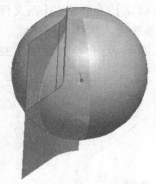

图 7.44　选择相交曲面

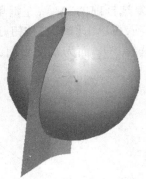

图 7.45　相交结果

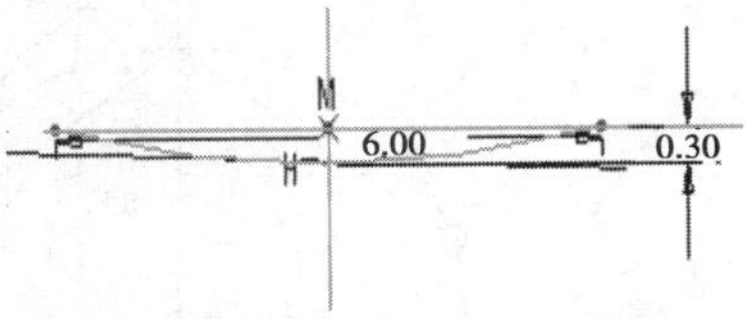

图 7.46　绘制切除截面

⑥【插入】→【扫描】→【切口】→【选取轨迹】→【曲线链】→选择【相交曲线 1】→【全选】→【完成】→【接受】→箭头向外点击【确定】→进入草绘界面,绘制如图 7.46 所示截面。绘制完成后,单击✓按钮以完成,单击【确定】。重复上述步骤得到另一半实体,结果如图 7.47 所示。

⑦【旋转】→【放置】→【定义】→选择 TOP 面→【草绘】→绘制图 7.46 所示的草绘截面→单击✓按钮以完成→【切割】箭头向上,单击✓以确定。重复上述步骤得到图 7.48 所示的旋转结果。

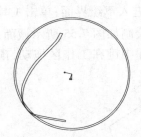

图 7.47　扫面切除结果

图 7.48　旋转切割结果

图 7.49　镜像结果

⑧选择步骤⑥的扫描 1 和 2→【镜像】→选择 RIGHT 面→单击✓以确定,得到如图 7.49 所示镜像结果。

⑨按住 Ctrl 键分别选中扫描 1、2 和步骤⑧镜像所得的两条切割曲面→【镜像】→选择 TOP 面→单击✓以确定,得到如图 7.50 所示镜像结果。

图 7.50　旋转切除结果

图 7.51　篮球

图 7.52　足球

⑩选择【外观库】命令,编辑外观,最后得到图 7.51 所示实体。

【实例 7.3】绘制如图 7.52 所示的足球。

①建立新文件。启动 Creo Elements Pro 5.0 后,建立一个新文件,文件类型选【零件】,子类型选【实体】。去掉【使用默认模板】复选框前的"√",左键单击【确认】;在弹出的【新文件选项】对话框中选择【mmns_part_solid】项,再单击【确定】按钮,这时系统进入实体建模环境。

②选择工具列上【草绘】按钮，选择 TOP 面为基准平面,进入草绘界面,绘制如图 7.53 所示图形,草绘完成如图 7.54 所示。

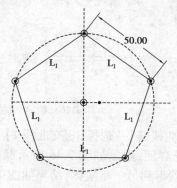

图 7.53　绘制五边形

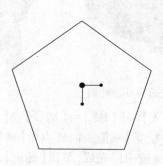

图 7.54　完成五边形绘制

③选择【旋转】命令选择工具列上的工具,在操作板上选择【曲面旋转】按钮，在操控板中选择【放置】命令,在出现的上滑面板中单击　按钮,弹出【草绘】对话框;在绘图区选取 TOP 面作为草绘平面,接受系统默认设置,单击【草绘】按键,进入草绘界面;单击工具列上工具后面，选择旋转中心线并放置与五边形右下边重合,绘制如图 7.55 所示截面;单击工具完成草绘特征,旋转 180°,单击按钮完成特征;按住鼠标中键在工作区拖动,预览特征,如图 7.56 所示。

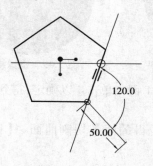

图 7.55　草绘截面

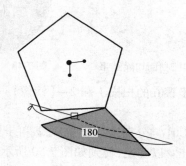

图 7.56　旋转结果

④选择【旋转】命令,选择工具列上工具,在操作板上单击【曲面旋转】按钮，在操控板中选择【放置】命令,在出现的上滑面板中单击　按钮,弹出【草绘】对话框;在绘图区选取 TOP 面作为草绘平面,接受系统默认设置;单击【草绘】按键,进入草绘界面;单击工具列上工具后面，选择旋转中心线并放置与五边形底边重合,绘制如图 7.57 所示截面;单击工具完成草绘特征,旋转 180°,单击按钮完成特征,按住鼠标中键在工作区拖动,预览特征,如图 7.58 所示。

⑤创建相交曲线。按住 Ctrl 键先选择第二个旋转曲面再选择第一个旋转曲面,在菜单栏选择【编辑】→【相交】,单击【完成】按钮✔产生相交曲线,然后将两个曲面隐藏,得到如图7.59所示结果。

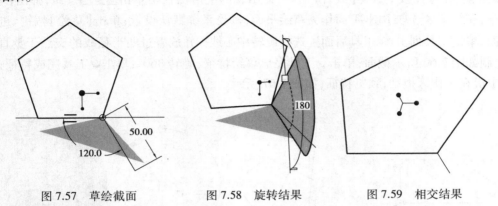

图 7.57　草绘截面　　　　　图 7.58　旋转结果　　　　　图 7.59　相交结果

⑥创建第二个六边形绘图面。单击工具栏上的【平面】按钮▱,按住 Ctrl 键先选择五边形的底线再选择相交的曲线,如图 7.60 所示。单击【确定】按钮,创建完成绘图面 DTM1,如图7.61所示。

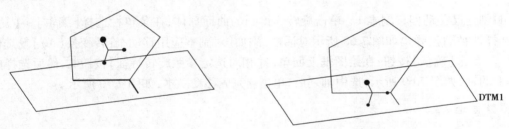

图 7.60　选择五边形底线与相交曲线　　　　　图 7.61　创建基准平面 DTM1

⑦草绘六边形。单击工具列上【草绘】按钮〜,选择 DTM1 平面为基准平面,进入草绘界面,绘制如图 7.62 所示图形,草绘完成如图 7.63 所示。

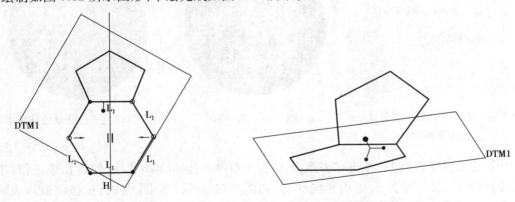

图 7.62　绘制六边形　　　　　图 7.63　完成绘制六边形

⑧绘制半径线。单击工具列上【草绘】按钮〜,选择 RINGT 平面为基准平面,进入草绘界面,绘制如图 7.64 所示的两根曲线(后面用作旋转轴的 2 个轴)。草绘曲线要垂直于先前画的

曲线截面,草绘完成如图 7.65 所示。

⑨创建曲面旋转圆球。选择【旋转】命令,选择工具列上 ⊛ 工具,在操作板上单击【曲面旋转】按钮 ,在操控板中选择【放置】命令,在出现的上滑面板中单击 定义... 按钮,弹出【草绘】对话框;在绘图区选取 RINGT 面作为草绘平面,接受系统默认设置;单击【草绘】按键,进入草绘界面,单击工具列上 ＼ 工具后面 ,选择旋转中心线 并放置过两半径线的交点于竖直方向上,绘制如图 7.66 所示截面;单击 ✔ 工具完成草绘特征,旋转 360°,单击 ✔ 工具完成特征;按住鼠标中键在工作区拖动,预览特征,如图 7.67 所示。

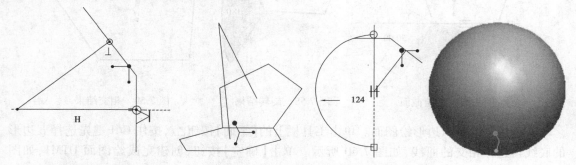

图 7.64　绘制半径线　　图 7.65　完成绘制半径线　图 7.66　草绘截面　　图 7.67　旋转结果

⑩创建已移动偏移副本 1。单击旋转 3 得到的曲面球体,在菜单栏选择【编辑】→【复制】→【选择性粘贴】,弹出如图 7.68 所示对话框;添加【对副本应用移动/旋转变换(A)】复选框前的"√",单击【确认】按钮;在绘图框上面单击【相对选定参照旋转特征】按钮 ,然后选择曲面球体上的轴,如图 7.69 所示;选中轴之后,单击 ✔ 完成移动副本,如图 7.70 所示。

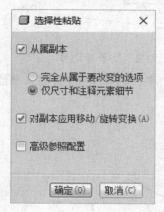

图 7.68　选择对应副本应用移动/　　　图 7.69　选择轴　　　　图 7.70　完成已移动偏移副本 1
　　　　　旋转变换(A)

⑪创建偏移球表面 1。单击球表面,然后在菜单栏中选择【编辑】→【偏移】,单击【标准偏移特征】按钮 ,偏移量为 6,方向指向球心,如图 7.71 所示,单击【完成】按钮完成球表面的偏移。

⑫创建拉伸曲面五边形。选择工具列上 工具,在操作板上单击【曲面旋转】按钮 ,选择【放置】命令,在出现的上滑面板中单击 定义... 按钮,弹出【草绘】对话框;选择 TOP 面作为草

绘平面,接受系统默认设置;单击【草绘】按键,进入草绘界面;单击工具栏【使用】按钮 ▢ ,选择五边形的五条边,如图 7.72 所示;然后单击【完成】按钮 ✓ ,在菜单栏选择双向拉伸按钮 ▦ ,拉伸深度为 100,单击 ✓ 工具完成特征。按住鼠标中键在工作区拖动,预览特征,如图 7.73 所示。

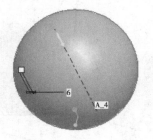

图 7.71　偏移球表面 1　　　　　图 7.72　使用五边形　　　　　图 7.73　拉伸结果

⑬创建合并 1。首先,将已移动副本 1 隐藏,选择模型树下的已移动副本,再单击鼠标右键选中【隐藏】。其次,按住 Ctrl 键先选择旋转 3 曲面,再选择拉伸 5 边形曲面,如图 7.74 所示,在菜单栏单击【编辑】→【合并】,单击【完成】按钮 ✓ 完成合并 1,如图 7.75 所示。

⑭创建合并 2。按住 Ctrl 键先选择偏移 1 曲面再选择拉伸五边形曲面,如图 7.76 所示;在菜单栏单击【编辑】→【合并】,单击【完成】按钮 ✓ 完成合并 2,如图 7.77 所示。

图 7.74　选择旋转 3 曲　　　图 7.75　完成合并 1　　　图 7.76　选择偏移 1 曲　　　图 7.77　完成合并 2
面和拉伸五边形曲面　　　　　　　　　　　　　　　　　　面和拉伸五边形曲面

⑮创建倒圆角 1。单击工具栏【倒圆角】按钮 ↘ ,五个角的倒角为 8,如图 7.78 所示;侧边上边倒角为 6,如图 7.79 所示;单击【完成】按钮 ✓ 完成倒角,如图 7.80 所示。

⑯创建偏移球表面 2。单击已移动副本 1 球表面,然后在菜单栏选择【编辑】→【偏移】,单击【标准偏移特征】按钮 ▦ ,偏移量为 6,方向指向球心,如图 7.81 所示,单击【完成】按钮完成球表面的偏移。

⑰创建拉伸曲面六边形。选择工具列上 ⬚ 工具,在操作板上选择【曲面旋转】按钮 ▢ ,单击【放置】命令,在出现的上滑面板中单击 定义... 按钮,弹出【草绘】对话框,选择 DTM1 平面作为草绘平面,接受系统默认设置,单击【草绘】按键,进入草绘界面。单击工具栏【使用】按钮 ▢ ,单击使用六边形的六条边,如图 7.82 所示,然后单击【完成】按钮 ✓ ,在菜单栏选择双向拉伸按钮 ▦ ,拉伸深度为 100,单击 ✓ 工具完成特征,按住鼠标中键在工作区拖动,预览特征,如

图 7.82 所示。

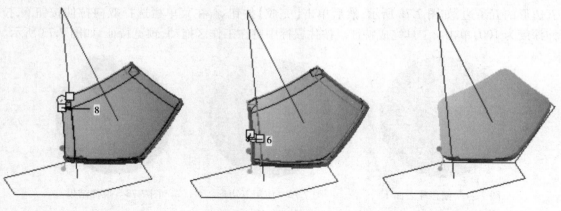

图 7.78　倒边角 8　　　　图 7.79　倒侧边角 6　　　　图 7.80　完成倒角 1

⑱创建合并 3。按住 Ctrl 键先选择已移动副本 1 球表面,再选择拉伸 6 边形曲面,如图 7.83所示;在菜单栏选择【编辑】→【合并】,单击【完成】按钮✔完成合并 3,如图 7.84 所示。

 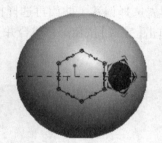 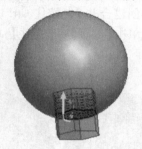

图 7.81　偏移球表面 2　　图 7.82　使用六边形　　　图 7.83　选择已移动副本
　　　　　　　　　　　　　　　　　　　　　　　　　　　　　1 球表面和拉伸六边形曲面

⑲创建合并 4。按住 Ctrl 键先选择已移动副本 1 球表面再选择拉伸 6 边形曲面,如图7.85所示;在菜单栏选择【编辑】→【合并】,单击【完成】按钮✔完成合并 4,如图 7.86 所示。

图 7.84　完成合并 3　　图 7.85　选择偏移 2 球表面　　　图 7.86　完成合并 4
　　　　　　　　　　　　　　和拉伸六边形曲面

⑳创建倒圆角 2。单击工具栏【倒圆角】按钮🌙,6 个角倒角为 8,如图 7.87 所示;侧边上

边倒角为 6,如图 7.88 所示;单击【完成】按钮✔完成倒角,如图 7.89 所示。

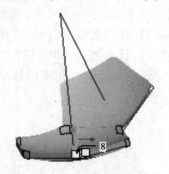

图 7.87　倒边角 8　　　　　图 7.88　倒侧边角 6　　　　　图 7.89　完成倒角 2

㉑创建已移动偏移副本 2。单击菜单栏【智能】按钮,选择【面组】,如图 7.90 所示;单击面组如图 7.91 所示,在菜单栏单击【编辑】→【复制】→【选择性粘贴】,在绘图框上面单击【相对选定参照旋转特征】按钮↺,然后选择五边形半径轴并在后面输入旋转角度 72°,如图 7.92 所示。单击【选项】,去掉【隐藏原始几何】前面的“√”,如图 7.93 所示;单击✔完成已移动副本 2,如图 7.94 所示。

图 7.90　选面组

图 7.91　选择复制面组

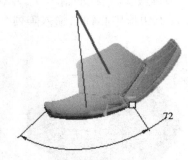

图 7.92　输入角度和选择五边形轴

图 7.93　去掉原始几何前面的“√”

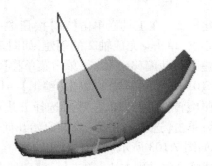

图 7.94　完成已移动副本 2

㉒构建轴 1 并阵列移动副本 2。在工具栏单击【轴】按钮✎,按住 Ctrl 键先选择球面中心点,再选择穿过五边形的半径线,单击✔完成轴 1 的创建;单击【已移动副本 2】→【编辑】→【阵列】,选择【轴】阵列并单击轴 1,输入阵列个数为 5,阵列角度为 72°,单击✔完成阵列,如图

7.95 所示。

㉓创建已移动偏移副本 3。单击菜单栏【智能】按钮,选择【面组】,如图 7.90 所示;单击面组,如图 7.96 所示,在菜单栏单击【编辑】→【复制】→【选择性粘贴】,在绘图框上面单击【相对选定参照旋转特征】按钮 ,然后选择六边形半径轴并在后面输入旋转角度为 120°,如图7.97所示;单击【选项】去掉【隐藏原始几何】前面的"√",如图 7.93 所示。单击 ,完成已移动副本 3,如图 7.98 所示。

图 7.95　阵列移动副本 2

图 7.96　选择复制面组

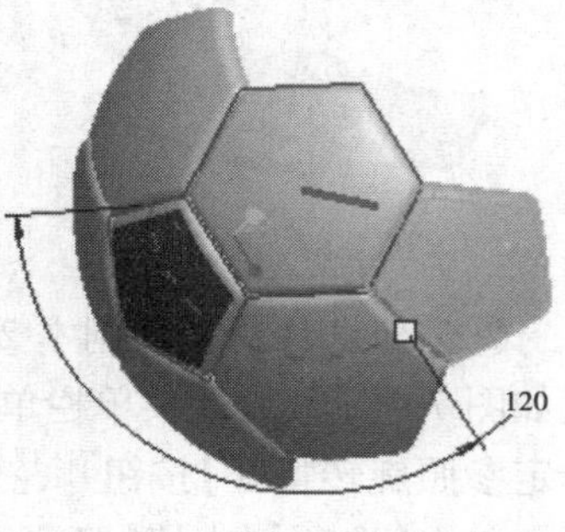

图 7.97　输入角度和选择六边形半径轴

㉔创建阵列移动副本 3。单击【已移动副本 3】→【编辑】→【阵列】,选择【轴】阵列并单击轴 1(五边形中心轴),输入阵列个数为 5,阵列角度为 72°。单击 完成阵列,如图 7.99 所示。

图 7.98　完成已移动副本 3

图 7.99　阵列已移动副本 3

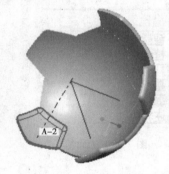
图 7.100　轴 2 的创建

㉕创建轴 2。在工具栏单击【轴】按钮 ,按住 Ctrl 键先选择球面中心点,再选择穿过五边形的中心点,单击 完成轴 2 的创建,如图 7.100 所示。

㉖创建已移动偏移副本 4。单击菜单栏【智能】按钮,选择【面组】,如图 7.90 所示;单击面组,如图 7.101 所示,在菜单栏单击【编辑】→【复制】→【选择性粘贴】,在绘图框上面单击【相对选定参照旋转特征】按钮 ,然后选择五边形半径轴 2 并在后面输入旋转角度为 72°,如图7.102 所示;单击【选项】,去掉【隐藏原始几何】前面的"√",如图 7.93 所示;单击 ,完成已移动副本 4,如图 7.103 所示。

㉗创建阵列移动副本 4。单击【已移动副本 4】→【编辑】→【阵列】,选择【轴】阵列并单击轴1(五边形中心轴),输入阵列个数为 5,阵列角度为 72°。单击 完成阵列,如图 7.104 所示。

㉘创建已移动偏移副本 5。单击菜单栏【智能】按钮,选择【面组】,单击面组,如图 7.105所示;在菜单栏单击【编辑】→【复制】→【选择性粘贴】,在绘图框上面单击【相对选定参照旋转特征】按钮 ,然后选择五边形半径轴 2 并在后面输入旋转角度为 72°,如图 7.106 所示;单

击【选项】,去掉【隐藏原始几何】前面的"√",单击✔完成已移动副本 5,如图 7.107 所示。

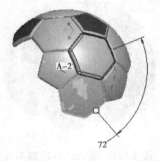

图 7.101　选择复制面组　　　图 7.102　输入角度和选择五边形轴 2　　　图 7.103　完成已移动副本 4

图 7.104　阵列已移动副本 4　　　图 7.105　选择复制面组　　　图 7.106　输入角度和选择五边形轴 2

　　㉙创建阵列移动副 5。单击【已移动副本 5】→【编辑】→【阵列】,选择【轴】阵列并单击轴 1(五边形中心轴),输入阵列个数为 5,阵列角度为 72°,单击✔完成阵列,如图 7.108 所示。

　　㉚创建已移动偏移副本 6。单击菜单栏【智能】按钮,选择【面组】,单击面组,如图 7.109 所示;在菜单栏单击【编辑】→【复制】→【选择性粘贴】,在绘图框上面单击【相对选定参照旋转特征】按钮⤵,然后选择六边形半径轴并在后面输入旋转角度为 120°,如图 7.110 所示;单击【选项】,去掉【隐藏原始几何】前面的"√",单击✔完成已移动副本 6,如图 7.111 所示。

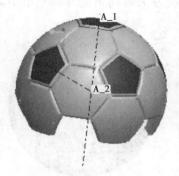

图 7.107　完成已移动副本 5　　　图 7.108　阵列已移动副本 5　　　图 7.109　选择复制面组

　　㉛创建阵列移动副 6。单击【已移动副本 6】→【编辑】→【阵列】,选择【轴】阵列并单击轴 1(五边形中心轴),输入阵列个数为 5,阵列角度为 72°,单击✔完成阵列,如图 7.112 所示。

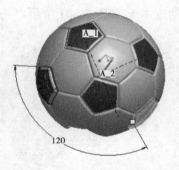
图 7.110　输入角度和选择六边形轴

图 7.111　完成已移动副本 6

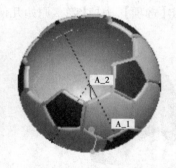
图 7.112　阵列已移动副本 6

㉜创建构轴 3。在工具栏单击【轴】按钮 ，按住 Ctrl 键先选择球面中心点，再选择穿过五边形的中心点，单击 ✔ 完成轴 3 的创建，如图 7.113 所示。

㉝创建已移动偏移副本 7。单击菜单栏【智能】按钮，选择【面组】，单击面组，如图 7.114 所示；在菜单栏单击【编辑】→【复制】→【选择性粘贴】，在绘图框上面单击【相对选定参照旋转特征】按钮 ，然后选择五边形半径轴 3 并在后面输入旋转角度为 72°，如图 7.115 所示；单击【选项】，去掉【隐藏原始几何】前面的"√"，单击 ✔ 完成已移动副本 7，如图 7.116 所示。

图 7.113　轴 3 的创建

图 7.114　选择复制面组

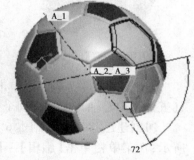
图 7.115　输入角度和选择六边形轴

㉞创建阵列移动副 7。单击【已移动副本 7】→【编辑】→【阵列】，选择【轴】阵列并单击轴 1（五边形中心轴），输入阵列个数为 5，阵列角度为 72°，单击 ✔ 完成阵列，如图 7.117 所示。

图 7.116　完成已移动副本 7

图 7.117　阵列已移动副本 7

图 7.118　选择复制面组

㉟创建已移动偏移副本 8。单击菜单栏【智能】按钮，选择【面组】，单击面组，如图 7.118 所示；在菜单栏单击【编辑】→【复制】→【选择性粘贴】，在绘图框上面单击【相对选定参照旋

转特征】按钮🔄,然后选择六边形半径轴并在后面输入旋转角度为 120°,如图 7.119 所示;单击
【选项】,去掉【隐藏原始几何】前面的"√",单击✔完成已移动副本 8 并完成整个足球的创建,
如图 7.120 所示。

【实例 7.4】绘制如图 7.121 所示的排球。

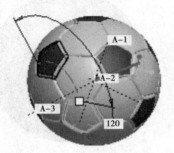

图 7.119　输入角度和选择六边形轴

图 7.120　足球

图 7.121　排球

①新建零件文件,文件名为 paiqiu。

②选择【旋转】命令,绘制如图 7.122 所示的草绘截面;旋转 360°,选择【加厚草绘】命令,
薄壁厚度为 3,结果如图 7.123 所示。

③创建投影曲面,选择【投影】命令,选择【定义】→【草绘】,进入草绘界面,绘制如图7.124
所示的 4 条线段,投影后得到图 7.125 所示的图形。

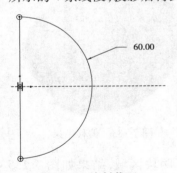

图 7.122　绘制截面

图 7.123　旋转结果

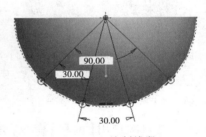

图 7.124　绘制线段

④同理,创建投影曲面,选择【投影】命令,选择【定义】→【草绘】进入草绘界面后绘制线
段,如图 7.126 所示;投影后得到如图 7.127 所示图形。

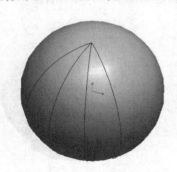

图 7.125　投影结果

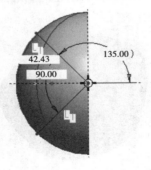

图 7.126　绘制线段

图 7.127　投影结果

⑤对曲线进行修剪,选择【修剪】命令,选择如图 7.128 所示的曲线为修剪曲线(被修剪的曲线),选择如图 7.129 所示的曲线为修剪对象(修剪边界)。

⑥修剪结果如图 7.130 所示,再选择【修剪】命令将其他线段修剪,最终结果如图 7.131 所示。

图 7.128　选择修剪曲线

图 7.129　选择修剪对象

图 7.130　修剪结果 1

⑦选择球面,再选择【偏移】命令,选择具有拔模特征的选项，单击参照栏的草绘编辑,绘制如图 7.132 所示的草绘截面,得到如图 7.133 所示图形。

图 7.131　修剪结果 2

图 7.132　绘制截面

图 7.133　偏移结果

⑧再次选用【偏移】命令,分别绘制如图 7.134 所示的剩下两块区域,结果如图 7.135 所示。

⑨选择【点】命令，创建如图 7.135 所示的两点,分别为球的中点和偏移曲面的一个角。

⑩选择【轴】命令，选择如图 7.136 所示创建的基准点,创建如图 7.137 所示的轴。

图 7.134　偏移结果

图 7.135　创建基准点

图 7.136　创建基准轴

⑪复制如图 7.137 所示发亮几何曲面。选择主菜单中的【复制】→【选择性粘贴】→【对副本应用移动/旋转变换】,以步骤⑨所构建的轴为旋转轴旋转复制好的几何曲面,旋转角度为120°,结果如图 7.138 所示。

图 7.137　选择复制的曲面

图 7.138　复制结果

图 7.139　复制曲面

⑫再次复制如图 7.137 所示的几何曲面,选择主菜单中的【复制】→【选择性粘贴】→【对副本应用移动/旋转变换】,以步骤⑩所构建的轴为旋转轴旋转复制好的几何曲面,旋转角度为 240°,结果如图 7.139 所示;再将这三组面分别镜像,得到如图 7.140 所示的图形。

图 7.140　镜像结果

图 7.141　倒角结果

⑬选择【倒角】命令,将排球各边倒角,倒角半径为 3,并将基准曲线隐藏,最后结果如图7.141 所示。

7.3　综合实例

【实例 7.5】绘制如图 7.142 所示的水壶模型。

①打开 Creo Elements Pro 5.0 软件,设置工作目录为 D:\ex3,新建一个名为 surf-2 的零件文件。

②选择【插入】→【旋转】菜单命令或单击⊕工具按钮,系统打开【旋转】特征操控板,并单击⌒按钮以创建曲面。

③选择【位置】→【定义】,系统弹出【草绘】对话框,选择 FRONT 平面为草绘平面,以RIGHT 平面为参照,参照方向为【右】;单击【草绘】按钮进入草绘界面,绘制如图 7.143 所示截面,完成后单击✔按钮,给定旋转角度为 360°,结果如图 7.144 所示。

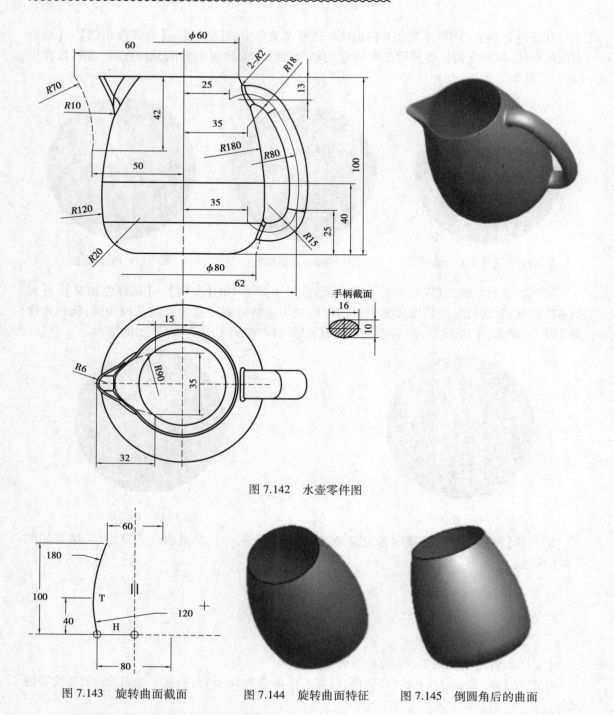

图 7.142 水壶零件图

图 7.143 旋转曲面截面   图 7.144 旋转曲面特征   图 7.145 倒圆角后的曲面

④对旋转曲面进行倒圆角操作。选择【插入】→【倒圆角】命令或单击工具 按钮,系统弹出【倒圆角】操控板,选择上一步所创建旋转曲面底面的边,输入圆角半径为 20,结果如图 7.145 所示。

⑤创建扫描混合曲面的轨迹曲线。单击 按钮,以 FRONT 基准平面为草绘平面,以 RIGHT 基准平面为参照平面,参照方向为【右】,绘制如图 7.146 所示直线,作为扫描混合曲面

的轨迹线。

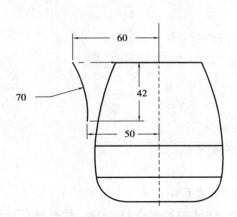

图 7.146　草绘扫描混合曲面轨迹线

图 7.147　基准平面对话框

⑥创建基准平面。单击 ⬜ 按钮,系统弹出如图 7.147 所示【基准平面】对话框,选择 TOP 平面作为新基准平面的参照,以【偏移】方式创建新基准平面,输入偏移距离为 100,单击【确定】完成基准平面 DTM1 的创建。

⑦创建扫描混合曲面的截面曲线。单击 ⌒ 按钮,以 DTM1 基准平面为草绘平面,以 RIGHT 基准平面为参照平面,参照方向为【右】,绘制如图 7.148 所示直线,作为扫描混合曲面的截面曲线。

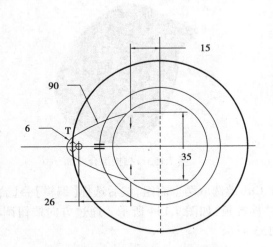

图 7.148　扫描混合曲面截面曲线

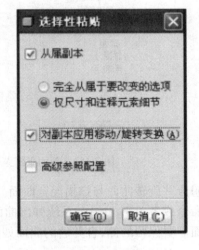

图 7.149　选择性粘贴对话框

⑧使用【复制】及【选择性粘贴】命令复制扫描混合曲面的另一截面曲线。选择第⑦步所创建的曲线,单击 🖿 按钮,选定的曲线被复制到剪贴板上;接着单击 🖿 按钮,系统弹出"选择性粘贴"对话框,勾选"对副本应用移动/旋转变换"选项,如图 7.149 所示,完成后单击【确定】按钮。此时系统弹出如图 7.150 所示选择性粘贴操控板,选择【移动】方式,以 DTM1 平面作为方向参照,向下移动距离 42,完成移动 1 的定义;单击【变换】下滑式菜单,在该菜单中单击【新移动】创建移动 2,选择【移动】方式,以 RIGHT 平面为方向参照,向右移动距离 13,如图7.151所

示,单击✔完成粘贴操作。

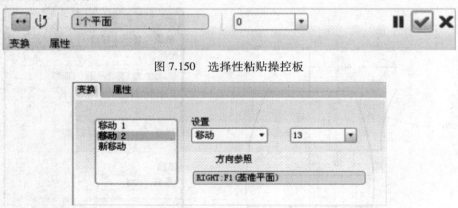

图 7.150　选择性粘贴操控板

图 7.151　变换下滑式菜单

⑨选择【插入】→【扫描混合】菜单命令,系统弹出【扫描混合】操控板,接受默认的曲面选项,选择第⑤步所创建曲线作为扫描混合曲面的轨迹线。单击【截面】按钮打开截面上滑面板,按图 7.152 所示选择【所选截面】,然后在绘图区单击第⑦步所建曲线,此时剖面下滑面板【截面】栏中出现【截面 1】,单击右侧的【插入】按钮,选择第⑧步所复制的曲线,单击✔完成扫描混合曲面创建,如图 7.153 所示。

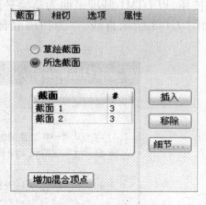

图 7.152　截面下滑菜单

图 7.153　扫描混合曲面

⑩合并旋转曲面与扫描混合曲面。按住 Ctrl 键选取两个面组,然后选择【编辑】→【合并】菜单命令或者单击⬭按钮,系统弹出曲面合并操控板,如图 7.154 所示。通过方向按钮调节两个曲面需要保留的侧,合并后的曲面如图 7.155 所示。

图 7.154　曲面合并操控板

⑪对曲面合并处进行倒圆角操作。选择【插入】→【倒圆角】命令或单击按钮,系统弹出"倒圆角"操控板,选择曲面合并处轮廓线,输入圆角半径 10,完成曲面倒圆角操作,如图7.156所示。

⑫对曲面边界进行延伸操作。将过滤器选定为【几何】,按住 Shift 键选择如图 7.157 所示曲面边界轮廓,然后单击【编辑】→【延伸】菜单命令,使用"沿原始曲面延伸"方式,输入延伸长度为 2。

图 7.155　合并后的曲面　　　图 7.156　倒圆角后的曲面　　　图 7.157　选择曲面边界轮廓

⑬创建填充曲面。选择【编辑】→【填充】菜单命令,系统弹出【填充】操控板,如图 7.158 所示;单击【参照】下滑菜单按钮,选择【定义】,系统弹出【草绘】对话框,选择 DTM1 平面为草绘平面,以 RIGHT 基准平面为参照平面,参照方向为【右】,绘制如图 7.159 所示填充曲面轮廓曲线,完成填充曲面的创建。(注:该轮廓曲线大小、形状不限,只需大于已有曲面轮廓即可。)

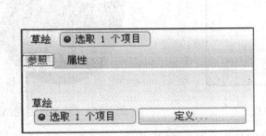 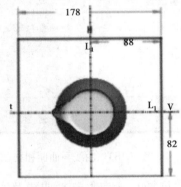

图 7.158　参照下滑菜单　　　　　　　　图 7.159　填充曲面轮廓

⑭再次进行曲面合并操作。按住 Ctrl 键选取两个面组,然后选择【编辑】→【合并】菜单命令或者单击按钮,系统弹出曲面合并操控板,如图 7.154 所示;通过方向按钮调节两个曲面需要保留的侧,合并后的曲面如图 7.160 所示。

⑮对曲面进行实体化操作。选取合并后的曲面,然后选择【编辑】→【实体化】菜单命令,将曲面转换成实体特征。

⑯对实体特征进行抽壳操作。选择实体的上表面为移除面,壳的厚度为 1,如图 7.161 所示。

⑰创建手柄扫描特征的轨迹曲线。单击按钮,以 FRONT 基准平面为草绘平面,以 RIGHT 基准平面为参照平面,参照方向为【右】,绘制如图 7.162 所示直线,作为扫描特征的轨迹线。

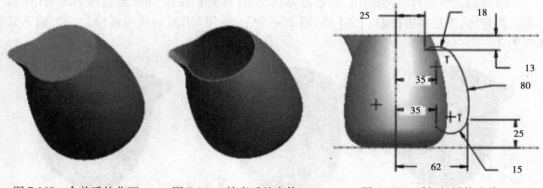

图 7.160　合并后的曲面　　　图 7.161　抽壳后的实体　　　图 7.162　手柄扫描轨迹线

⑱创建基准点。单击 ✕ 按钮，系统弹出"基准点"对话框，按住 Ctrl 键同时选择上一步所创建的曲线及实体特征的外表面上半部分曲面，如图 7.163 所示，创建第一个基准点 PNT0。

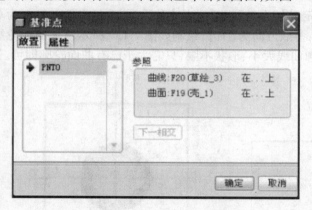

图 7.163　曲线与曲面相交创建基准点

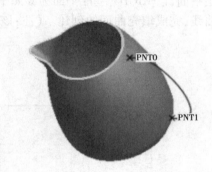

图 7.164　基准点创建结果

⑲重复上一步骤，选择曲线及实体特征外表面下半部分曲面，创建第二个基准点 PNT1。基准点创建的结果如图 7.164 所示。

⑳修剪曲线。选择如图 7.165 所示曲线，单击 ⬛ 按钮或选择【编辑】→【修剪】菜单命令，系统 弹出【修剪】操控板；选择 PNT0 基准点作为修剪对象参照，调整方向按钮保留实体外面部分曲线。

图 7.165　修剪操控板

㉑重复上一步骤，以 PNT1 基准点作为修剪对象参照，再次对曲线进行修剪操作，调整方向按钮保留实体外面部分曲线，修剪后的曲线如图 7.166 所示。

㉒创建水壶的手柄部分。选择【插入】→【扫描】→【伸出项】菜单命令，以图 7.166(b)所示曲线为扫描轨迹线，选择扫描特征的属性为"合并端"，绘制如图 7.167 所示图形为扫描截面，创建手柄特征如图 7.168 所示。

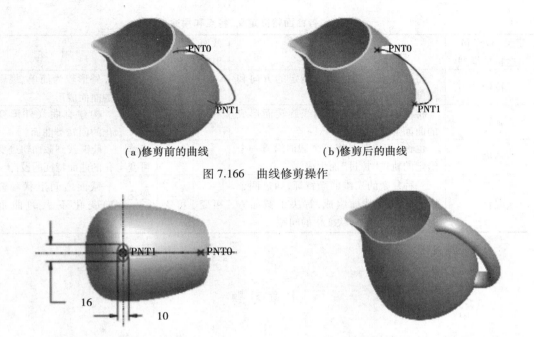

(a)修剪前的曲线　　　　　　　(b)修剪后的曲线

图 7.166　曲线修剪操作

图 7.167　扫描特征的截面　　　　　　　　　图 7.168　水壶的手柄部分

㉓对水壶口部及手柄部分进行倒圆角操作,其中水壶的口部圆角半径为 0.5,手柄根部圆角半径为 2,最终结果如图 7.169 所示。

图 7.169　水壶零件的最终结果

本章小结

本章先进行基础曲面创建概述,然后结合操作实例分别介绍了拉伸曲面、旋转曲面、扫描曲面和混合曲面的创建方法和步骤。在创建一些基础曲面的过程中,需要定义截面或轨迹是开放终点的还是具有封闭端的。

在创建扫描曲面、混合曲面时,有一些具体的约束条件,如扫描轨迹的过渡半径大于截面的半径,混合截面的图元数量必须相等,具体总结见表 7.1。

表 7.1　各曲面特征定义、特点和用途

定义、特点和用途特征类型	定 义	截面形状	截面大小	截面方向	用 途
拉伸	将曲线或封闭曲线按指定的方向和深度拉伸成曲面	—	—	—	外形较为简单、规则的曲面成形
旋转	将截面绕一条直心轴线旋转而形成的曲面形状特征	—	可变	—	构建有曲线外形变化的回转类曲面
扫描	也称"扫掠",是将一个截面沿着一个给定的轨迹"掠过"而生成	—	—	连续可变	能够找到截面轨迹变化的曲面特征的设计
混合	一种复杂的三维曲面特征,通过两个以上的二维截面组成,解决了截面方向、尺寸大小和形状变化的问题	可变	可变	变化有限	截面之间形状和方向变化不大的曲面设计

本章习题

绘制下列模型:
(1)　　　　　　　　　　　　　(2)

(3)　　　　　　　　　　　　　(4)

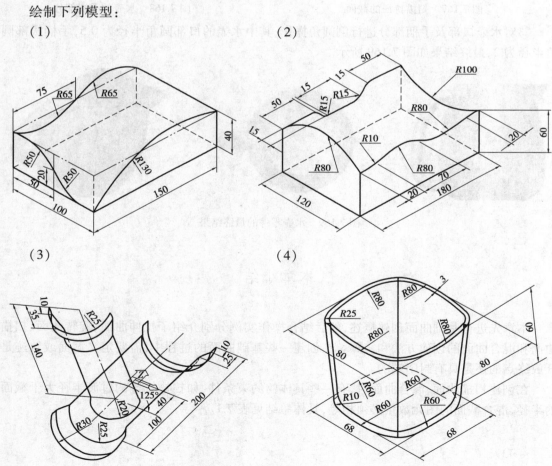

第 8 章
高级特征

本章主要学习内容：
- ➤ 可变剖面扫描特征
- ➤ 扫描混合特征
- ➤ 螺旋扫描特征
- ➤ 边界混合特征
- ➤ 综合实例

　　在第 3 章,介绍了 Creo Elements Pro 5.0 软件基础实体特征(拉伸特征、旋转特征、扫描特征和混合特征)的创建,这些基础特征一般只能完成结构简单、形状规则的零件的造型,对于形状比较复杂的零件仅用这些特征就勉为其难了,此时,就需要应用软件提供的高级实体特征进行零件的实体造型。Creo Elements Pro 5.0 软件中,高级实体特征有扫描混合特征、螺旋特征、可变截面扫描特征、边界混合、局部推拉特征、半径圆顶特征、剖面圆顶特征、实体自由形状特征、环形折弯特征、骨架折弯特征和折弯实体特征等,如图 8.1 所示。

　　本章将介绍可变截面扫描特征、扫描混合特征、边界混合和螺旋扫描特征四类特征的创建。

8.1　可变截面扫描特征

　　可变截面扫描(variablesection sweep)是一个功能强大、内容繁多、不易理解、涉及面广的特征创建工具,它既可以创建实体特征,也可以创建曲面特征。可变截面扫描是截面沿一条或多条轨迹线参照扫描时,由轨迹线参照控制截面的形状、大小、方向、旋转等来创建特征,截面在扫描过程中可以不断变化(可变剖面),也可以保持不变(恒定剖面)。

8.1.1　可变截面扫描工具操控板

　　在【基础特征】工具栏中单击█按钮或在主菜单中依次单击【插入】→【可变剖面扫

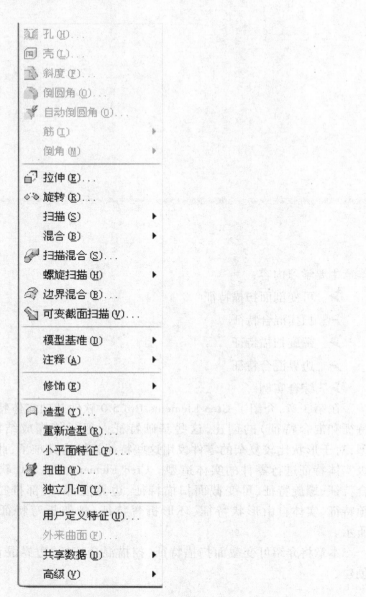

图 8.1　高级实体特征

描】，弹出可变剖面扫描工具操控板。图 8.2 为创建为曲面时的可变截面扫描工具操控板，创建为实体时上滑面板的选项与创建为曲面时的基本相同，如图 8.3 所示。系统缺省是创建为曲面。

8.1.2　可变截面扫描特征概述

（1）可变截面扫描特征中轨迹线的类型与作用

在创建可变截面扫描特征时，需要选取有关参照作为特征的轨迹线。可变截面扫描特征中轨迹线的类型与作用，见表 8.1。

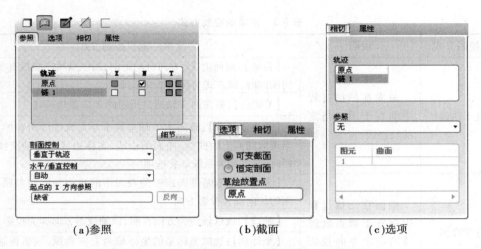

(a)参照　　　　　　(b)截面　　　　　(c)选项

图 8.2　创建为曲面时的可变截面扫描工具操控板

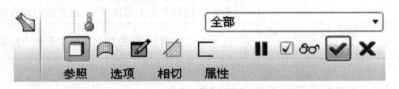

图 8.3　创建为薄壳实体时的可变截面扫描工具操控板

表 8.1　可变截面扫描特征中轨迹线的类型与作用

轨迹线类型	作　用	备　注
原点轨迹线 (Origintrajectory)	截面在扫描过程中,截面坐标系的原点始终位于该轨迹线上	①创建可变截面扫描特征时,用户选取的第一条参照(曲线可曲线链)即为原点轨迹线 ②原点轨迹线可以由多条曲线组成,若由多条曲线组成,各曲线间必须相切
其他轨迹线 (Othertrajectory)	用于确定截面的 X 轴、法向或切向的轨迹线	①当其他轨迹线用来确定截面的 X 轴时,通常称为 X 向量轨迹线(X-trajectory) ②当其他轨迹线用来确定截面的法向时,通常称为法向轨迹线(Normaltrajectory)

(2)剖面的控制

在上滑面板中,剖面控制有三种方式,三种剖面控制方式及各种方式的水平→垂直控制方式见表 8.2。

表 8.2　剖面的控制方式

剖面控制方式	说明	水平→垂直控制方式	
垂直于轨迹	截面在扫描过程中垂直于用户指定的轨迹线	【自动】：截面由 XY 方向自动定向，当原点轨迹线没有参照任何曲面时，该方式为系统缺省选项	
		【X 轨迹】：截面的 X 轴通过指定的 X 向量轨迹线	
		【垂直于曲面】：截面的 Y 轴垂直于原点轨迹线所在的曲面，当选取曲面上的曲线、曲面的边线、实体边或曲面的交线等参照时，该方式为系统缺省选项	
垂直于投影	截面在扫描过程中垂直于原点轨迹线沿指定方向投影所得的投影线	【平面】：选取基准面或模型表面中的平面为方向参照，该平面的法向即为投影方向	
		【轴线】：选取轴线为方向参照，该轴线的方向即为投影方向	
		【坐标轴】：选取坐标系的坐标轴为方向参照，该坐标轴的方向即为投影方向	
		【直边】：选取直边为方向参照，该直边的方向即为投影方向	
恒定法向	截面的法向始终保持不变	与【垂直于投影】剖面控制方式的水平垂直控制方式相同	

（3）恒定剖面、可变剖面及截面变化的控制方式

创建可变截面扫描特征时，按截面在扫描过程中是否变化可分为可变剖面与恒定剖面。

可变剖面是截面在扫描过程中，其截面形状和大小不断变化；恒定截面是指截面在扫描过程中，截面的形状始终不变，但截面方位可能发生变化。按如图 8.4（a）所示选取轨迹线，图 8.4（b）为上滑面板设置为可变剖面的结果，图 8.4（c）为上滑面板设置为恒定剖面的结果。

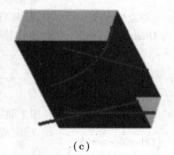

图 8.4　可变剖面和恒定剖面

可变截面扫描特征截面的变化通常有三种途径：

①将截面与轨迹线建立约束关系（如可变截面扫描特征创建实例 1 中的截面全部约束到轨迹线上）。

②关系式控制截面的变化（如可变截面扫描特征创建实例 2）。

③关系式与基准图形特征联合控制截面的变化（如可变截面扫描特征创建实例 3）。对于途径 1，完全依靠截面与轨迹线间的几何关系，由已定的轨迹线控制截面的变化。对于途径 2、3，均需要用到关系式，而使用关系式控制截面的变化，主要是通过 trajpar 参数来实现的。下面首先对 trajpar 进行简单介绍。

　　提到 trajpar(trajectoryparameter 的缩写)参数,大家可能觉得很陌生。回想一下高等数学中用参数方程表示曲线这一部分内容,表达式中的变量 t,它的变化范围为 $[0,1]$,这里要介绍的参数 trajpar 与参数方程中的参数 t 的含义完全相似。参数 trajpar 的变化范围也是 $[0,1]$,截面在扫描过程中,trajpar 做线性变化。当截面中的尺寸 sd#(SectionDimension 的英文缩写,意思为截面尺寸)用含有参数 trajpar 的表达式表示时,则该尺寸 sd#就不再是一个固定的数值了,而是一个已经确定但又是不断变化的尺寸。如 sd1 = 10+5 * trajpar,在扫描起点位置,trajpar = 0,则 sd1 = 10+5 * 0 = 10;在扫描终点位置,trajpar = 1,sd1 = 10+5 * 1 = 15,因此,对于尺寸 sd1,用表达式表示后,其尺寸的变化范围为 $[10,15]$。表 8.3 是参数 trajpar 应用图例(该图文件为\CH11\var_sec_swp-2.prt),参数 trajpar 的具体应用与详细介绍请参见可变截面扫描特征创建实例 2、3。

表 8.3　参数 trajpar 应用图例

轨迹线与截面	关系式	特征创建结果
	未用表达式表示	
	sd4 = 10+5 * trajpar	
	sd4 = 10+cos (trajpar * 360)	
	sd4 = 10+5 * cos (trajpar * 360 * 2)	

　　④基准图形特征必须在使用它的可变截面扫描特征之前创建。

　　基准图形特征的表达式格式是:

　　sd# = evalgraph("基准图形特征名称",X_value)

　　式中,sd#为截面中欲用表达式表示的截面尺寸代号;evalgraph(evaluategraph 的英文缩写,直译为图形赋值)为系统内定的关键字,即基准图形特征中某个 X_value 对应的 Y 值,最后将该值赋给 sd#尺寸;X_value 代表扫描的行程,其值可以是一个实数,也可以是含有参数 trajpar 的表达式。图 8.5 所示为参数 trajpar 与基准图形特征的应用图例。

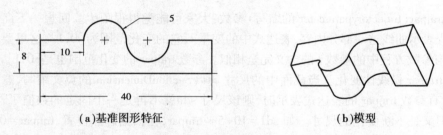

（a）基准图形特征　　　　　　　　　　（b）模型

图 8.5　参数 trajpar 与基准图形特征的应用图例

创建基准图形特征应注意：

①基准图形必须取名；

②基准图形的截面必须绘制局部坐标系。

【实例 8.1】可变截面扫描——参数 trajpar 的应用（莫比乌斯圈）

将纸条的一端扭 180°，和纸条的另一端粘在一起，就得到一条莫比乌斯圈，如图 8.6（a）所示。如果一只蚂蚁在莫比乌斯圈的表面上爬行，它不需经过纸条的边缘就可以从纸条的一侧表面轻松地爬到纸条的另一侧表面，这是为什么呢？究其原因，就是因为莫比乌斯圈本身就只有一个曲面。

这里用可变截面扫描特征介绍它的造型方法：

①在【文件】工具栏中单击 □ 按钮，在主菜单依次单击【文件】→【新建】或按快捷键 Ctrl+N，在【新建】对话框中设置【类型】为零件，【子类型】为实体。

②不使用缺省模板，文件名为 var_sec_swp_example-2.prt，【新文件选项】对话框中选择 mmns_part_solid.prt 模板。

③在【基准】工具栏中单击 ⌒ 按钮，选取 TOP 基准面草绘平面，方向朝下；选取 RIGHT 基准面为参考平面，方向朝右；绘制图 8.6（b）所示截面，在【草绘器工具】工具栏中单击 ✔ 按钮，完成截面的绘制，结果如图 8.6（c）所示。

④在【基础特征】工具栏中单击 ↘ 按钮或在主菜单中依次单击【插入】→【可变剖面扫描】，弹出可变剖面扫描工具操控板。

⑤本例欲创建曲面特征，这也是系统的缺省类型，因此该步可跳过。

⑥按住 Ctrl 键，依次选取原点轨迹线和其他轨迹线，如图 8.6（d）所示；有关设置按系统缺省设置，如图 8.6（e）所示。

⑦在操控板中单击 ☑ 按钮，开始绘制截面；绘制一条通过截面坐标系原点的中心线；绘制一条直线，直线通过截面坐标系原点，同时直线以原点为中点，设置直线与中心线互相垂直的约束；标注并修改尺寸，如图 8.6（f）所示，注意角度尺寸只需标注，不需修改；在主菜单中依次单击【工具】→【关系】，弹出【关系】对话框。此时，屏幕中尺寸以代号进行显示，在【关系】对话框中输入表达式 sd8 = trajpar * 360，然后单击对话框中的按钮 **确定**，如图 8.6（g）所示；在【草绘器工具】工具栏中单击 ✔ 按钮，完成截面的绘制，截面的 2D 和 3D 图如图 8.6（h）所示。

⑧在操控板中单击 ✔ 按钮或按鼠标中键，完成特征的创建，结果如图 8.6（i）所示。

该实例中曲面的生成原理是：在扫描起点，trajpar = 0，sd8 = 360 * 0 = 0，即截面中直线与水平方向的夹角为 0°；在扫描过程中，该角度值不断变化，到扫描终点，trajpar = 1，sd8 = 360 * 1 = 360，即截面中直线与水平方向的夹角为 360°。因此，截面在沿原点轨迹线扫描一圈的过程

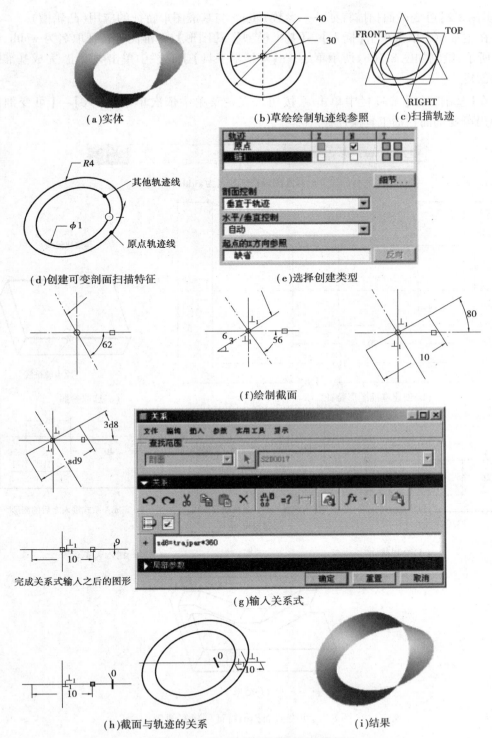

(a)实体　　(b)草绘绘制轨迹线参照　　(c)扫描轨迹

(d)创建可变剖面扫描特征　　(e)选择创建类型

(f)绘制截面

(g)输入关系式

(h)截面与轨迹的关系　　(i)结果

图 8.6　可变截面扫描特征创建实例 2

中,截面中的直线也绕原点轨迹线从 0°旋转到 360°(直线好比是地球,地球在绕太阳公转时也在自转),从而生成了莫比乌斯圈的曲面结构。

【实例8.2】可变截面扫描特征——参数 trajpar 与基准图形特征的应用(凸轮槽)。

①在主菜单中依次单击【插入】→【基准模型】→【图形】,基准图形特征取名为 width,如图 8.7(a)所示;绘制如图 8.7(b)所示草绘,在【草绘器工具】工具栏中单击✔按钮,完成基准图形特征的创建。

②在【基础特征】工具栏中单击 按钮或在主菜单中依次单击【插入】→【可变剖面扫描】,弹出可变剖面扫描工具操控板。

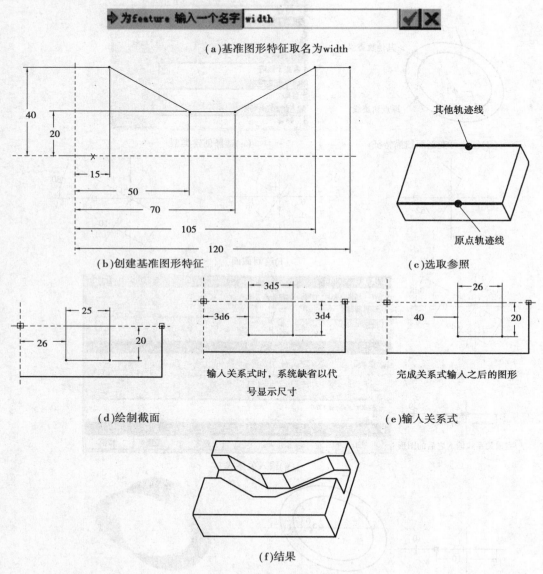

图 8.7　可变截面扫描特征创建实例 2

③在操控板中单击□按钮和◢按钮,创建结果为实体切口。

④按住 Ctrl 键,依次选取原点轨迹线和其他轨迹线,如图 8.16(c)所示,有关设置按系统缺省设置。

222

⑤在操控板中单击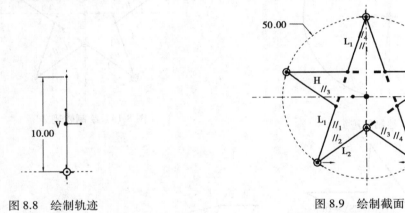按钮，开始绘制截面；截面为一个矩形，如图 8.7（d）所示修改矩形的长、宽尺寸（即尺寸 25 和 20），注意不需要修改定位尺寸（即尺寸 26）；在主菜单中依次单击【工具】→【关系】，弹出【关系】对话框，此时，屏幕中尺寸以代号进行显示，在【关系】对话框中输入表达式 sd6＝evalgraph（"width"，trajpar＊120），然后单击对话框中的 **确定** 按钮，输入关系时和输入关系式后的图形如图 8.16（e）所示；在【草绘器工具】工具栏中单击✔按钮，完成截面的绘制。

⑥在操控板中单击✔按钮或按鼠标中键，完成孔特征的创建，结果如图 8.16（f）所示。

该例特征创建原理：可变截面扫描切口特征的截面是一个矩形，矩形的定形尺寸（即长、宽尺寸）由截面确定，矩形的定位尺寸则用关系式 sd6＝evalgraph（"width"，trajpar＊120）确定，而该尺寸的变化规律又由基准图形特征定义。因此，只要修改基准图形特征，便可以得到不同的凸轮槽。

【实例 8.3】创建五角星。

1）方法一：利用截面扫描方法

①选择按钮，在 FRONT 面上插入一个草绘，绘制如图 8.8 所示的轨迹。

图 8.8　绘制轨迹　　　　　　　　　　　图 8.9　绘制截面

②选择轨迹，单击按钮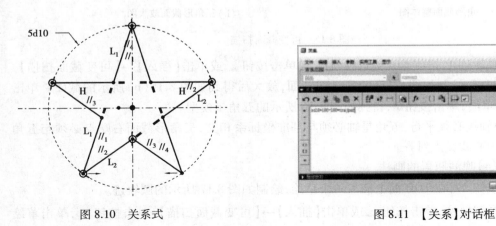或单击【插入】→【可变截面扫描】，单击草绘按钮，绘制如图 8.9 所示的截面。

图 8.10　关系式

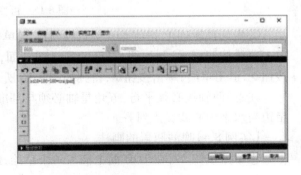

图 8.11　【关系】对话框

③选择【工具】→【关系】,对图 8.10 所示的 sd10 输入 Sd10 = 100 − 100 * trajpar 关系式,如图 8.11 所示,单击按钮✔,退出草绘;单击按钮✔,得到如图 8.12 所示的五角星模型。

2)方法二:利用关系式进行控制

①绘制圆轨迹。单击按钮 ⌒,在 TOP 面上插入草绘,绘制图 8.13 所示的绘制轨迹 1。

②绘制十边形轨迹。单击按钮 ⌒,在 TOP 面上插入草绘,绘制如图 8.14 所示的绘制轨迹 2。

图 8.12　五角星模型

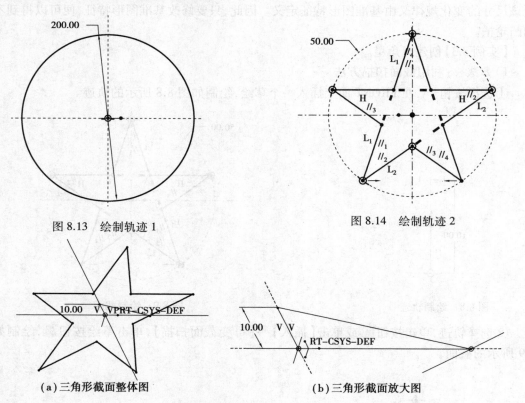

图 8.13　绘制轨迹 1

图 8.14　绘制轨迹 2

（a）三角形截面整体图　　　　　　　　　　（b）三角形截面放大图

图 8.15　可变截面扫描

③先选择轨迹 1,按住 Ctrl 键选择轨迹 2,单击按钮 ↘或单击【插入】→【可变截面扫描】,单击草绘按钮 ☑,绘制如图 8.15(a)所示的截面,放大后得到如图 8.15(b)所示的截面。单击按钮✔,退出草绘;单击按钮✔,得到如图 8.16 所示的五角星模型。

注意:两轴线必须平行,五角星轴必须与基准坐标系相交,三角形截面右端点必须与五角星边与水平中心线交点对齐。

【实例 8.4】啤酒瓶盖的画法

①单击按钮 ⌒,在 TOP 面上插入一个草绘,绘制如图 8.17 所示的圆轨迹。

②先选择圆轨迹,单击按钮 ↘或单击【插入】→【可变截面扫描】,单击按钮 ▭,单击草绘

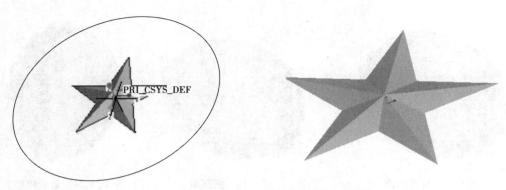

图 8.16　五角星模型

按钮 ![icon]，绘制如图 8.18（a）所示的截面；选择【工具】→【关系】，对图 8.18（b）中的关系进行控制，输入 sd8 = 2−sin(7 200 * trajpar)，如图 8.19 所示；单击按钮 ✔，退出草绘；单击按钮 ✔，得到如图 8.20 所示的模型。

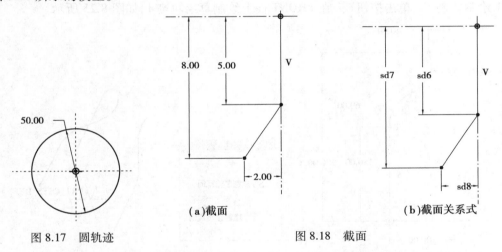

图 8.17　圆轨迹　　　　　　　　　　　　　图 8.18　截面

③填充上表面。选择【编辑】→【填充】，选择图 8.20 所示的圆轨迹，单击按钮 ✔，将上表面封住，如图 8.21 所示。

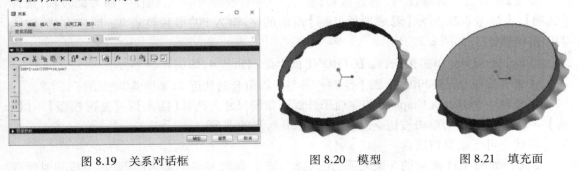

图 8.19　关系对话框　　　　图 8.20　模型　　　图 8.21　填充面

④合并两曲面。选择填充面，按住 Ctrl 键选择侧面，单击按钮 ![icon] 或选择【编辑】→【合并】，单击按钮 ✔，结果如图 8.22 所示。

⑤倒圆角。单击倒圆角按钮 ![icon]，选择如图 8.23 所示的两个边，输入半径为 2。

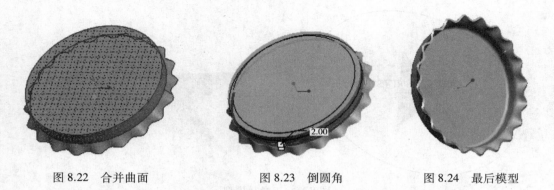

图 8.22　合并曲面　　　　　图 8.23　倒圆角　　　　　图 8.24　最后模型

⑥加厚曲面。选择曲面,选择【编辑】→【加厚】,在 ▭△├─[0.83]▾ ✕ 输入厚度值 0.83,结果如图 8.24 所示。

【实例 8.5】创建牛奶瓶子。

①绘制轨迹 1。单击按钮 ⌒,在 FRONT 面上绘制草绘轨迹 1,如图 8.25 所示。

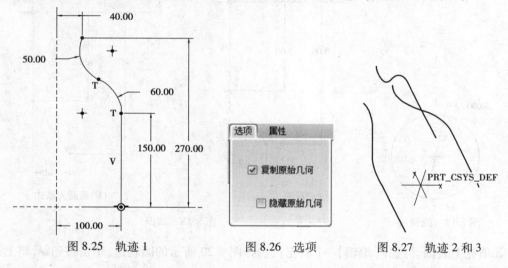

图 8.25　轨迹 1　　　　　图 8.26　选项　　　　　图 8.27　轨迹 2 和 3

②复制曲线。选择轨迹 1,选择按钮 [复制 (Ctrl+C)]→[选择性粘贴]→⚓,选择 y 轴为旋转轴,选择【选项】,去掉图 8.26 所示【隐藏原始几何】前面的 ✔,输入 90° 得到轨迹 2。同样方法,输入 270° 得到轨迹 3,如图 8.27 所示。

③绘制轨迹 4。单击按钮 ⌒,在 FRONT 面上绘制轨迹 4,如图 8.28 所示。

④单击按钮 ⌒,在 FRONT 面上绘制一条与 y 轴重合的轨迹 5,如图 8.29 所示。

⑤绘制一个 Datum Graph 以控制瓶子外观圆角的尺寸。选择【插入】→【基准模型】→【图形】→输入名字"1",单击按钮 ✔,绘制如图 8.30 所示的图形。

⑥建立可变截面扫描。

a.选择如图 8.31 所示的 5 条轨迹,先选择轨迹 5,以轨迹线下端为起点,其余按顺时针或逆时针选择轨迹 1、2、3、4;单击按钮 ⬚ 或单击【插入】→【可变截面扫描】,进入截面的绘制,如图 8.32 所示。

226

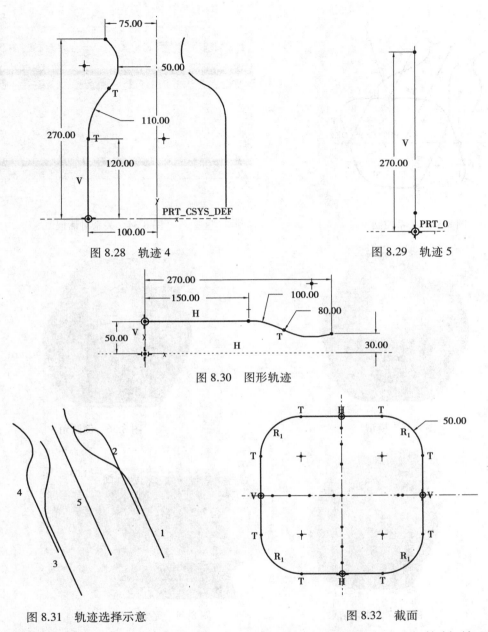

图 8.28　轨迹 4　　　　　　　　　图 8.29　轨迹 5

图 8.30　图形轨迹

图 8.31　轨迹选择示意　　　　　　图 8.32　截面

b.对圆角输入关系式。选择【工具】→【关系】,对图 8.33 中的关系进行控制,输入 sd9 = evalgraph("1",trajpar∗270),如图 8.34 所示;单击按钮✔,退出草绘;单击按钮✔,得到如图 8.35 所示的模型。

⑦底边倒圆角。单击倒圆角按钮🗇,选择如图 8.36 所示的底边,输入半径为 10。

⑧抽壳。单击按钮🗔或选择【插入】→【抽壳】,选择瓶口面抽壳,输入壁厚为 5,单击按钮 ✔,完成抽壳,结果如图 8.37 所示。

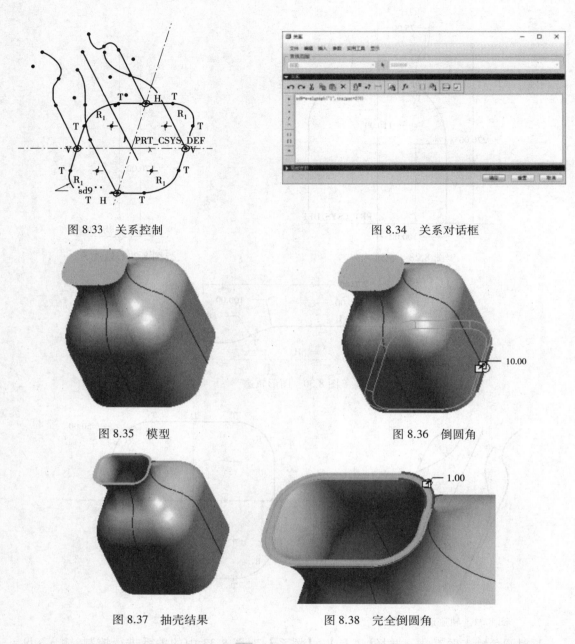

图 8.33　关系控制

图 8.34　关系对话框

图 8.35　模型

图 8.36　倒圆角

图 8.37　抽壳结果

图 8.38　完全倒圆角

⑨瓶口倒圆角。单击倒圆角按钮 ⤵，选择如图 8.38 所示的瓶口一条边，按住 Ctrl 键选择另外一条边，选择【集】→【完全倒圆角】。

⑩绘制手柄。选择【插入】→【扫描】，在 FRONT 面绘制如图 8.39 所示的轨迹，选择【合并端】，绘制如图 8.40 所示的截面圆。

⑪单击【确定】，对手柄两处倒圆角 R5，得到如图 8.41 所示的最后模型。

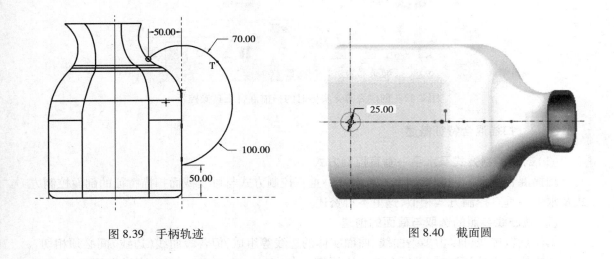

图 8.39　手柄轨迹　　　　　　　　　图 8.40　截面圆

8.2　扫描混合特征

扫描混合(sweep blend)是指由多个截面沿一条或两条轨迹线扫描、混合的特征造型工具。扫描混合特征,顾名思义,是指在造型功能上,既具有扫描特征的功能,也具有混合特征的功能;同时,在造型要求方面,应符合扫描特征造型的要求,也要符合混合特征造型的要求。因此,创建扫描混合特征的一些注意事项请参见创建扫描特征、混合特征的注意事项。

8.2.1　扫描混合工具操控板

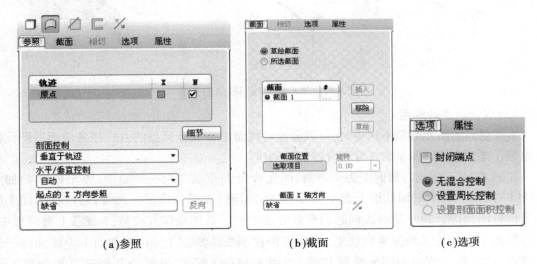

(a)参照　　　　　　　(b)截面　　　　　　　(c)选项

图 8.41　创建为曲面时的扫描混合工具操控板

在主菜单中依次单击【插入】→【扫描混合】,弹出扫描混合工具操控板。图 8.41 为创建为曲面时的扫描混合工具操控板,图 8.42 为创建为薄壳实体时的扫描混合工具操控板,创建为实体时上滑面板的选项与创建为曲面时的基本相同,系统缺省是创建为曲面。

图 8.42 创建为薄壳实体时的扫描混合工具操控板

8.2.2 扫描混合特征概述

(1)剖面控制方式及水平→垂直控制方式

扫描混合特征的剖面控制方式及水平→垂直控制方式与可变截面扫描特征的剖面控制方式及水平→垂直控制方式相似,这里不再赘述。

(2)轨迹线参照的选取与截面的创建

①原点轨迹线可以由多条曲线、曲面实体的边线等组成,但各段曲线(边线)间必须相切。

②当轨迹线是开放时,必须在轨迹线的起始点(开始)和终点(结束)处创建截面,如扫描混合特征创建实例 1。

③当轨迹线是封闭时,轨迹线必须存在至少两个断点,截面在这些断点处创建截面。

④当使用【草绘截面】方式创建截面时,截面必须垂直于轨迹线;当使用【选取截面】方式创建截面时,截面可以不垂直于轨迹线,如图 8.43(a)所示;剖面 1 垂直于原点轨迹线,而剖面 2 与原点轨迹线并不垂直,创建结果如图 8.43(b)所示。

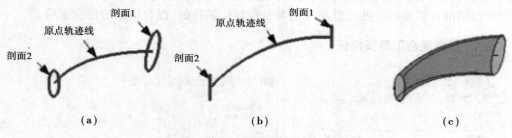

图 8.43 原点轨迹线与截面的关系

(3)混合顶点的应用

当各截面的图元数量不相等时,可以通过对截面添加混合顶点的方式使各截面的图元数量相等。详细介绍请参见第 3 章混合特征的创建。

如图 8.44(a)所示,剖面 1 为一个圆,图元数为 2;剖面 2 为一个矩形,图元数为 4,如图 8.44(b)所示。两个剖面的图元数不相等,无法创建扫描混合特征。此时,通过在剖面 1 的适当位置添加混合顶点是解决问题的有效方法之一。具体操作方法是:在 截面 上滑面板中,单击剖面 1 使其处于当前编辑状态,再单击两次 增加混合顶点 按钮,在剖面 1 上添加两个混合顶点,这样两个截面的图元数就相等,如图 8.44(c)所示,最后特征创建结果如图 8.44(d)所示。

【实例 8.6】拐杖扫描混合特征创建——单条开放轨迹线、草绘截面。

①在【文件】工具栏中单击 按钮,在主菜单中依次单击【文件】→【新建】或按快捷键 Ctrl+N,在【新建】对话框中设置【类型】为零件,【子类型】为实体。

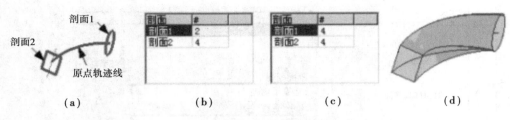

剖面1

剖面2

原点轨迹线

（a）　　　　　　（b）　　　　　　（c）　　　　　　（d）

图 8.44　混合顶点的应用

②不使用缺省模板，文件名为 swp_bld_example-1.prt，【新文件选项】对话框中选择 mmns_part_solid.prt 模板。

③在【基准】工具栏中单击 ⌒ 按钮，选取 FRONT 基准面草绘平面，方向朝后；选取 RIGHT 基准面为参考平面，方向朝右；绘制如图 8.45（a）所示截面，在【草绘器工具】工具栏中单击 ✔ 按钮，完成截面的绘制。

④在主菜单中依次单击【插入】→【扫描混合】，弹出扫描混合工具操控板。

⑤在操控板中单击 □ 按钮，创建结果为实体伸出项。

⑥选取步骤③创建的基准曲线，轨迹线的有关设置按系统缺省设置进行，如图 8.45（b）所示。

⑦在操控板中单击 剖面 选项卡，开始定义截面。

绘制剖面 1：选取图 8.45（c）所示端点为剖面 1 的放置位置，旋转角度为 0；在上滑面板中单击 草绘 按钮，如图 8.45（d）所示，绘制如图 8.45（e）所示剖面，在【草绘器工具】工具栏中单击 ✔ 按钮，完成剖面 1 的绘制。

绘制剖面 2：在上滑面板中单击 插入 按钮，选取图 8.45（f）所示端点为剖面 2 的放置位置，旋转角度为 0；在上滑面板中单击 草绘 按钮，绘制如图 8.45（g）所示剖面，在【草绘器工具】工具栏中单击 ✔ 按钮，完成剖面 2 的绘制。

绘制剖面 3：在上滑面板中单击 插入 按钮，选取图 8.45（h）所示端点为剖面 3 的放置位置，旋转角度为 0；在上滑面板中单击 草绘 按钮，在剖面的坐标系原点处绘制一个点，在【草绘器工具】工具栏中单击 ✔ 按钮，完成剖面 3 的绘制。

⑧在操控板中单击 ✔ 按钮或按鼠标中键，完成特征的创建，结果如图 8.45（i）所示。

【实例 8.7】扫描混合特征创建——单条开放轨迹线、选取截面。

①在主菜单中依次单击【插入】→【扫描混合】，弹出扫描混合工具操控板。

②按系统缺省的造型类型，即创建结果为曲面。

③按如图 8.46（a）所示选取该曲线为原点轨迹线参照。

④在操控板中单击 剖面 选项卡，开始定义截面。

选取剖面 1：将剖面创建方式由系统缺省的【草绘截面】改为【选取截面】，按图 8.46（a）所示选取该曲线为剖面 1，选取结果如取图 8.46（b）所示。

选取剖面 2：在 剖面 上滑面板中单击 插入 按钮，按图 8.46（a）所示选取该曲线为剖面 2。

⑤在操控板中单击 ✔ 按钮或按鼠标中键，完成特征的创建，结果如图 8.46（c）所示。

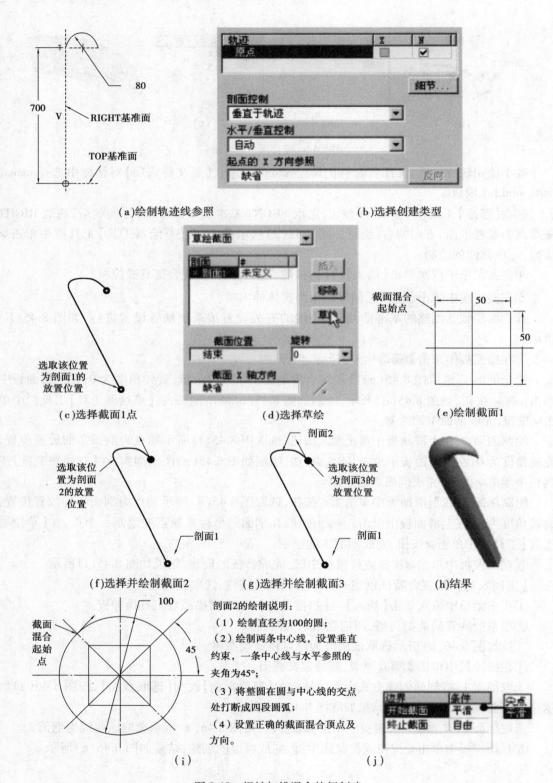

(a)绘制轨迹线参照　　　　　　　　　　(b)选择创建类型

(c)选择截面1点　　　　(d)选择草绘　　　　(e)绘制截面1

(f)选择并绘制截面2　　(g)选择并绘制截面3　　(h)结果

剖面2的绘制说明：

（1）绘制直径为100的圆；

（2）绘制两条中心线，设置垂直约束，一条中心线与水平参照的夹角为45°；

（3）将整圆在圆与中心线的交点处打断成四段圆弧；

（4）设置正确的截面混合顶点及方向。

(i)　　　　　　　　　　(j)

图 8.45　拐杖扫描混合特征创建

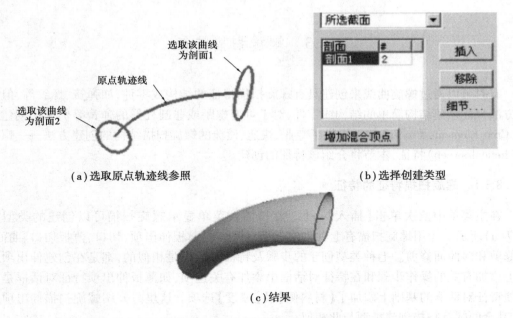

（a）选取原点轨迹线参照　　　　　　（b）选择创建类型

（c）结果

图 8.46　单条开放轨迹创建实例

【实例 8.8】五角星的绘制。

①单击按钮〜,在 FRONT 面上插入一个草绘,绘制图 8.47 所示的轨迹。

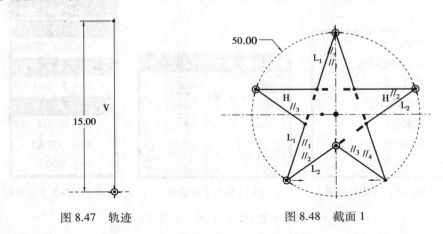

图 8.47　轨迹　　　　　　　　图 8.48　截面 1

②选择轨迹,选择【插入】→【扫描混合】,单击截面下端点,绘制如图 8.48 所示的截面 1;单击✔按钮,选择插入→选择上端点,绘制如图 8.49 所示的截面 2。

③单击按钮✔,退出草绘;单击按钮✔,得到如图8.50所示的五角星模型。

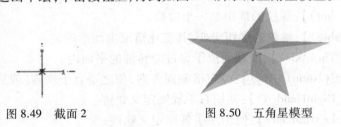

图 8.49　截面 2　　　　　　　图 8.50　五角星模型

8.3　螺旋扫描特征

有时可以通过螺旋曲线来创建具有螺旋扫描特征的结构或零件,如弹簧、螺纹等,但用这种方法只能创建结构简单的结构或零件,对于可变螺距或非圆柱形的弹簧等仍无法创建。其实,Creo Elements Pro 5.0软件提供了专业、快速、便捷的螺旋扫描结构的创建方法——螺旋扫描(helical sweep)特征,本节将介绍该特征的创建。

8.3.1　螺旋扫描特征的特征

在主菜单中依次单击【插入】→【螺旋扫描】,菜单显示螺旋扫描可以创建的类型如图8.27(a)所示。应用螺旋扫描有七种创建类型:伸出项、薄板伸出项、切口、薄板切口、曲面、曲面修剪和薄曲面修剪。七种类型创建的步骤及特征对话框是相似的,都是在创建伸出项的基础上增加有关的操作步骤和在特征对话框中添加有关选项,如薄板伸出项特征对话框是在伸出项特征对话框的基础上添加了【材料侧】及【厚度】选项。这里只介绍螺旋扫描伸出项的创建,其余的螺旋扫描创建类型与此相似。

螺旋扫描(伸出项)的特征对话框和属性设置菜单如图8.51(b)、(c)所示。

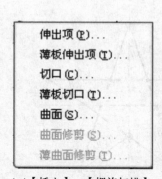

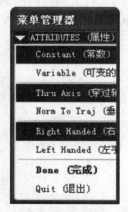

(a)【插入】→【螺旋扫描】　　　(b)【属性】对话框　　(c)【菜单管理器】对话框

图8.51　螺旋扫描(伸出项)特征的特征对话框

8.3.2　螺旋扫描(伸出项)特征概述

(1)属性的设置

【恒定(Constant)】:螺纹的螺距是一个常数。

【可变(Variable)】:螺纹的螺距可变,其变化情况由图形确定。

【穿过轴线(ThruAxis)】:横截面位于穿过旋转轴的平面内。

【垂直于轨迹(NormToTraj)】:确定横截面方向,使之垂直于轨迹(或旋转面)。

【右手定则(RightHanded)】:使用右手规则定义轨迹。

【左手定则(LeftHanded)】:使用左手规则定义轨迹。

表 8.4 为属性选项不同设置的图例(该文件为\CH8\helical_swp-1.prt)。

表 8.4　螺旋扫描(伸出项)特征属性选项

属性选项	图　例	
常数→可变	常数	可变
穿过轴线→轨迹法向	穿过轴线	轨迹法向
右手定则→左手定则	右手定则	左手定则

(2)创建螺旋扫描特征注意事项

①绘制扫描轨迹线时,截面必须绘制中心线,系统以该中心线作为螺旋扫描特征的旋转轴。

②扫描轨迹线必须是开放的,当选择【轨迹法向】方式创建螺旋扫描特征时,要求扫描轨迹线中各段曲线必须相切;当选择【通过轴线】方式创建螺旋扫描特征时,则没有必须相切的要求。

③若创建的螺旋扫描特征为可变螺距时,该特征螺距的变化则由一个螺距图确定。建立螺距图的方法是:输入扫描轨迹线始端和末端的螺距值,在整个扫描轨迹线的距离内,系统缺省以线性方式确定其他位置的螺距值,用户也可以根据需要,选取扫描轨迹线的中间点设置螺距值。

8.3.3　螺旋扫描(伸出项)特征创建实例

【实例 8.9】螺旋扫描(伸出项)——恒定螺距、穿过轴线、右手定则。

①在【文件】工具栏中单击 按钮,在主菜单依次单击【文件】→【新建】或按快捷键 Ctrl+N,在【新建】对话框中设置【类型】为零件,【子类型】为实体。

②不使用缺省模板,文件名为 helical_swp_example-1.prt,【新文件选项】对话框中选择 mmns_part_solid.prt 模板。

③在主菜单中依次单击【插入】→【螺旋扫描】→【伸出项】,弹出【伸出项:螺旋扫描】特征

对话框。

④按系统缺省设置,即恒定→穿过轴线→右手定则。

⑤选取 FRONT 基准面为草绘平面,方向朝后;选取 TOP 基准面为参考平面,方向朝顶,接受系统缺省的截面标注参照;绘制如图 8.52(a)所示截面,在【草绘器工具】工具栏中单击✔按钮,完成扫描轨迹线的绘制。

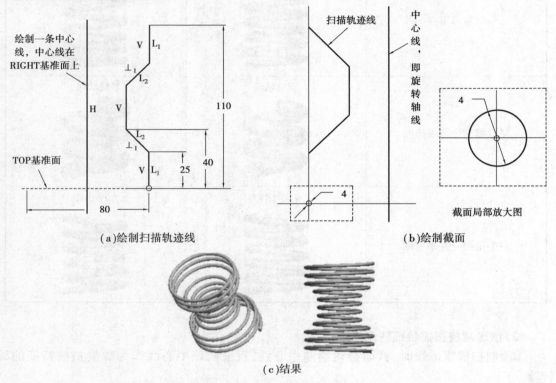

(a)绘制扫描轨迹线　　　　　　　　　　　　(b)绘制截面

(c)结果

图 8.52　恒定螺旋扫描特征创建实例

⑥入螺距值为 10。

⑦绘制如图 8.52(b)所示截面,在【草绘器工具】工具栏中单击✔按钮,完成截面的绘制。

⑧在特征对话框中单击 确定 按钮,完成特征的创建,结果如图 8.52(c)所示。

【实例 8.10】螺旋扫描(伸出项)——可变螺距、穿过轴线、右手定则。

①在【文件】工具栏中单击 按钮,在主菜单依次单击【文件】→【新建】或按快捷键 Ctrl+N,在【新建】对话框中设置【类型】为零件,【子类型】为实体。

②不使用缺省模板,文件名为 helical_swp_example-2.prt,【新文件选项】对话框中选择 mmns_part_solid.prt 模板。

③在主菜单中依次单击【插入】→【螺旋扫描】→【伸出项】,弹出螺旋扫描伸出项特征对话框。

④将属性设置为可变→穿过轴线→右手定则。

⑤选取 FRONT 基准面为草绘平面,方向朝后;选取 TOP 基准面为参考平面,方向朝顶,接受系统缺省的截面标注参照;绘制如图 8.53(a)所示截面,在【草绘器工具】工具栏中单击✔按钮,完成扫描轨迹线的绘制。

⑥在轨迹起始处输入螺距值 5,在轨迹末端输入螺距值为 20,然后弹出螺距图(PITCH_GRAPH),如图 8.53(b)所示;在【控制曲线】菜单管理器中依次单击【完成】→【返回】→【完成】,完成螺距值的定义,如图 8.53(c)所示。

⑦绘制如图 8.53(d)所示截面,截面为 $\Phi 5$ 圆,在【草绘器工具】工具栏中单击✔按钮,完成截面的绘制。

⑧在特征对话框中单击✔按钮,完成特征的创建,结果如图 8.53(e)所示。

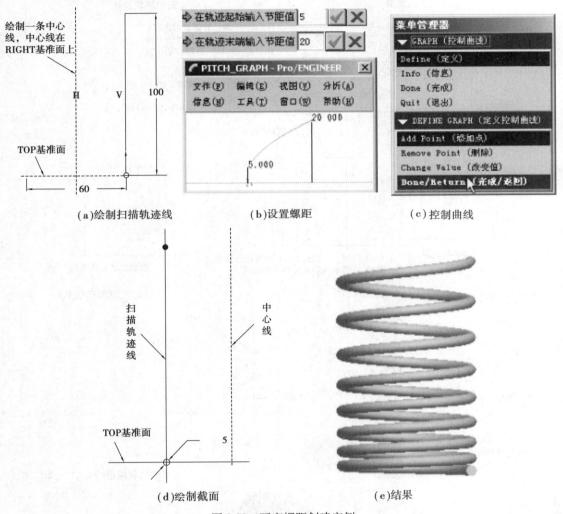

(a)绘制扫描轨迹线　　　　　(b)设置螺距　　　　　(c)控制曲线

(d)绘制截面　　　　　(e)结果

图 8.53　可变螺距创建实例

【实例 8.11】螺旋扫描(切口)特征创建——螺母。

完成"螺母 GB/T 6170—2000M12"标准件的实体造型。该标准件的有关尺寸为:$S_{公称}=18$,$e_{近似}=20$,$m_{max}=10.8$。除了上述参数外,还需确定以下参数:螺距 $P=1.75$,螺纹底孔(螺纹小径)$d=10.106$。

①如图 8.54(a)所示,欲创建 M12 内螺纹和螺母头部结构。

②在主菜单中依次单击【插入】→【螺旋扫描】→【切口】,弹出【切剪:螺旋扫描】特征对话框。

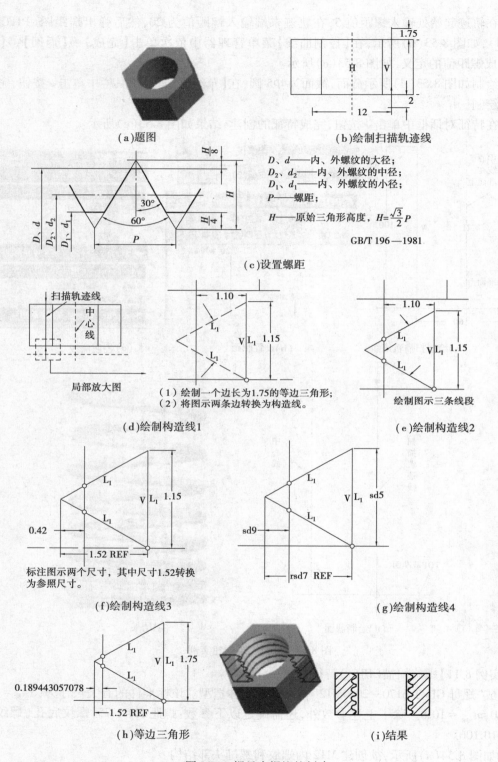

（a）题图　　　　　　　　　　　　　　　　（b）绘制扫描轨迹线

D、d——内、外螺纹的大径；
D_2、d_2——内、外螺纹的中径；
D_1、d_1——内、外螺纹的小径；
P——螺距；
H——原始三角形高度，$H=\dfrac{\sqrt{3}}{2}P$

GB/T 196—1981

（c）设置螺距

（1）绘制一个边长为1.75的等边三角形；
（2）将图示两条边转换为构造线。

（d）绘制构造线1　　　　　　　　　　　　（e）绘制构造线2

标注图示两个尺寸，其中尺寸1.52转换为参照尺寸。

（f）绘制构造线3　　　　　　　　　　　　（g）绘制构造线4

（h）等边三角形　　　　　　　　　　　　（i）结果

图 8.54　螺母内螺纹的创建

③按系统缺省设置，即恒定→穿过轴线→右手定则。

④选取 FRONT 基准面为草绘平面，方向朝后；选取 TOP 基准面为参考平面，方向朝顶，接受系统缺省的截面标注参照；绘制如图 8.54(b)所示截面，在【草绘器工具】工具栏中单击✔按钮，完成扫描轨迹线的绘制。

⑤输入螺距值 1.75。

⑥螺纹的截面看似简单，其实不仅包含了多组拓扑约束，还包含了尺寸关系，它必须符合图 8.54(c)所示的普通螺纹基本尺寸(GB/T 196—1981)；绘制一个边长为 1.75 的等边三角形并将两条斜边转换为构造线，如图 8.54(d)所示，从图中可以看出，截面还有一个弱尺寸，该弱尺寸为截面的定位尺寸；绘制图 8.54(e)所示三条线段；按图 8.54(f)所示标注两个尺寸，其中尺寸 1.52 转换为参照尺寸；在主菜单中依次单击【工具】→【关系】，尺寸转换为尺寸代号显示如图 8.54(g)所示，输入关系式 sd9 = rsd7/8，在【关系】对话框中单击 确定 按钮，设置关系式后的截面如图 8.54(h)所示；在【草绘器工具】工具栏中单击✔按钮，完成截面的绘制。

⑦在特征对话框中单击 确定 按钮，完成特征的创建，结果如图 8.54(i)所示。

⑧在【基准】工具栏中单击 按钮，选取螺母上表面为草绘平面，方向朝下；选取 RIGHT 基准面为参考平面，方向朝右；绘制一个圆，圆心在 RIGHT 基准面和 FRONT 基准面上，圆与螺母正六边形的一条边相切，如图 8.55(a)所示；在【草绘器工具】工具栏中单击✔按钮，完成曲线的绘制，绘制结果如图 8.55(b)所示。

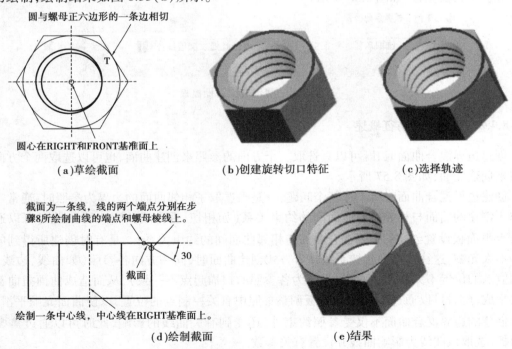

圆与螺母正六边形的一条边相切

圆心在RIGHT和FRONT基准面上

（a）草绘截面　　　　　　　（b）创建旋转切口特征　　　　　　（c）选择轨迹

截面为一条线，线的两个端点分别在步骤8所绘制曲线的端点和螺母棱线上。

截面

30

绘制一条中心线，中心线在RIGHT基准面上。

（d）绘制截面　　　　　　　　　　（e）结果

图 8.55　螺旋扫描特征创建实例

⑨在【基础特征】工具栏中单击 按钮，弹出旋转工具操控板，在操控板中单击 按钮，创建旋转切口特征。

⑩选取 FRONT 基准面为草绘平面，方向朝后，RIGHT 基准面为参考平面，方向朝右；如图

8.55(c)所示增选步骤⑧所绘制的曲线和螺母的一个棱线为标注参照;按图 8.55(d)说明绘制截面,完成扫描轨迹线的绘制;在【草绘器工具】工具栏中单击✔按钮,完成截面的绘制;在操控板中单击✔按钮,完成旋转切口特征的创建,结果如图 8.55(e)所示。

8.4 边界混合

创建可变截面扫描特征时,允许一个截面、多条轨迹线,创建扫描混合特征时,允许多个截面、一条轨迹线,但是经常会遇到多个截面、没有轨迹线或多个截面、多条轨迹线的问题,Creo Elements Pro 5.0 软件的解决方案就是边界混合特征。通常做法是:应用边界混合特征创建曲面,然后将该曲面与其他曲面进行合并、修剪、圆角、拔模等曲面编辑操作,最后对曲面进行实体化或曲面加厚从而生成实体。

边界混合(boundaryblend)是以一个方向或两个方向的曲线来创建曲面的特征创建工具。

8.4.1 边界混合工具操控板

在【基础特征】工具栏中单击◢按钮或在主菜单中依次单击【插入】→【边界混合】,弹出边界混合工具操控板,如图 8.56 所示。

图 8.56 边界混合工具操控板

8.4.2 边界混合特征概述

创建边界混合曲面时,既可以只选取一个方向的参照来创建曲面,也可以选取两个方向的参照来创建曲面,如图 8.57 所示。

创建边界混合曲面时有下述三个问题:一是当选取了相邻曲面的边界为参照时,通常需要考虑所创建的曲面与相邻已有曲面间的约束关系(如相切、垂直或曲率连续),此时可以通过约束上滑面板设置创建的边界混合曲面与相邻曲面间的约束关系;二是有时创建所得到的曲面并不太光顺,这往往是由于按系统缺省方式创建曲面时,同一方向各参照(如曲线、边线等)上相应点的位置不太协调(也可以理解为各参照的扫描起点不一致),从而造成曲面扭曲甚至无法生成,此时可以通过控制点上滑面板调整参照中有关控制点的位置,以使曲面光顺平滑;三是所创建的边界混合曲面不仅受参照约束外,还受到有关曲线的影响,此时可以通过选项上滑面板,选取该曲线为影响曲线并设置有关参数。

下面,介绍创建边界混合特征时参照的选取约束、控制点和选项上滑面板的设置。

（1）基准点、顶点或曲线端点的选取

创建混合边界特征时,选取过滤器的缺省设置为【全部】。当欲选取顶点或曲线端点为参照时,不易选取到这些参照,此时,可将选取过滤器设置为【顶点】,如图 8.58 所示。第一方向参照中包含一个顶点,此时该参照不好选取,可将选取过滤器设置为【顶点】,选取了该顶点参

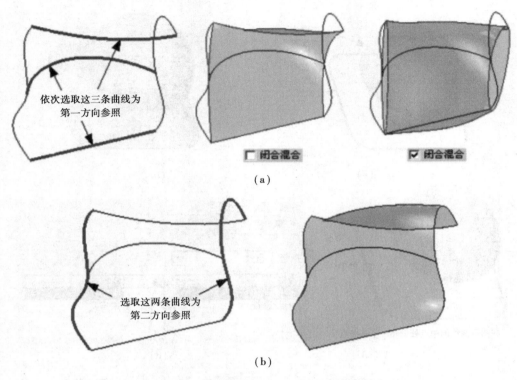

图 8.57 单方向和双方向创建混合边界曲面

照后再将选取过滤器设置为【全部】。

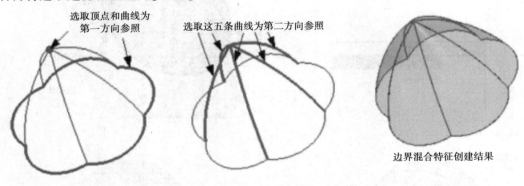

图 8.58 顶点参照的选取

（2）控制点的设置

选取图 8.59（a）所示曲线和半球形曲面的边线为参照，创建结果如图 8.59（b）所示。由图可知，所创建的曲面存在扭曲现象，究其原因，就是因为两条参照曲线（边线）上控制点的位置不协调，这里通过控制点上滑面板对其进行设置。

①在边界混合特征前创建一个基准点特征，如图 8.59（c）所示。

②在【基础特征】工具栏中单击 ⟋ 按钮，选取图 8.59（a）所示曲线和半球形曲面的边线为参照。

③在操控板中单击控制点按钮，弹出控制点上滑面板，如图 8.59（d）所示。

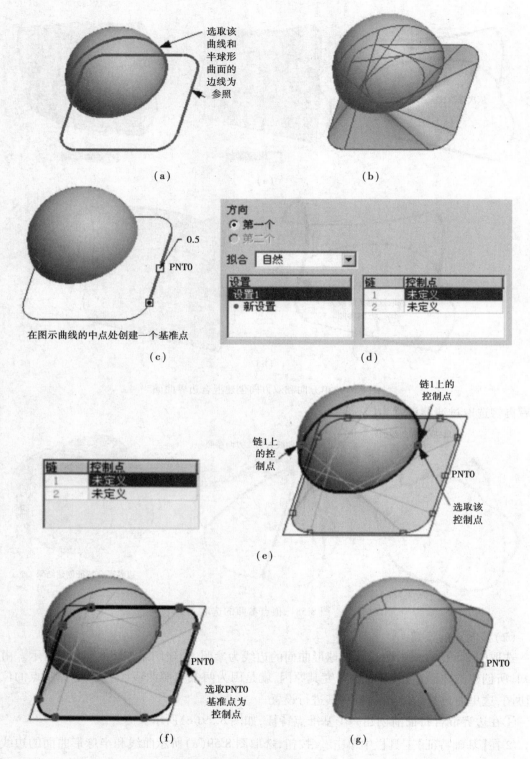

图 8.59　控制点的设置实例

④在上滑面板单击控制点收集框使其处于激活状态,选取图 8.59(e)所示控制点。完成链 1 的控制点选取后,系统自动进入链 2 控制点的选取。

⑤链 2 有 9 个控制点,选取 PNT0 基准点为链 2 控制点,如图 8.59(f)所示。

⑥设置控制点后,边界混合特征的创建结果如图 8.59(g)所示。

【实例 8.12】创建抽水马桶座圈曲面模型。

①在【基础特征】工具栏中单击 按钮或在主菜单中依次单击【插入】→【边界混合】,弹出边界混合工具操控板。

②按住 Ctrl 键,选取图 8.60(a)所示的两条曲线。

③按住 Ctrl 键,选取图 8.60(b)所示的六条曲线。

④在操控板中单击 按钮或按鼠标中键,结果如图 8.60(c)所示。

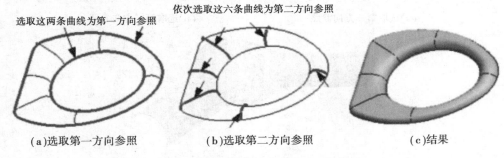

(a)选取第一方向参照   (b)选取第二方向参照   (c)结果

图 8.60 抽水马桶座圈曲面模型创建实例

由上述介绍可知,控制点用于解决曲面内部不光顺或扭曲的问题,而约束则用于处理所创建的边界混合曲面与相邻曲面之间的过渡问题。

【实例 8.13】创建水杯曲面模型。

①在【基础特征】工具栏中单击 按钮或在主菜单中依次单击【插入】→【边界混合】,弹出边界混合工具操控板。

②按住 Ctrl 键,选取图 8.61(a)所示的三条曲线。

③按住 Ctrl 键,选取图 8.61(b)所示的六条曲线。

④在操控板中单击 按钮或按鼠标中键,结果如图 8.61(c)所示。

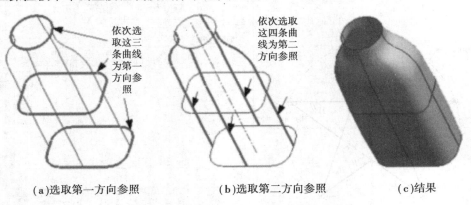

(a)选取第一方向参照   (b)选取第二方向参照   (c)结果

图 8.61 水杯曲面模型创建实例

【实例 8.14】复杂曲面边界混合。

①在【基础特征】工具栏中单击 按钮或在主菜单中依次单击【插入】→【边界混合】,弹出边界混合工具操控板。

②按住 Ctrl 键,选取图 8.62(a)所示的两条曲线。

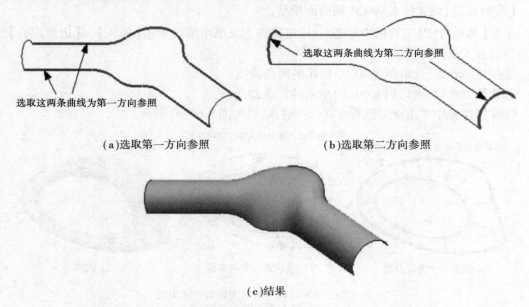

(a)选取第一方向参照　　　　　　　　　(b)选取第二方向参照

(c)结果

图 8.62　复杂曲面边界混合特征创建实例

③按住 Ctrl 键,选取图 8.62(b)所示的两条曲线。

④在操控板中单击 按钮或按鼠标中键,结果如图 8.62(c)所示。

【实例 8.15】创建五角星。

①单击按钮 ,在 TOP 面上绘制如图 8.63 所示的五角星草绘。

②单击按钮 ,单击 ,在坐标(0,10,0)插入一点,如图 8.64 所示。

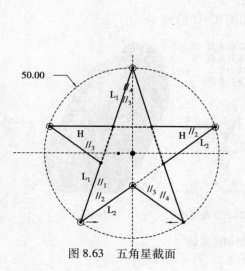

图 8.63　五角星截面

图 8.64　偏移坐标系基准点对话框

③单击按钮～→【通过点】→【完成】,选择过此点和任意相邻两五角星顶点连接成两条直线,如图 8.65 所示。

图 8.65　两连线绘制

图 8.66　模型

④单击按钮～,在【第一方向】上选择五角星,在【第二方向】上选择两条直线,得到最后结果如图 8.66 所示。

8.5　综合实例

【实例 8.16】苹果的画法。

1）建立新文件

单击【文件】工具栏中的按钮,或者单击【文件】→【新建】,系统弹出"新建"对话框,输入所需要的文件名"variablesection_sweep_example_1",取消"使用缺省模板"选择框后,单击【确定】,系统自动弹出"新文件选项"对话框。在"模板"列表中选择"mmns_part_solid"选项,单击【确定】,系统自动进入零件环境。

2）创建扫描轨迹

①单击"基准"工具栏中的按钮,使用草绘工具创建扫描轨迹。

②选择 TOP 平面为草绘平面,绘制图 8.67 所示的半径为 100 的圆作为扫描轨迹。完成后,单击按钮✔完成草绘。

3）创建可变截面扫描特征

①单击"基础特征"工具栏中的按钮,或者单击【插入】→

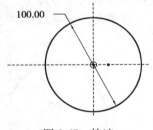

图 8.67　轨迹

【可变剖面扫描】后,系统弹出可变剖面扫描特征工具操控板,如图 8.68 所示。可变剖面扫描特征工具操控板和其他基础特征工具的操控相似,包括 3 个部分,各部分的具体功能略过。

②单击【参照】,打开【参照】上滑面板,单击【选取项目】,如图 8.69 所示,在图形窗口中选取前一步中创建的草绘圆作为扫描轨迹。

③绘制扫描截面。单击按钮,开始绘制扫描截面。进行草绘截面后,绘制图 8.70 所示的扫描截面。

④添加尺寸关系。在草绘环境中,在主菜单中单击【工具】→【关系】,系统弹出如图 8.71 所示的【关系】对话框,同时主窗口中的扫描截面草绘的尺寸值将以符号形式显示。在"关系"对话框中,为图 8.72 尺寸 sd16 添加关系式,完成后,单击【确定】按钮。

图 8.68　可变剖面扫描特征工具操控板

图 8.69　【参照】上滑面板

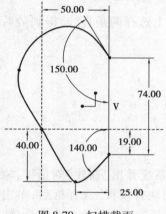

图 8.70　扫描截面

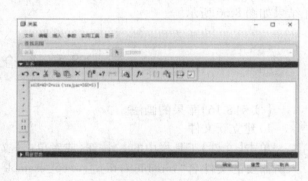

图 8.71　【关系】对话框

由于绘图步骤及环境的不同,图中 sd16 所代表尺寸的符号可能不同,不必过分拘泥,直接使用相对应的符号即可。

⑤单击按钮✔,完成可变截面特征的创建过程,如图 8.73 所示。

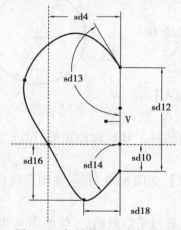

图 8.72　扫描截面的参数关系

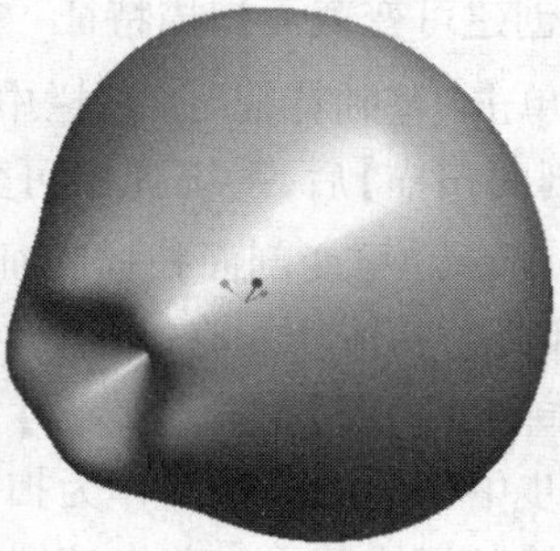

图 8.73　苹果体模型

4)绘制苹果蒂

①绘制轨迹。单击草绘按钮⌒,选择 FRONT 基准面,草绘图 8.74 所示的轨迹。单击✔,退出草绘界面。

246

②绘制截面 1。选择图 8.74 所示的轨迹,选择【插入】→【扫描混合】→选择轨迹端点 1,选择图 8.75 中的草绘,绘制图 8.76 所示的截面 1。

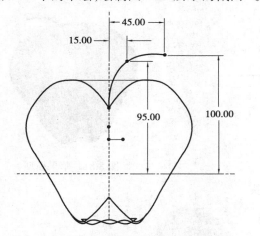

图 8.74　苹果蒂轨迹

图 8.75　截面对话框

③绘制截面 2。单击基准点按钮,选择轨迹,输入图 8.77 所示的偏移值 0.5,得到图8.78 所示的图形;选择草绘,绘制如图 8.79 所示的截面 2。

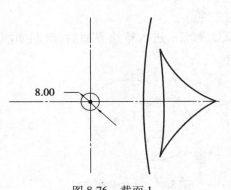

图 8.76　截面 1

图 8.77　基准点对话框

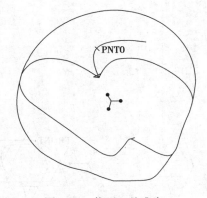

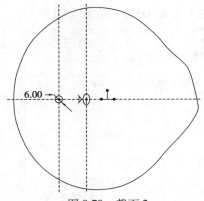

图 8.78　截面 2 基准点

图 8.79　截面 2

④绘制截面3。选择端点3,选择【插入】→【草绘】,绘制如图8.80所示的截面3。最后结果如图8.81所示。

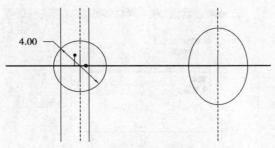

图 8.80　截面 3

图 8.81　苹果模型

【实例8.17】绘制图8.82所示的淋浴喷淋头。

图 8.82　喷淋头

①选择菜单栏中的【文件】→【新建】命令,建立新的文件。

②选择【草绘】命令,选择TOP基准面为基准曲线草绘平面。进入草绘界面后,绘制如图8.83所示的圆,单击按钮✔结束草绘,结果如图8.84所示。

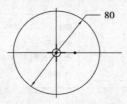

图 8.83　绘制圆

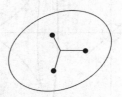

图 8.84　产生基准曲线

③创建基准平面,选择【平移】,平移对象为RIGHT基准面,平移距离为200,如图8.85所示;产生基准面DTM1,如图8.86所示。

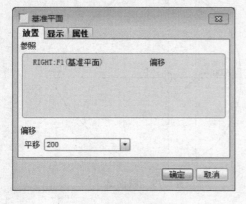

图 8.85　平移距离 200

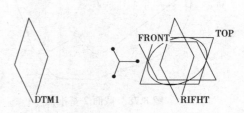

图 8.86　产生基准平面 DTM1

④选择【草绘】命令,选择 DTM1 基准面为基准曲线草绘平面;进入草绘界面后,绘制如图 8.87 所示的椭圆,单击按钮✔结束草绘,结果如图 8.88 所示。

图 8.87 绘制椭圆

图 8.88 产生基准曲线

⑤选择【草绘】命令,选择 FRONT 基准面为基准曲线草绘平面;进入草绘界面后,绘制如图 8.89 所示的曲线,单击按钮✔结束草绘,结果如图 8.90 所示。

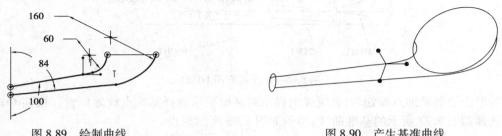

图 8.89 绘制曲线

图 8.90 产生基准曲线

⑥绘制基准点。单击绘制基准点按钮,系统弹出基准点提示对话框,要求选择基准点放置位置,旋转视图,选择如图 8.91 所示的圆弧端点 p1、p2(当拾取剪头靠近时会自动捕捉),结果如图 8.92 所示,在圆弧端点处产生基准点。

图 8.91 选择基准点放置位置

图 8.92 产生基准点

⑦创建基准平面。单击基准平面按钮,系统弹出基准平面提示对话框,按住 Ctrl 键选择 p1、p2 两点和 FRONT 基准面为基准平面参照(新的基准面穿过两个基准面,并垂直于 FRONT 基准面),产生基准平面 DTM2,结果如图 8.93 所示。

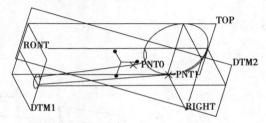

图 8.93 产生基准面 DTM2

⑧选择【草绘】命令,选择 DTM2 基准面为基准曲线草绘平面;进入草绘界面后,绘制如图 8.94所示的圆,圆的两端需与创建的两个基准点重合,单击按钮✔结束草绘,结果如图 8.95 所示。

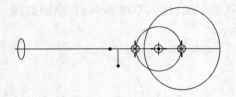

图 8.94 绘制圆

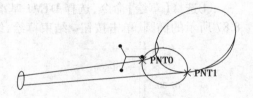

图 8.95 产生基准曲线

⑨单击基准平面按钮▱,选择 RIGHT 基准面为基准平面参照,平移距离为"−140",结果如图 8.96 所示,生成基准面 DTM3。

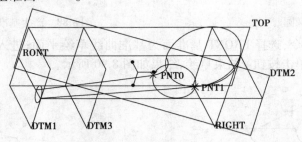

图 8.96 产生基准面 DTM3

⑩单击绘制基准点按钮▨,系统弹出提示对话框要求选择基准点放置位置。按住 Ctrl 键,分别选择如图 8.97 所示的基准曲线,得到如图 8.98 所示两点。

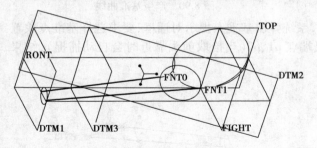

图 8.97 选择基准参照

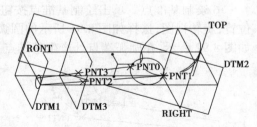

图 8.98 产生基准点

⑪单击草绘基准曲线按钮◭,选择 DTM3 为基准曲线草绘平面。绘制如图 8.99 所示的椭圆(椭圆的上下两端需要与两点重合),结果如图 8.100 所示。

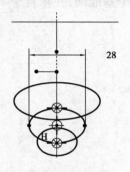

图 8.99 绘制椭圆

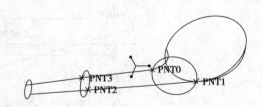

图 8.100 产生基准曲线

⑫选择菜单栏中的【插入】→【边界混合】命令,绘制边界混合曲面。系统提示选择第一方

向曲线,按住 Ctrl 键,逐一选择如图 8.101 所示的基准曲线 1、2。系统提示选择第二方向曲线,按住 Ctrl 键,逐一选择如图 8.102 所示的圆 1、2、3 和 4。

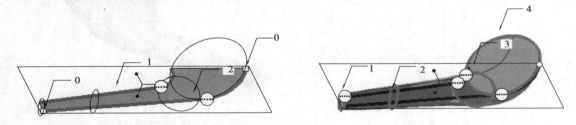

图 8.101　选择第一方向曲线　　　　　　图 8.102　选择第二方向曲线

⑬单击边界混合曲线参数确定按钮✔,结果如图 8.103 所示。

图 8.103　产生边界混合曲面

⑭选择菜单栏中的【编辑】→【填充】,系统弹出剖面提示对话框,要求选择填充剖面草绘平面和草绘视图方向参照。选择 TOP 基准面为草绘平面。进入草绘界面后,单击按钮▢,绘制如图 8.104 所示的圆弧(系统加亮显示圆弧端点)。单击剖面确定按钮✔,结束剖面绘制。单击填充曲面参数确定按钮✔,完成填充,结果如图 8.105 所示。

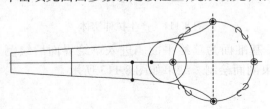

图 8.104　产生圆弧　　　　　　　　　　　图 8.105　产生填充曲面

⑮选择菜单栏中的【编辑】→【填充】命令,创建填充剖面,选择 DTM1 基准面为草绘平面。进入草绘界面后,单击按钮▢,绘制如图 8.106 所示的圆弧,产生椭圆弧。单击剖面确定按钮✔,结束剖面绘制。单击填充曲面参数确定按钮✔,完成填充,结果如图 8.107 所示。

⑯打开模型树,按住 Ctrl 键,选择如图 8.108 所示模型树中要合并的边界混合曲面和填充曲面,选择菜单栏中的【编辑】→【合并】命令,单击曲面合并参数确定按钮✔,合并边界混合曲面和填充曲面。按住 Ctrl 键,继续选择图 8.109 所示模型树中要合并的曲面,再次选择【合并】命令,单击曲面合并参数确定按钮✔,将 3 个曲面合并。

⑰选择三个曲面合并完成的合并曲面,选择菜单栏中的【编辑】→【实体化】命令,单击实体化参数确定按钮✔,将合并曲面转为实体。

⑱选择菜单栏中的【拉伸】命令,选择 DTM1 基准面为草绘平面。绘制如图 8.110 所示的圆,单击剖面确定按钮✔,结束剖面绘制。结果如图 8.111 所示。

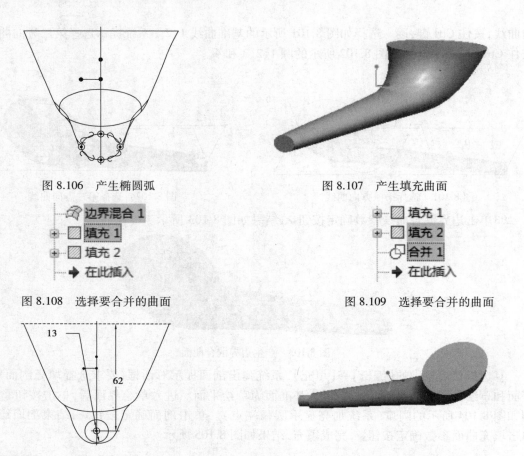

图 8.106　产生椭圆弧　　　　　　　　　　图 8.107　产生填充曲面

图 8.108　选择要合并的曲面　　　　　　　图 8.109　选择要合并的曲面

图 8.110　绘制圆　　　　　　　　　　　　图 8.111　产生拉伸实体

⑲选择菜单栏中的【旋转】命令,选择 FRONT 基准面为草绘平面。进入草绘界面后绘制如图 8.112 所示的线段,单击剖面确定按钮✔,结束剖面绘制。结果如图 8.113 所示。

图 8.112　绘制线段　　　　　　　　　　　图 8.113　产生旋转实体

⑳选择菜单栏中的【草绘】命令,选择 FRONT 基准面为草绘平面。进入草绘界面后绘制如图 8.114 所示的圆弧,单击剖面确定按钮✔,结果如图 8.115 所示。

㉑选择菜单栏中的【插入】→【扫描】→【切口】命令,系统弹出扫描提示对话框,选择菜单管理器中的【选取轨迹】命令,选取步骤⑳产生的圆弧基准,选择自由端,完成后进入剖面绘制。

㉒进入剖面绘制界面后,绘制如图 8.116 所示的线段,单击按钮✔,结束扫描界面绘制。结果如图 8.117 所示。

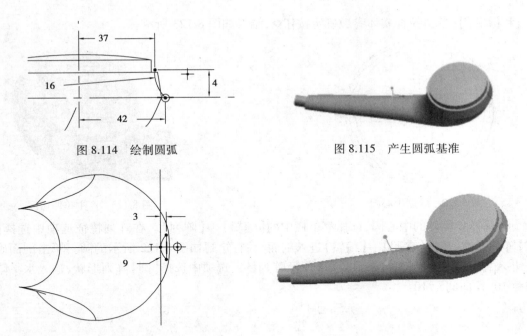

图 8.114　绘制圆弧　　　　　　　　图 8.115　产生圆弧基准

图 8.116　绘制界面　　　　　　　　图 8.117　产生扫描切除

㉓选择步骤㉒的扫面剪切特征,选择【阵列】命令,在信息提示区选择阵列方式为轴阵列,选取图 8.118 所示的 A_2 轴为阵列中心,阵列角度为 24,阵列个数为 15,单击确定按钮✔,完成阵列,结果如图 8.119 所示。

图 8.118　选取中心轴　　　　　　　图 8.119　产生阵列

㉔单击抽壳按钮▣,选择如图 8.120 所示的实体面 P1。在信息提示区输入抽壳厚度为1.5,单击抽壳参数确定按钮✔,结果如图 8.121 所示。

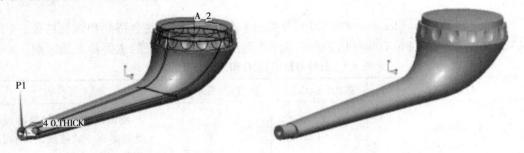

图 8.120　选择抽壳面　　　　　　　图 8.121　抽壳结果

㉕选择菜单栏中的【插入】→【拉伸】命令,选择 TOP 基准面为草绘平面。进入剖面绘制,绘制如图 8.122 所示的中心圆,单击拉伸实体参数确定按钮✔。在拉伸特征选项中选择【贯

穿】和【切除】,单击拉伸实体参数确定按钮✔,结果如图 8.123 所示。

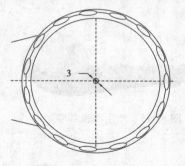

图 8.122　绘制中心圆

图 8.123　产生拉伸切除

㉖选择步骤㉕的中心圆,选择菜单栏中的【编辑】→【阵列】。在阵列特征选项中选择【填充】阵列形式,选择【参照】→【编辑】进入剖面绘制,绘制如图 8.122 所示的圆。单击剖面确定按钮✔,结束剖面绘制。在如图 8.124 所示阵列特征选项中选择【圆】阵列形状,输入水平阵列间距 10、径向间距 10。

图 8.124　设置阵列选项

㉗单击阵列参数确定按钮✔。结果如图 8.125 所示。

图 8.125　阵列结果

图 8.126　圆角结果

㉘单击圆角按钮 ,对各棱边进行圆角,圆角半径为 0.5,结果如图 8.126 所示。

本章小结

本章介绍了 Creo Elements Pro 5.0 可变截面扫描特征、扫描混合特征和螺旋特征,这五类与扫描、混合相关的特征有哪些区别呢? 表 8.5 列出了这五类特征的主要特点及区别。

表 8.5　五种与扫描、混合相关的特征的比较

特征类型	截面(Section)	轨迹线(Trajectory)	主要特点
扫描特征 (Sweep)	1	1	截面沿轨迹线扫描过程中始终垂直于轨迹线,且剖面的形状、大小均不变

续表

特征类型	截面(Section)	轨迹线(Trajectory)	主要特点
混合特征 （Blend）	至少 2 个	无	不需要轨迹线,各截面所含的图元数量必须相等(更详细的区别情况请参见表 9.6)
可变截面扫描特征 （VariableSectionSweep）	1	多条	截面沿轨迹线扫描时,截面的形状、大小、方位均可以变化
扫描混合特征 （SweptBlend）	至少 2 个	最多 2 条	截面可以不垂直于轨迹线,但截面必须与轨迹线相交
螺旋特征 （HelicalSweep）	1	1	截面绕旋转轴旋转,其扫描长度由扫描轮廓线确定
边界混合 （Boundary Blend）	至少 2 个	多条	截面就是四边面,U 向曲面片数:指定 U 方向的曲面片数量。V 方向面片数:指定 V 方向的曲面片数量

本章习题

1.创建如图 8.127 所示的勺子模型。

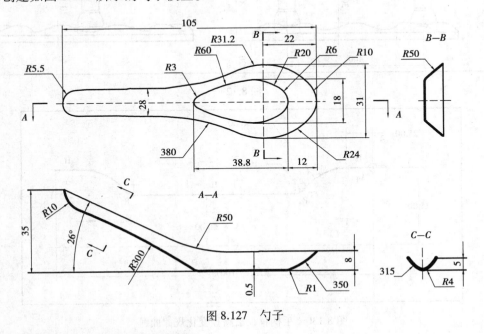

图 8.127　勺子

2.创建如图 8.128 所示的蛋座模型。

提示:余弦曲线方程式为 $x = t \times 20 \times 10$, $y = 4 \times \cos(t \times 360 \times 10)$, $z = 0$。

255

3.完成三维模型。

（1）图 8.129 所示模型中环绕凸起截面为半椭圆,其宽度为 30~90,高度为 10~30,呈正弦规律变化,环绕一周共计变化 10 个周期。

（2）手柄直径沿路径变化规律曲线如图 8.130 所示,其中 100%代表扫描轨迹线的总长度。

图 8.128　蛋座

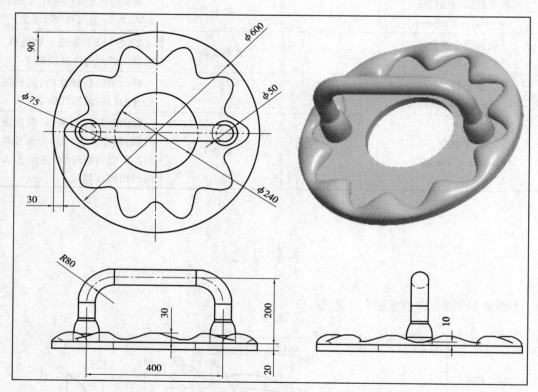

图 8.129

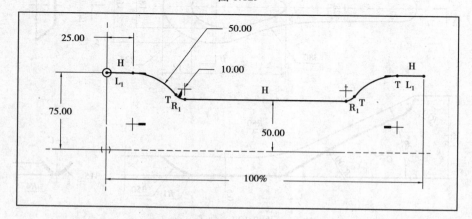

图 8.130　手柄直径沿路径变化规律曲线

第 **9** 章

工程图

本章主要学习内容：

➤ 工程图概述
➤ 创建基本视图
➤ 编辑工程图视图
➤ 工程图标注
➤ 综合实例

工程图制作是整个设计的最后环节，是设计意图的表现，也是工程师与制造师沟通的桥梁。工程图视图是工程图最重要的组成部分，在 Creo Elements Pro 5.0 中创建一份完整的工程图也是首先从创建视图开始的。

9.1　工程图概述

工程图中最主要的组成部分就是视图。工程图用视图来表达零组件的形状与结构，复杂零件需要由多个视图来共同表达才能使人看得清楚、明白。在机械制图里，视图被细分为许多种类，有主视图、投影视图（左、右、俯、仰视图）和轴测图；有剖视图、破断视图和分解视图；有全视图、半视图、局部视图和辅助视图；有旋转视图、移出剖面和多模型视图等。各类视图的组合又可以得到许多的视图类型。显然，Creo Elements Pro 5.0 的工程图模块不会为了创建各种视图而单独提供一个命令工具，因为这样显得烦琐且没有必要。Creo Elements Pro 5.0 解决创建诸多类型视图的办法便是提供了修改视图属性的功能，利用【绘图视图】对话框，用户可以修改视图的类型、可见区域、视图比例、剖面、视图状态、视图显示方式以及视图的对齐方式等属性。这样一来，用户只需插入普通视图，并创建其投影视图、详细（局部）视图及辅助视图，然后修改相应的属性选项，便可获得所需的视图类型了。一个【绘图视图】对话框几乎包括了创建工程图视图的所有内容，使得创建不同视图的步骤与方法统一起来，只要读者掌握了创建一两种视图的操作方法，便可以学会其他类型的视图的创建方法。因此，有必要先来了解【绘图视图】对话框，这是快速学会利用 Creo Elements Pro 5.0 软件进行绘制工程图并且提高工作效率最有效的方法之一。

9.2　工程图界面

要创建工程图,首先必须进入工程图的设计界面。下面通过一个实例介绍进入工程图设计界面的方法。具体操作步骤如下:

①打开源文件"huosai.prt",如图 9.1 所示(这一步骤主要说明在平时工作状态下,即一般零件在设计完零件后,马上在此基础上出工程图)。

②执行【文件】→【新建】命令,或者单击【新建】按钮 ,或者按 Ctrl+N 组合键,系统弹出【新建】对话框。在对话框的【类型】栏中选【绘图】单选按钮,在【名称】栏中输入名称,或接受系统默认的名称,取消选中【使用缺省模板】复选框,如图 9.2 所示。

图 9.1　实例源文件　　　　图 9.2　【新建】对话框　　　　图 9.3　【新建绘图】对话框

③单击【确定】按钮,系统弹出【新建绘图】对话框,如图 9.3 所示。该对话框共分为 4 个区域:【缺省模型】、【指定模板】、【方向】和【大小】。

【缺省模型】:用于显示和指定绘图模型文件,如果事先没有打开零件文件,栏中显示为"无",设计者可以单击右边的 浏览 按钮,在【打开】对话框中指定需要绘制工程图的文件。

【指定模板】:用于指定工程图模板,共有 3 个单选按钮:【使用模板】、【格式为空】和【空】。

➤ 使用模板:使用系统设置的模板。选中【使用模板】单选框,【新建绘图】对话框弹出【模板】下拉列表,设计者可以从列表框中选取系统列出的模板,也可以单击 浏览 按钮,从文件夹中打开相应的模板。

➤ 格式为空:选用设置的格式模板。选中【格式为空】单选框,单击右边的 浏览 按钮,打开系统设置的格式或自行设置并已保存的格式文件,即为绘图的格式文件。

➤ 空:不使用模板,由设计者选择图纸的大小,绘制图框和标题栏。选中【空】单选框,可在【方向】栏选择【纵向】或【横向】按钮,使图纸横向放置或纵向放置,然后在【大小】栏的【标准大小】下拉列表框中选择图纸大小。如果单击【可变】按钮,则可在确定定位之后输入图纸的尺寸。

④保持指定模板为空的选项,单击【横向】按钮,选择图纸大小为"A4",单击【确定】按钮,进入工程图设计界面,如图 9.4 所示。

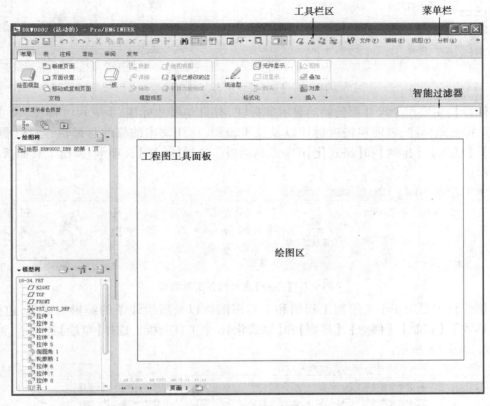

图 9.4　工程图设计界面

Creo Elements Pro 5.0 版的工程图设计界面较以前的版本有相当大的改变,增加了绘图树窗口,用以将绘图的过程记录下来,方便编辑修改,同时将原界面的工具栏收缩并入了工程图专用工具栏,并增加了 6 个选项卡。每个选项卡均集中了若干个面板,分别用来进行绘图布局、绘制标题栏表格、标注尺寸公差和创建注释、手工绘制工程图和图框、检查审核工程图和输出工程图。具体任务是:

【布局】:主要用于布局工程图,包括管理绘图模型、创建一般视图、投影视图、详细视图等各种表达视图以及线型编辑管理等,包括【文档】、【模型视图】、【格式化】和【插入】4 个工具面板。选择【布局】选项卡,弹出工具面板,如图 9.5 所示。

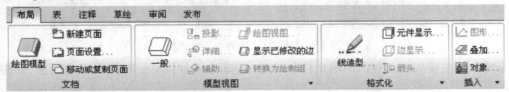

图 9.5　【布局】选项的各工具面板

【表】:主要用于绘制标题栏的表格,也可在手工绘制工程图时制定系列孔坐标值的表格,还可编辑表格和文本样式,包括【表】、【行和列】、【数据】、【球标】和【格式化】5 个工具面板,如图 9.6 所示。

图 9.6 【表】选项的各工具面板

【注释】：主要用于尺寸及公差的显示和标注，有自动尺寸标注、手工尺寸标注、尺寸公差标注、形位公差标注、表面粗糙度标注以及技术说明、标注文本的修改与编辑，包括【删除】、【参数】、【插入】、【排列】和【格式化】5 个工具面板。选择【注释】选项卡，弹出工具面板，如图 9.7 所示。

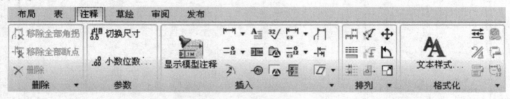

图 9.7 【注释】选项的各工具面板

【草绘】：主要用于手工绘制工程图和工程图图框以及所绘线条的编辑与修改，包括【设置】、【插入】、【控制】、【修剪】、【排列】和【格式化】6 个工具面板。选择【草绘】选项卡，弹出工具面板，如图 9.8 所示。

图 9.8 【注释】选项的各工具面板

【审阅】：主要用于尺寸模型修改以后的再生以及图元信息的分析，包括【检查】、【更新】、【比较】、【查询】、【模型信息】和【测量】6 个工具面板。选择【审阅】选项卡，弹出工具面板，如图 9.9 所示。

图 9.9 【审阅】选项的各工具面板

【发布】：主要用于工程图的输出打印设置。选择【发布】选项卡，弹出工具面板，如图9.10 所示。

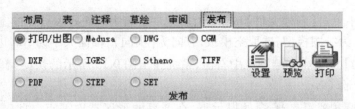

图 9.10   【发布】选项的各工具面板

9.3   创建基本视图

为方便读者学习,本节的主视图、投影视图、轴测图为连续的步骤,如图 9.11 所示。

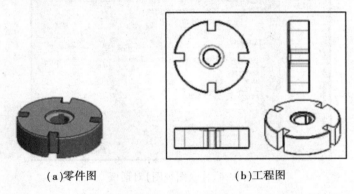

(a)零件图   (b)工程图

图 9.11   tool_disk 零件工程图

9.3.1   主视图

工程图的主视图是按照一定的投影关系创建的一个独立的正交视图。通常情况下,该视图是放置在绘图区的第一个视图。一个模型可以根据不同的投影关系创建不同的主视图。主视图一旦确定后,与其他视图的关系也随之确定。选择主视图的原则是将反映零件信息最对的那个视图作为主视图。

【实例 9.1】以图 9.12 所示的零件模型为例介绍创建基本工程视图即主视图、投影视图、轴测图的一般操作过程。

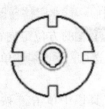

图 9.12   主视图

图 9.13   快捷菜单

261

①在工具栏中单击【新建文件】按钮 ，新建一个名为 tool_disk_drw 的工程图。选取三维模型 tool_disk.prt 为绘图模型,选取空模板,方向为【横向】,幅面大小为 A2,进入工程图模块。

②选择【布局】→ →在绘图区中右击,系统弹出图 9.13 所示的快捷菜单,在该快捷菜单中选择 插入普通视图 命令。

③在系统 选取绘制视图的中心点。 的提示下,在屏幕图形区选取一点。此时绘图区会出现系统默认的零件斜轴测图,并弹出如图 9.14 所示的【绘图视图】对话框。

④定向视图。视图的定向一般有两种方法。

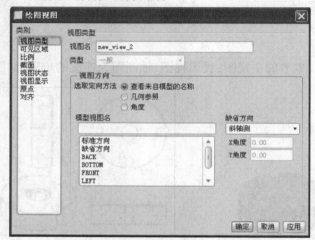

图 9.14 【绘图视图】对话框

方法一:采用参照进行定向。

a.定义放置参照 1。在【绘图视图】对话框中,选取 类别 区域中的 视图类型 选项;在对话框的 视图方向 区域中,选中 几何参照 单选项,如图 9.15 所示。

在对话框的 参照1 下拉列表中选取 前面 选项,在图形区中选择图 9.16 所示的面 1。这一步操作的意义是将所选模型表面放置在前面,即与屏幕平行的位置。

b.定义放置参照 2。在对话框的 参照2 下拉列表中选取 顶 选项,在图形区中选取图 9.16 所示的面 2。这一步操作的意义是将所选模型表面放置在屏幕的顶部,此时模型视图的方位如图 9.12 所示。

说明:如果此时希望返回以前的默认状态,请单击对话框中的 缺省方向 按钮。

方法二:采用已保存的视图方位进行定向。

在图 9.17 所示【绘制视图】对话框的 视图方向 区域中,选中 查看来自模型的名称 单选项,在列表中选取已保存的视图 RIGHT,然后单击 确定 按钮,系统将按 RIGHT 的方位定向视图。

⑤定制比例。在对话框中,选取 类别 区域中的 比例 选项,选中 定制比例 单选项,并输入比例值 1.0,如图 9.18 所示。

⑥单击【绘图视图】对话框中的 确定 按钮,关闭对话框,在工具栏中单击 按钮,将视图的显示状态设置为【隐藏线】。至此,完成了主视图的创建。

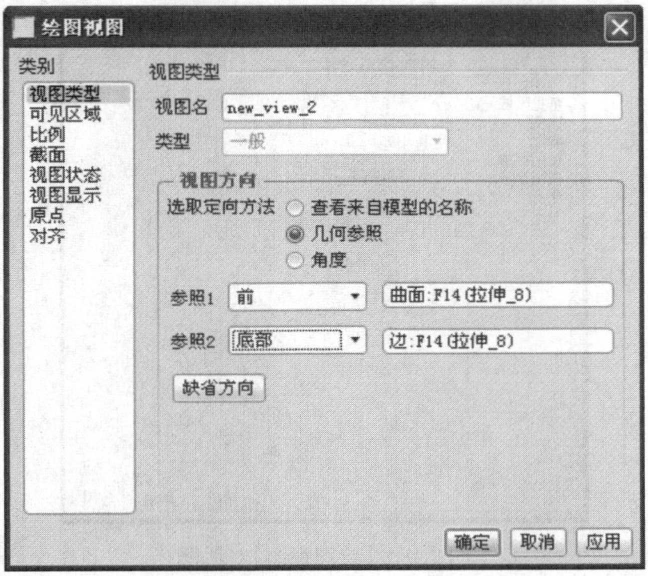

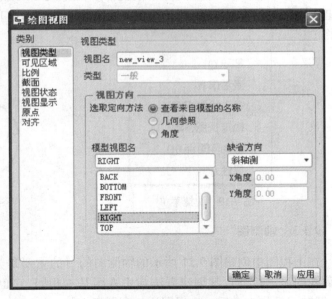

图 9.15　【绘图视图】对话框

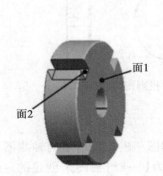

图 9.16　模型的定向

图 9.17　【绘图视图】对话框

9.3.2　投影视图

投影视图是指通过水平或垂直方向正交投影几何来创建二维视图。投影视图包括右视图、左视图、俯视图和仰视图。

【实例 9.2】创建实例 9.1 的零件的左视图。

①在【布局】工具面板上，单击前面创建的主视图，然后右击，系统弹出如图 9.19 所示的快捷菜单，在快捷菜单中选择 插入投影视图 命令，或单击【创建投影视图】按钮。

图 9.18 【绘图视图】对话框

②在系统 选取绘制视图的中心点. 的提示下,在图形区主视图的右方任意位置单击,系统自动创建左视图,如图 9.20 所示;如果在主视图的下方(左方)任意选取一点,则会生成俯视图(右视图)。

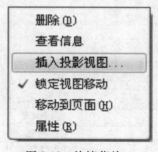

图 9.19 快捷菜单

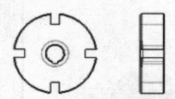

图 9.20 投影视图(左视图)

9.3.3 轴测图

在工程图中创建图 9.21 所示的轴测图的目的主要是方便读图(图 9.21 所示的轴测图为隐藏线的显示状态),其创建方法与主视图基本相同,它也是作为【一般】视图来创建的。通常,轴测图是作为最后一个视图添加到图纸上的。

【实例 9.3】创建轴测图操作的一般过程。

①在绘图区中右击,从弹出的快捷菜单中选择 插入普通视图 命令。

②在系统 选取绘制视图的中心点. 的提示下,在图形区选取一点作为轴测图位置点。

③系统弹出图 9.22 所示的【绘图视图】对话框,选取查看方位 缺省方向 (也可以预先在 3D 模型中保存好创建的合适方位,再选取所保存的方位)。

④定制比例。在【绘图视图】对话框中,选取 类别 区域中的 比例 选项,选中 定制比例 单选项,并输入比例值 1.0。

⑤单击对话框中的 确定 按钮,关闭对话框。

【实例9.4】创建如图9.23所示的基本视图。

图9.21　轴测图　　　　　　　图9.22　选择轴测图方向

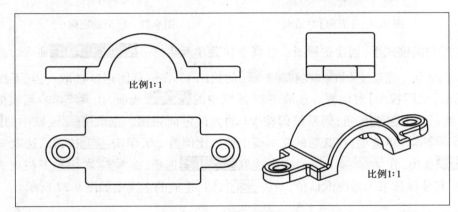

图9.23　零件工程图

1）新建工程图

①在工具栏中单击【新建文件】命令按钮 ⬜。

②在系统弹出的【新建】对话框中,进行以下操作:

a.在 类型 区域中选中 ⊙ ⬛ 绘图 单选项,在 名称 文本框中输入工程图文件名 ex03_01。

b.取消选中 ☑ 使用缺省模板 复选框,即不使用默认模板。单击 确定 按钮,系统弹出【新建绘图】对话框。

③选取工程图模板或图框格式。在系统弹出的【新建绘图】对话框 缺省模型 区域中接受系统的默认选取(模型 TOP_COVER.PRT);在 指定模板 区域中选中 ⊙ 空 选项;在 方向 区域中选取【横向】;在 标准大小 下拉列表中选取 A3 选项;单击 确定 按钮,进入工程图环境。

2）创建图9.23所示的主视图

①在零件模式下,确定主视图方位。选择下拉菜单 窗口(W) → ⬛ 1 TOP_COVER.PRT 命令。选择下拉菜单 视图(V) → 方向(O) ▶ → ⬛ 重定向(O)... 命令(或单击工具栏中的 ⬛ 按钮),系统弹出图9.24所示的【方向】对话框。在【方向】对话框的 类型 下拉列表中选取 按参照定向 选项。定义参照1:采用默认的方位 前 选项作为参照1的方位,选取图9.25(a)所示模型的【表面1】作为参照

265

1。定义参照 2：在下拉列表中选取 上 选项作为参照 2 的方位，选取图 9.25（b）所示模型的【表面 2】作为参照 2。此时系统立即按照两个参照所定义的方位对模型进行重新定向。保存视图。选取 ▶ 已保存的视图，在 名称 文本框中输入视图名称【V1】，然后单击 保存 按钮。在【方向】对话框中单击 确定 按钮。

图 9.24 【方向】对话框

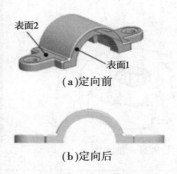

（a）定向前

（b）定向后

图 9.25 模型的定向

②在工程图模式下，创建主视图。选择下拉菜单 窗口(W) → 2 EX03_01.DRW:1 命令。选择菜单 布局 → 一般 命令。在系统 选取绘制视图的中心点. 的提示下，在屏幕图形区选取一点，系统弹出图 9.26 所示的【绘图视图】对话框。选取 类别 区域中的 视图类型 选项，在 模型视图名 列表框中选取 V1 选项，然后单击 应用 按钮，则系统即按 V1 的方位定向视图。选取 类别 区域中的 比例 选项，选中 ⊙ 定制比例 单选项，在其后的文本框中输入比例值 1.0，单击 应用 按钮。选取 类别 区域中的 视图显示 选项，在 显示线型 下拉列表中选取 无隐藏线 选项，在 相切边显示样式 下拉列表中选取 无 选项，其他参数采用系统默认值，单击 确定 按钮，生成的主视图如图 9.27 所示。

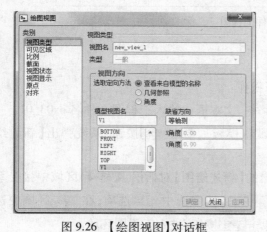

图 9.26 【绘图视图】对话框

比例1∶1

图 9.27 主视图

3）创建图 9.28 所示的俯视图

①选取主视图，然后选择菜单 布局 → 投影(P) 命令（或选取主视图，然后右击，在弹出的快捷菜单中选择 插入投影视图 命令）。

②在系统 选取绘制视图的中心点. 的提示下，在图形区的主视图的下部任意选取一点，系统自动创建俯视图。

③双击俯视图,在弹出的【绘图视图】对话框中选取 类别 区域的 视图显示 选项,在 显示线型 下拉列表中选取 无隐藏线 选项,在 相切边显示样式 下拉列表中选取 无 选项,单击 确定 按钮,此时俯视图如图 9.28 所示。

4)创建图 9.29 所示的左视图

①选取主视图,然后选择下拉菜单 投影... 命令。

②在系统 选取绘制视图的中心点. 的提示下,在图形区的主视图的右部任意选取一点,系统自动创建左视图。

③双击左视图,在弹出的【绘图视图】对话框中设置视图显示模式为 无隐藏线 ,切边显示类型为 无 ,生成的左视图如图 9.29 所示。

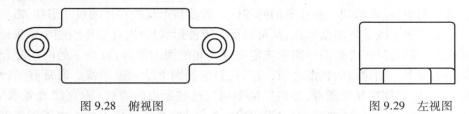

图 9.28　俯视图　　　　　　　　　　　　　图 9.29　左视图

5)创建图 9.30 所示的轴测图

①在零件模式下,定义轴测图方位。选择下拉菜单 窗口(W) → 1 TOP_COVER.PRT 命令。拖动鼠标中键,将模型调整到图 9.30 所示的视图方位。选择下拉菜单 视图(V) → 方向(O)▶ → 重定向(O)... 命令,系统弹出【方向】对话框。在【方向】对话框的 类型 下拉列表中选取 按参照定向 选项,单击 ▶已保存的视图 选项,然后在 名称 后的文本框中输入视图名称【V2】,最后单击 保存 按钮。单击 确定 按钮,关闭对话框。

②在工程图模式下,创建图 9.31 所示的轴测图。选择下拉菜单 窗口(W) → 2 EX03_01.DRW:1 命令。选择下拉菜单 布局 → 一般(E) 命令(或在屏幕区右击,在弹出的快捷菜单中选择 插入普通视图 命令)。在系统 选取绘制视图的中心点. 的提示下,在屏幕图形区选取一点;在系统弹出的【绘图视图】对话框中,在 模型视图名 的列表框中选取 V2 选项,然后单击 应用 按钮,即系统即按【V2】的方位定向视图。选取 类别 区域中的 比例 选项,选中 ⊙ 定制比例 单选项,并在其后面的文本框中输入比例值 1.0,单击 应用 按钮。双击轴测图,在弹出的【绘图视图】对话框中选取 类别 区域的 视图显示 选项,在 显示线型 下拉列表中选取 无隐藏线 选项,在 相切边显示样式 下拉列表中选取 实线 选项,单击 确定 按钮,此时轴测图如图 9.31 所示。

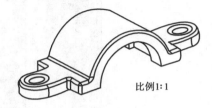

比例1:1

图 9.30　V2 视图方位　　　　　　　　　　图 9.31　轴测图

6)调整视图的位置

在创建完视图后,如果它们在图纸上的位置不合适、视图间距太紧或太松,可以移动视图,操作方法如下:

①取消【锁定视图移动】功能。在绘图区的空白处右击,在系统弹出的快捷菜单中选择 锁定视图移动 命令,去掉该命令前面的 ✔ 。

②分别拖动各视图,将其放置在合适的位置。其中,在移动主视图(一般视图)时,其辅助视图也会相应地一起移动,而移动辅助视图时,主视图的位置不会发生变化。

7)保存完成的工程图

至此,图 9.23 所示工程图的主要视图已创建完成,选择下拉菜单 文件(F) → 保存(S) 命令(或单击工具栏中的【保存】按钮),保存工程图。

9.3.4　破断视图

在机械制图中,经常遇到一些长条形的零件。若要整个反映零件的尺寸形状,需用大幅面的图纸来绘制。为了既节省图纸幅面,又可以反映零件形状尺寸,在实际绘图中常采用破断视图。破断视图指的是从零件视图中删除选定两点之间的视图部分,将余下的两部分合并成一个带破断线的视图。创建破断视图之前,应当在当前视图上绘制破断线。通常有两种方法绘制破断线:一是通过创建几个断点,然后以绘制通过这些断点的直线(垂直线或者水平线)作为破断线;二是通过绘制样条曲线、选取视图轮廓为【S】曲线或几何上的心电图形等形状来作为破断线。确认后,系统将删除视图中两破断线间的视图部分,合并保留需要显示的部分(即破断视图)。

【实例 9.5】下面以创建图 9.32 所示长轴的破断视图为例说明创建破断视图的一般操作步骤。

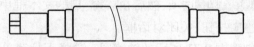

图 9.32　破断视图

①双击图形区中的视图,系统弹出【绘图视图】对话框。

②在该对话框中,选取 类别 区域中的 可见区域 选项,将 视图可见性 设置为 破断视图 ,如图 9.33 所示。

图 9.33　【绘图视图】对话框

③单击【添加断点】按钮 + ,再选取图 9.34 所示的点(点在图元上,不是在视图轮廓线

上),接着在系统 ⇨草绘一条水平或垂直的破断线。的提示下绘制一条垂直线作为第一破断线(不用单击【草绘直线】按钮 ╲,直接以刚选取的点作为起点绘制垂直线)。此时视图如图 9.35 所示,然后选取图 9.35 所示的点,此时自动生成第二破断线,如图 9.36 所示。

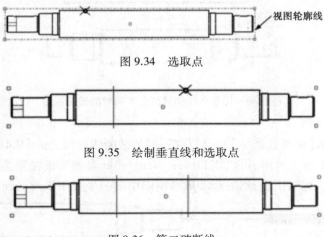

图 9.34 选取点

图 9.35 绘制垂直线和选取点

图 9.36 第二破断线

④选取破断线样式。在 破断线样式 栏中选取 草绘 选项,如图 9.37 所示。

图 9.37 选择破断线样式

⑤绘制图 9.38 所示的样条曲线(不用单击草绘样条曲线按钮 ∿,直接在图形区绘制样条曲线),草绘完成后单击中键,此时生成草绘样式的破断线,如图 9.39 所示。

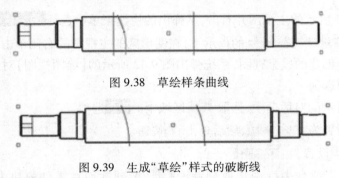

图 9.38 草绘样条曲线

图 9.39 生成"草绘"样式的破断线

⑥单击【绘图视图】对话框中的 确定 按钮，关闭对话框，此时生成图 9.40 所示的破断视图。

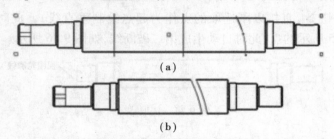

(a)

(b)

图 9.40　样条曲线相对位置不同时的破断视图

说明：

● 选取不同的【破断线线体】将会得到不同的破断线效果，如图 9.41 所示。

● 在工程图配置文件中，可以用 broken_view_offset 参数来设置断裂线的间距，也可在图形区先解除视图锁定，然后拖动破断视图中的一个视图来改变断裂线的间距。

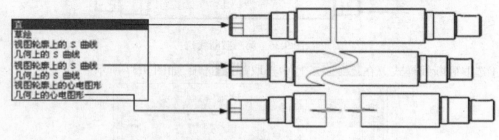

图 9.41　几种破断线效果

9.3.5　全剖视图

全剖视图就是用一个假想的平面剖切模型，然后将整个剖截面及其后面的轮廓线显示在视图中。全剖视图属于 2D 截面视图，在创建全剖视图时需要用到截面。

全剖视图如图 9.42 所示，操作方法如下：

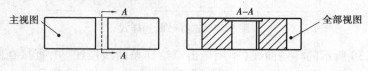

图 9.42　全剖视图

①选取图 9.42 所示的主视图并右击，从弹出的快捷菜单中选择 插入投影视图 命令。

②在系统 选取绘制视图的中心点. 的提示下，在图形区的主视图的右侧单击。

③双击上一步创建的投影视图，系统弹出图 9.42 所示的【绘图视图】对话框。

④设置剖视图选项。

a.在图 9.43 所示的对话框中，选取 类别 区域中的 剖面 选项。

b.将 剖面选项 设置为 2D 截面 ，然后单击 + 按钮。

c.将 模型边可见性 设置为 全部 。

d.在 名称 下拉列表框中选取剖截面 A （A 剖截面在零件模块中已提前创建），在

剖切区域 下拉列表框中选取 完全 选项。

e.单击对话框中的 确定 按钮,关闭对话框。

⑤添加箭头。

a.选取图 9.42 中所示的全剖视图,然后右击,从图 9.44 所示的快捷菜单中选择 添加箭头 命令。

b.在系统 给箭头选出一个截面在其处垂直的视图。中键取消。 的提示下,单击主视图,系统自动生成箭头。

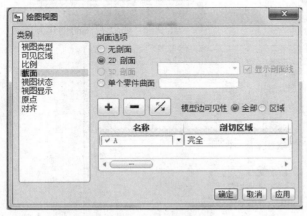

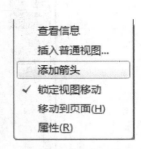

图 9.43　【绘图视图】对话框　　　　　　图 9.44　快捷菜单

9.3.6　半视图与半剖视图

半视图常用于表达具有对称形状的零件模型,使视图简洁明了。创建半视图时,需选取一个基准平面来作为参照平面(此平面在视图中必须垂直于屏幕),视图中只显示此基准平面指定一侧的视图,另一半不显示。

对于一些具有对称特征的零件,只需要进行半剖就可以看清内部的结构情况。在半剖视图中,参照平面指定的一侧以剖视图显示,而在另一侧以普通视图显示,所以需要创建剖截面。

【实例 9.6】半视图和半剖视图分别如图 9.45 和图 9.46 所示,下面分别介绍其操作步骤。

图 9.45　半视图　　　　　　　　　图 9.46　半剖视图

1)创建半视图

① 选取图 9.45 所示的主视图,然后右击,从弹出的快捷菜单中选择 插入投影视图 命令。

②在系统 选取绘制视图的中心点。 的提示下,在图形区的主视图的右侧单击。

③双击上一步创建的投影视图,系统弹出【绘图视图】对话框。

④在对话框的 类别 区域中选取 可见区域 选项,将 视图可见性 设置为 半视图 。

⑤在系统 给半视图的创建选择参照平面。 的提示下,选取图 9.47 所示的 TOP 基准平面(如果在视图中基准平面没有显示,需单击按钮 显示基准平面)。此时视图如图 9.48 所示,图中箭头

为半视图的创建方向(箭头指向左侧表示仅显示左侧部分,箭头指向右侧表示仅显示右侧部分);单击【反向保留侧】按钮 ⚡ 使箭头指向右侧;将 对称线标准 设置为 对称线 ;单击对话框中的 应用 按钮,系统生成半视图,此时【绘图视图】对话框如图 9.49 所示。

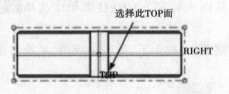

图 9.47　选取参照平面

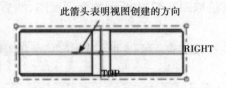

图 9.48　选择视图的创建方向

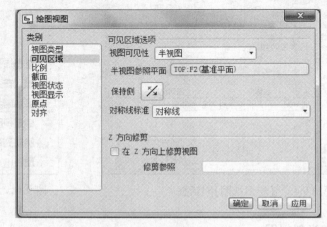

图 9.49　【绘图视图】对话框

⑥单击对话框中的 关闭 按钮,关闭对话框。

2)创建半剖视图

①选取图 9.45 所示的主视图,然后右击,从弹出的快捷菜单中选择 插入投影视图 命令。

②在系统 ⇨ 选取绘制视图的中心点. 的提示下,在图形区的主视图的右侧任意位置单击。

③双击上一步创建的投影视图,系统弹出【绘图视图】对话框。

④设置剖视图选项。在图 9.50 所示的对话框中,选取 类别 区域中的 剖面 选项。将 剖面选项 设置为 ⊙ 2D 截面 ,将模型边可见性 设置为 ⊙ 全部 ,然后单击 + 按钮。在 名称 下拉列表中选取剖截面 ✓ A (A 剖截面在零件模块中已提前创建),在 剖切区域 下拉列表框中选取 一半 选项。在系统 ⇨ 为半截面创建选取参照平面. 的提示下,选取图 9.51 所示的 TOP 基准平面,此时视图如图 9.52 所示,图中箭头表明半剖视图的创建方向;点击绘图区 TOP 基准平面右侧任一点使箭头指向右侧;单击对话框中的 应用 按钮,系统生成半剖视图,此时【绘图视图】对话框如图 9.50 所示,单击【绘图视图】对话框中的 关闭 按钮。

⑤添加箭头。

a.选取图 9.46 所示的半剖视图,右击,从弹出的菜单中选择 添加箭头 命令。

b.在系统 ⇨ 给箭头选出一个截面在其处垂直的视图。中键取消. 的提示下,单击主视图,系统自动生成箭头。

【实例 9.7】创建全、半剖视图。

272

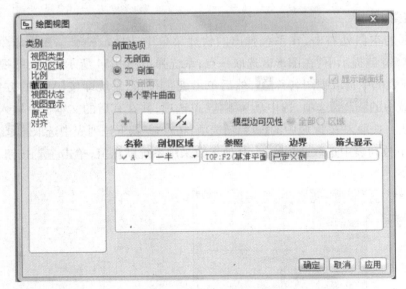

图 9.50　【绘图视图】对话框

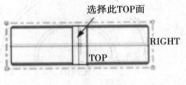

图 9.51　选取参照平面

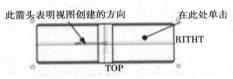

图 9.52　选择视图的创建方向

　　本范例简单地介绍了创建全、半剖视图的过程。创建全、半剖视图的关键在于创建好对应的剖截面,显然,在模型中创建剖截面是最简单的方法。本范例的工程图如图 9.53 所示。

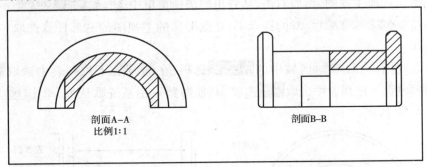

图 9.53　创建全、半剖视图

1)新建工程图

　　在工具栏中单击【新建文件】命令按钮 □ 。在系统弹出的【新建】对话框中,进行下列操作:在 类型 区域中选中 ⊙ 匕 绘图 单选项;在 名称 文本框中输入工程图文件名 ex03_03;取消选中 ☑ 使用缺省模板 复选框,即不使用默认的模板;单击对话框中的 确定 按钮。选取工程图模板或图框格式。在系统弹出的【新制图】对话框中,进行下列操作:在 缺省模型 区域中接受系统的默认选择(模型 SLEEVE.PRT);在 指定模板 区域中选中 ⊙ 空 单选项;在 方向 区域中选取【横向】;在 标准大小 下拉列表中选取 A3 选项;单击 确定 按钮,进入工程图环境。

273

2）创建主视图

在绘图区的空白处右击,在系统弹出的快捷菜单中选择 插入普通视图. 命令。在系统的 选取绘制视图的中心点. 提示下,在图形区选取一点;系统弹出图 9.54 所示的【绘图视图】对话框,在 模型视图名 列表框中选取视图名称 V1 ,然后单击 应用 按钮,系统即按【V1】的方位定向视图。选取 类别 区域中的 比例 选项,选中 ⊙ 定制比例 单选项,并在其后的文本框中输入比例值 1.0,单击 应用 按钮。选取 类别 区域中的 视图显示 选项,在 显示线型 下拉列表中选取 无隐藏线 选项,在 相切边显示样式 下拉列表中选取选项 无 ,其他参数采用系统默认值,单击 确定 按钮,此时主视图如图 9.55 所示。

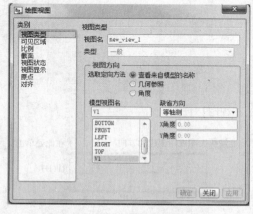

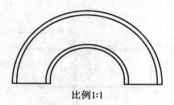

比例1:1

图 9.54 【绘图视图】对话框   图 9.55 主视图

3）创建左视图

①在图形区选取主视图,然后右击,从弹出的快捷菜单中选择 插入投影视图 命令。

②在系统 选取绘制视图的中心点. 的提示下,在图形区的主视图的右部任意选取一点,系统自动创建左视图。

③双击左视图,选取 类别 区域中的 视图显示 选项,在 显示线型 下拉列表中选取 无隐藏线 选项,在 相切边显示样式 下拉列表中选取 无 选项,其他参数采用系统默认值,单击 确定 按钮,此时左视图如图 9.56 所示。

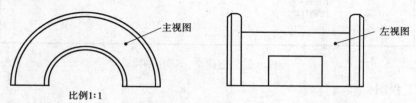

比例1:1

图 9.56 左视图

4）创建图 9.53 所示主视图的全剖视图和左视图的半剖视图

①选择下拉菜单 窗口(W) → 1. SLEEVE. PRT 命令,进入零件环境。

②在工具栏中单击 按钮打开基准平面的显示,然后选择下拉菜单 视图(V) → 视图管理器(M)。系统弹出【视图管理器】对话框。

③选取对话框中的 X 截面 选项卡,单击 新建 按钮,输入截面名称【A】,然后单击中键,在系统弹出图 9.57 所示的 ▼ XSEC CREATE (剖截面创建) 菜单中选择 Planar (平面) → Single (单一) → Done (完成) 命令,系统弹出图 9.58 所示的 ▼ SETUP PLANE (设置平面) 菜单,在图形区选取 FRONT 基准平面。

④在【视图管理器】对话框的 X 截面 选项卡中单击 新建 按钮,输入截面名称【B】,然后单击中键,在系统弹出的【视图管理器】菜单中选择 Planar (平面) → Single (单一) → Done (完成),选取 TOP 基准平面,此时对话框如图 9.59 所示。单击 关闭(C) 按钮,关闭对话框。

图 9.57 【剖截面创建】菜单

图 9.58 【设置平面】菜单

图 9.59 【视图管理器】对话框

⑤在工程图模式下,创建主视图的全剖视图。选择下拉菜单 窗口(W) → 2 EXO3_03.DRW:1 命令。双击主视图,系统弹出【绘图视图】对话框。在 类别 区域中选取 剖面 选项,在 剖面选项 区域中选中 ◎ 2D 截面 单选项;将模型边可见性设置为 ◎ 全部;然后单击 + 按钮,在 名称 下拉列表框中选取剖截面选项 ✓ A(A 剖截面在零件模型环境中已创建),在 剖切区域 下拉列表框中选取 完全 选项,此时对话框如图 9.60 所示。单击 确定 按钮,关闭对话框,主视图的全剖视图如图 9.61 所示。

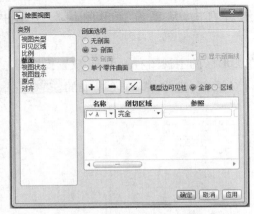

图 9.60 【绘图视图】对话框

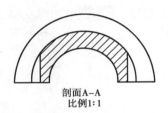

图 9.61 主视图的全剖视图

⑥在工程图模式下,创建左视图的半剖视图。在图形区双击左视图,系统弹出【绘图视图】对话框,选取 类别 区域中的 剖面 选项,在 剖面选项 区域中选中 ◎ 2D 截面 单选项,将

模型边可见性 设置为 ⊙ 全部 ,然后单击 ✚ 按钮,在 名称 下拉列表框中选取剖截面 ☑ B ,在 剖切区域 下拉列表框中选取 一半 选项,选取 FRONT 基准平面作为参照平面,此时视图如图 9.62 所示。点击绘图区 FRONT 基准平面右侧任一点使箭头指向右侧,单击对话框中的 确定 按钮,系统生成图 9.63 所示的左视图的半剖视图。

至此,图 9.53 所示的全剖和半剖视图创建完成,保存工程图。

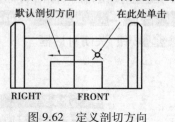
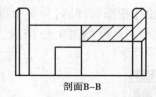

图 9.62 定义剖切方向   图 9.63 左视图的半剖视图

9.3.7 局部视图与局部剖视图

局部视图只显示视图欲表达的部位,且将视图的其他部分省略或断裂。创建局部视图时需先指定一个参照点作为中心点并在视图上草绘一条样条曲线以选定一定的区域,生成的局部视图将显示以此样条曲线为边界的区域。

局部剖视图以剖视的形式显示选定区域的视图,可以用于某些复杂的视图中,使图样简洁,增加图样的可读性。在一个视图中还可以做多个局部截面,这些截面可以不在一个平面上,用以更加全面地表达零件的结构。

(1)创建局部视图

【实例 9.8】局部视图如图 9.64 所示,操作步骤如下。

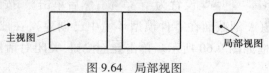

主视图   局部视图

图 9.64 局部视图

①先单击图 9.64 中所示的主视图,然后右击,从系统弹出的快捷菜单中选择 插入投影视图… 命令。

②在系统 ➡选取绘制视图的中心点。 的提示下,在图形区的主视图右侧单击,放置投影图。

③双击投影视图,系统弹出【绘图视图】对话框,选取 类别 区域中的 可见区域 选项,将 视图可见性 设置为 局部视图 ,如图 9.65 所示。

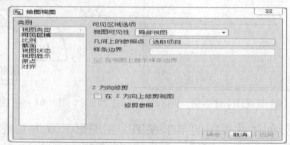

图 9.65 【绘图视图】对话框

④绘制部分视图的边界线。此时系统提示 ⇨选取新的参照点。单击"确定"完成。，在投影视图的边线上选取一点(如果不在模型的边线上选取点，系统则不认可)，这时在拾取的点附近出现一个十字线，如图 9.66 所示。在系统 ⇨在当前视图上草绘样条来定义外部边界。的提示下，直接绘制图 9.67 所示的样条线来定义外部边界。当绘制到封合时，单击中键结束绘制(在绘制边界线前，不要选择样条线的绘制命令，可直接单击进行绘制)。

⑤单击对话框中的 确定 按钮，关闭对话框。

图 9.66　选取边界中心点

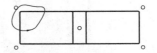

图 9.67　定义外部边界

（2）创建局部剖视图

【实例 9.9】局部剖视图如图 9.68 所示，操作步骤如下。

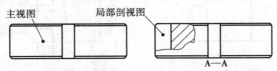

图 9.68　局部剖视图

①创建图 9.68 中所示主视图的右视图(投影视图)。

②双击上一步中创建的投影视图，系统弹出【绘图视图】对话框。

③设置剖视图选项。在【绘图视图】对话框中，选取 类别 区域中的 剖面 选项。将 剖面选项 设置为 ⊙ 2D 截面 ，将模型边可见性 设置为 ⊙ 全部 ，然后单击 ＋ 按钮。在 名称 下拉列表框中选取剖截面 ✓ A (A 剖截面在零件模块中已提前创建)，在 剖切区域 下拉列表框中选取 局部 选项。

④绘制局部剖视图的边界线。此时系统提示 ⇨选取截面间断的中心点＜ A ＞。，在图 9.69 所示的投影视图中边线上选取一点(如果不在模型边线上选取点，系统不认可)，这时在拾取的点附近出现一个十字线。在系统 ⇨草绘样条，不相交其它样条，来定义一轮廓线。的提示下，直接绘制图 9.70 所示的样条线来定义局部剖视图的边界。当绘制到封合时，单击中键结束绘制。

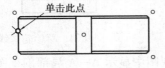

图 9.69　截面间断的中心点

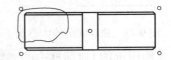

图 9.70　草绘轮廓线

⑤此时【绘图视图】对话框如图 9.71 所示，单击 确定 按钮，关闭对话框。

（3）在同一个视图上产生多个局部剖截面

同一视图上显示多个局部剖截面的效果如图 9.72 所示，操作步骤如下。

①双击图 9.72(a)所示的主视图，系统弹出【绘图视图】对话框。在【绘图视图】对话框中，选取 类别 区域中的 剖面 选项。将 剖面选项 设置为 ⊙ 2D 截面 ，将模型边可见性 设置为 ⊙ 全部 ，然后单击 ＋ 按钮。在 名称 下拉列表框中选取剖截面 ✓ A (A 剖截面在零件模块中已提前创

图 9.71　【绘图视图】对话框

建），在 剖切区域 下拉列表框中选取 局部 选项。

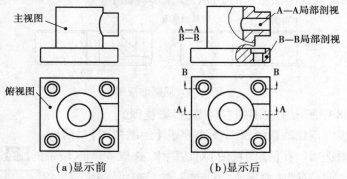

（a）显示前　　　　　　（b）显示后

图 9.72　同一视图上显示多个局部剖截面

②绘制局部剖视图的边界线。此时系统提示 选取截面间断的中心点〈A〉。，在图 9.73 所示的投影视图中边线上选取一点。在系统 草绘样条，不相交其它样条，来定义一轮廓线。 的提示下，直接绘制图 9.74 所示的样条线来定义局部剖视图的边界，当绘制到封合时，单击中键结束绘制。

图 9.73　截面间断的中心点　　　　　　图 9.74　草绘轮廓线

③单击【绘图视图】对话框中的 应用 按钮，此时主视图中显示 A—A 局部剖视图。

④创建 B—B 局部剖视。单击【添加截面】按钮 ，在 名称 下拉列表框中选取剖截面 B（B 剖截面在零件模块中已提前创建），在 剖切区域 下拉列表框中选取 局部 选项。首先在系统 选取截面间断的中心点〈A〉 的提示下，在图 9.75 所示的投影视图的边线上选取一点，然后在系统 草绘样条，不相交其它样条，来定义一轮廓线。 的提示下，绘制图 9.76 所示的样条线来定义局部剖视图的边界。当绘制到封合时，单击中键结束绘制。单击【绘图视图】对话框中的 应用 按钮，此时主视图除了显示 A—A 局部剖视图外，还显示 B—B 局部剖视图。

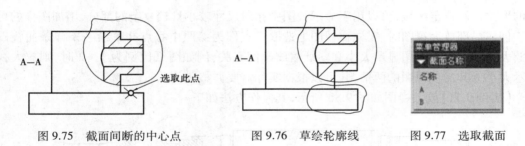

图 9.75　截面间断的中心点　　　图 9.76　草绘轮廓线　　　图 9.77　选取截面

⑤单击【绘图视图】对话框中的 关闭 按钮,关闭对话框。

⑥添加箭头。

a.添加 A—A 局部剖视在俯视图上的箭头。选取图 9.72(b)所示的局部剖视图,然后右击,从弹出的快捷菜单中选择 添加箭头 命令,此时系统弹出图 9.77 所示的【菜单管理器】,并显示提示 从菜单选取横截面。在菜单管理器中选取截面 A,再选取图 9.72(b)所示的俯视图,系统立即在俯视图上生成 A—A 局部剖视的箭头。

b.添加 B—B 局部剖视在俯视图上的箭头。选取图 9.72(b)所示的局部剖视图,右击,从弹出的快捷菜单中选择 添加箭头 命令。单击图 9.72(b)所示的俯视图,系统立即在俯视图上生成 B—B 局部剖视的箭头。

9.3.8　辅助视图

辅助视图又叫向视图,它也是投影生成的,它和一般投影视图的不同之处在于它是沿着零件上某个斜面投影生成的,而一般投影视图是正投影。它常用于具有斜面的零件。在工程图中,当正投影视图表达不清楚零件的结构时,可以采用辅助视图。

【实例 9.10】辅助视图如图 9.78 所示,操作方法如下。

① 选择菜单 布局 → 辅助(A) 命令。

②在系统 在主视图上选取穿过前侧曲面的轴或作为基准曲面的前侧曲面的基准平面。的提示下,选取图9.79 所示的边线(在图 9.79 所示的视图中,选取的边线其实为一个面,由于此面和视图垂直,所以其退化为一条边线;在主视图的非边线的地方选取,系统不认可)。

③在系统 选取绘制视图的中心点。的提示下,在主视图的右上方选取一点来放置辅助视图。

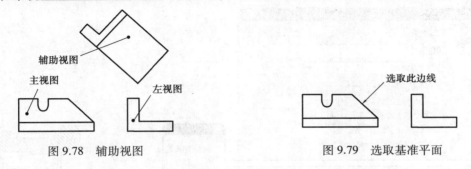

图 9.78　辅助视图　　　　　　图 9.79　选取基准平面

9.3.9　放大视图

放大视图是对视图的局部进行放大显示,所以又被称为【局部放大视图】。放大视图以放大的形式显示选定区域,可以用于显示视图中相对尺寸较小且较复杂的部分,增加图样的可读性。创建局部放大视图时,需先在视图上选取一点作为参照中心点并草绘一条样条曲线以选定放大区域。放大视图显示大小和图纸缩放比例有关,例如图纸比例为 1∶2 时,则放大视图显示大小为其父项视图的两倍,并可以根据实际需要调整比例。

【实例 9.11】放大视图如图 9.80 所示,其操作方法如下。

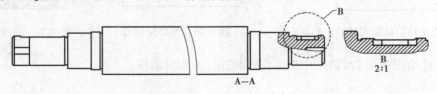

图 9.80　局部放大视图

①选择下拉菜单 布局 → 详细(D) 命令。

②在系统 ⇨在一现有视图上选取要查看细节的中心点。 的提示下,在图样的边线上选取一点(在视图的非边线的地方选取的点,系统不认可),此时在拾取的点附近出现一个十字线,如图 9.81 所示。

③绘制放大视图的轮廓线。在系统 ⇨草绘样条,不相交其它样条,来定义一轮廓线。 的提示下,绘制图 9.82 所示的样条线以定义放大视图的轮廓。当绘制到封合时,单击中键结束绘制(在绘制边界线前,不要选择样条线的绘制命令,而是直接单击进行绘制)。

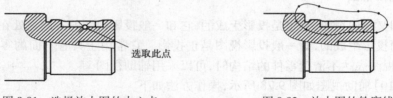

图 9.81　选择放大图的中心点　　　　　　　　图 9.82　放大图的轮廓线

④在系统 ⇨选取绘制视图的中心点。 的提示下,在图形区选取一点来放置放大图。

⑤设置轮廓线的边界类型。在创建的局部放大视图上双击,系统弹出图 9.83 所示的【绘图视图】对话框。在 视图名 文本框中输入放大图的名称 B;在 父项视图上的边界类型 下拉列表中,选取 圆 选项,然后单击 应用 按钮,此时轮廓线变成一个双点画线的圆,如图 9.84 所示。

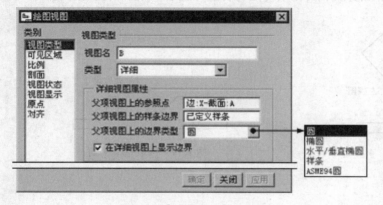

图 9.83　【绘图视图】对话框

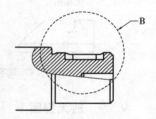

图 9.84　注释文本的放置位置

⑥在【绘图视图】对话框中,选取 类别 区域中的 比例 选项,再选中 ⊙ 定制比例 单选项,然后在后面的文本框中输入比例值 2.000,单击 应用 按钮,如图 9.85 所示。

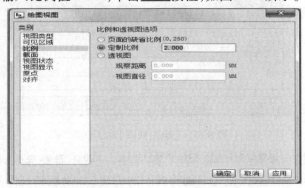

图 9.85　【绘图视图】对话框

⑦单击对话框中的 关闭 按钮,关闭对话框。

9.3.10　旋转视图和旋转剖视图

旋转视图又叫旋转截面视图,它是从现有视图引出的,主要用于表达剖截面的剖面形状,因此常用于工字钢等零件。此剖截面必须和它所引出的那个视图相垂直。在 Creo Elements Pro 5.0 工程图环境中,旋转视图的截面类型均为区域截面,即只显示被剖切的部分,因此在创建旋转视图的过程中不会出现【截面类型】菜单。

旋转剖视图是完整截面视图,但它的截面是一个偏距截面(因此需创建偏距剖截面)。其显示绕某一轴的展开区域的截面视图,在【绘图视图】对话框中用到的是【全部对齐】选项,且需选取某个轴。

（1）旋转视图

【实例 9.12】旋转视图如图 9.86 所示,操作步骤如下。

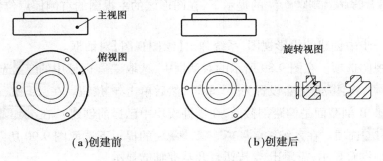

（a)创建前　　　　　　　　　　　（b)创建后

图 9.86　旋转视图

①选择下拉菜单 布局 → 旋转(R)... 命令。

②在系统 ⇨ 选取旋转界面的父视图。 的提示下,单击选取图形区中的俯视图。

③在 ⇨ 选取绘制视图的中心点。 的提示下,在图形区的俯视图的右侧选取一点,系统立即产生旋转视图,并弹出图 9.87 所示的【绘图视图】对话框(系统已自动选取截面 A,在此例中只有截面 A 符合创建旋转视图的条件;如果有多个截面符合条件,需读者自己选取)。

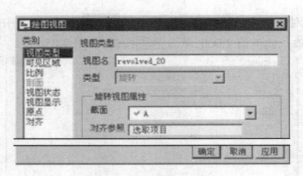

图 9.87 【绘图视图】对话框

④此时系统显示提示 ⬦选取对称轴或基准(中键取消)。，一般不需要选取对称轴或基准，直接单击中键或在对话框中单击 确定 按钮完成旋转视图的创建(如果旋转视图和原俯视图重合在一起，可移动旋转视图到合适位置)。

（2）旋转剖视图

【实例 9.13】旋转剖视图如图 9.88 所示，操作步骤如下。

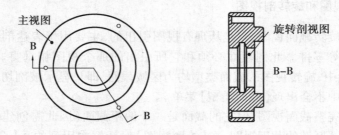

图 9.88 旋转剖视图

①先单击选中图 9.88 所示的主视图，然后右击，从系统弹出的快捷菜单中选择 插入投影视图 命令。

②在系统 ⬦选取绘制视图的中心点 的提示下，在图形区的主视图的右侧任意位置单击，放置投影图。

③双击上一步中创建的投影视图，系统弹出【绘图视图】对话框。

④设置剖视图选项。在图 9.89 所示的对话框中，选取 类别 区域中的 剖面 选项。将 剖面选项 设置为 ⦿ 2D 截面，将 模型边可见性 设置为 ⦿ 全部，然后单击 + 按钮。在 名称 下拉列表框中选取剖截面 ✔ B（B 剖截面是偏距剖截面，在零件模块中已提前创建），在 剖切区域 下拉列表框中选取 全部(对齐) 选项。在系统 ⬦选取轴(在轴线上选取)。的提示下选取图 9.90 所示的轴线(如果在视图中基准轴没有显示，需单击 ╱ 按钮打开基准轴的显示)。

⑤单击对话框中的 确定 按钮，关闭对话框。

⑥添加箭头。选取图 9.88 所示的旋转剖视图，然后右击，从弹出的快捷菜单中选择 添加箭头 命令；单击主视图，系统自动生成箭头。

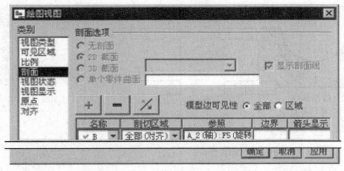
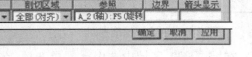
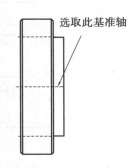

图 9.89　【绘图视图】对话框　　　　　　　图 9.90　选取基准轴

9.3.11　阶梯剖视图

阶梯剖视图属于 2D 截面视图,其与全剖视图在本质上没有区别,但它的截面是偏距截面。创建阶梯剖视图的关键是创建好偏距截面,可以根据不同的需要创建偏距截面来实现阶梯剖视以达到充分表达视图的需要。

【实例 9.14】阶梯剖视图如图 9.91 所示,操作步骤如下。

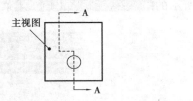
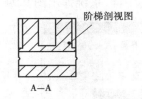

图 9.91　阶梯剖视图

①创建图 9.91 所示主视图的右视图。

②双击上一步中创建的投影视图,系统弹出【绘图视图】对话框。

③设置剖视图选项。在【绘图视图】对话框中,选取 类别 区域中的 剖面 选项;将 剖面选项 设置为 ⊙ 2D 截面,然后单击 + 按钮;将 模型边可见性 设置为 ⊙ 全部;在 名称 下拉列表框中选取剖截面 ✓ A ,在 剖切区域 下拉列表框中选取 完全 选项;单击对话框中的 确定 按钮,关闭对话框。

④添加箭头。选取图 9.91 所示的阶梯剖视图,然后右击,从弹出的快捷菜单中选择 添加箭头 命令;单击主视图,系统自动生成箭头。

【实例 9.15】创建如图 9.92 所示阶梯剖视图。

本例简单地介绍了创建阶梯剖视图的过程。创建阶梯剖视图的关键在于创建好对应的偏距剖截面,同样,在模型中创建偏距剖截面也是较简单的方法。

1)新建工程图

①在工具栏中单击【新建文件】命令按钮 □ ,系统弹出的【新建】对话框。

②在 类型 区域中选中 ⊙ □ 绘图 单选项,在 名称 文本框中输入文件名 ex03_04,取消选中 ✓ 使用缺省模板 复选框,最后单击 确定 按钮,系统弹出【新制图】对话框。

③选取工程图模板或图框格式。在【新制图】对话框中的 缺省模型 区域中接受系统的默认

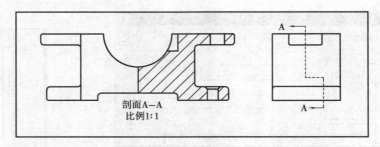

图 9.92　创建阶梯剖视图

选择(模型 DOWN_BASE.PRT),在 指定模板 区域中选中 ⊙空 单选项,在 方向 区域中选取【横向】,在 标准大小 下拉列表中选取 A3 选项,单击 确定 按钮,进入工程图环境。

2)创建一个【偏距】剖截面

①选择下拉菜单 窗口(W)→ 1 DOWN_BASE.PRT 命令,进入零件环境。

②在工具栏中单击 ⊿ 按钮,打开基准平面的显示,然后选择下拉菜单 视图(V)→ 视图管理器(M) 命令,系统弹出【视图管理器】对话框。

③在【视图管理器】对话框中选取 X 截面 选项卡,单击 新建 按钮,输入截面名称【A】,如图 9.93 所示,然后单击中键,系统弹出图 9.94 所示的 ▼ XSEC CREATE (剖截面创建) 菜单。

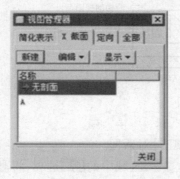

图 9.93　【视图管理器】对话框

图 9.94　【剖截面创建】菜单

④在 ▼ XSEC CREATE (剖截面创建) 菜单中选择 Offset (偏距)→ Both Sides (双侧)→ Single (单一)→ Done (完成),系统弹出图 9.95 所示的 ▼ SETUP SK PLN (设置草绘平面) 菜单。

⑤绘制偏距剖截面草图。在 ▼ SETUP SK PLN (设置草绘平面) 菜单中选择 Setup New (新设置)→ Plane (平面) 命令,然后选取图 9.96 所示的 RIGHT 基准平面为草绘平面。在 ▼ DIRECTION (方向) 菜单中,选择 Okay (正向) 命令。在 ▼ SKET VIEW (草绘视图) 菜单中,选择 Left (左) 命令。在弹出的 ▼ SETUP PLANE (设置平面) 菜单中,选择默认的 Plane (平面) 命令,再选取图 9.76 所示的基准平面 DTM2,此时系统弹出【参照】对话框。选取图 9.97 所示的 FRONT 基准平面和边线作为草绘参照。单击 ＼ 按钮,绘制图 9.97 所示的偏距剖截面草图,完成后单击 ✔ 按钮。

在弹出的【视图管理器】对话框中选择 显示▼→ 可见性 命令,单击 关闭 按钮。

3)创建阶梯剖视图

①选择下拉菜单 窗口(W)→ 2 EX03_04.DRW:1 命令。

图 9.95　【设置草绘平面】菜单

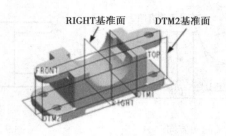

图 9.96　选取基准面

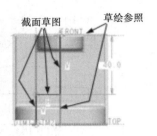

图 9.97　绘制截面草图

②在绘图区的空白处右击,在弹出图的快捷菜单中选择 插入普通视图 命令。

③在系统 ➡选取绘制视图的中心点. 的提示下,在屏幕图形区选取一点,系统弹出图 9.98 所示的【绘图视图】对话框,在 模型视图名 的列表框中选取视图 FRONT ,然后单击 应用 按钮。

④选取 类别 区域中的 比例 选项,选中 ⊙ 定制比例 单选项,并在其后的文本框中输入比例值 1.0,单击 应用 按钮。

⑤选取 类别 区域中的 视图显示 选项,在 显示线型 下拉列表中选取 无隐藏线 选项,在 相切边显示样式 下拉列表中选取 无选项,其他参数采用系统默认值,单击 确定 按钮,此时主视图如图 9.99 所示。

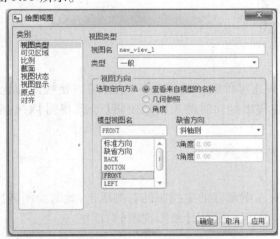

图 9.98　【绘图视图】对话框

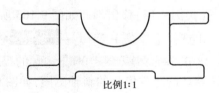

比例1:1

图 9.99　主视图

⑥在工程图模式下,创建阶梯剖视图。双击主视图,系统弹出【绘图视图】对话框。选取 类别 区域中的 剖面 选项,在 剖面选项 区域中选取 ⊙ 2D 截面 单选项,将 模型边可见性 设置为 ⊙ 全部 ;然后单击 ＋ 按钮,在 名称 下拉列表框中选取剖截面 ✓ A ,在 剖切区域 下拉列表框中选取 一半 ;单击 选取平面 ,选取 RIGHT 基准平面,此时视图如图 9.100 所示,采用系统默认的剖切方向。单击对话框中的 确定 按钮,此时系统生成图 9.101 所示的阶梯剖视图。

⑦创建主视图的左视图。左键选中主视图,然后右击,从弹出的快捷菜单中选择 插入投影视图 命令。在系统 ➡选取绘制视图的中心点. 的提示下,在图形区主视图的右部任意选取一点,系统自动创建左视图。双击左视图,在弹出的【绘图视图】对话框中设置视图的显示模式为【无隐藏线】,切线显示模式为【无】,结果如图 9.102 所示。

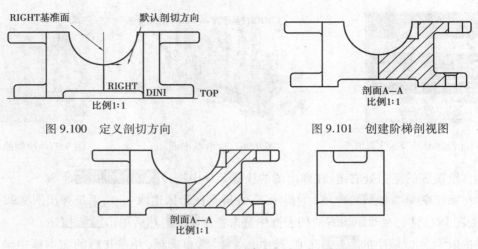

图 9.100　定义剖切方向　　　　　　图 9.101　创建阶梯剖视图

图 9.102　创建左视图

⑧添加箭头。选取图 9.102 所示的主视图,然后右击,从弹出的快捷菜单中选择 添加箭头 命令,单击左视图,系统自动生成箭头,如图 9.102 中左视图所示。

⑨调节剖面线的间距。双击主视图中的剖面线,在弹出的 ▼ MOD XHATCH (修改剖面线) 菜单中设置剖面线间距值为 4,完成后选择 Done (完成) 命令。

⑩至此,阶梯剖视图创建完成,保存工程图。

9.3.12　移出剖面

移出剖面也被称为断面图,常用在只需表达零件断面的场合下,这样可以使视图简化,又能使视图所表达的零件结构清晰易懂。创建移出剖面时的关键是要将【绘图视图】对话框中的 模型边可见性 设置为 ⊙ 区域 。

【实例 9.16】移出剖面如图 9.103 所示,操作步骤如下。

①选择下拉菜单 布局 → 一般 (E) 命令。

②在系统 ⇨ 选取绘制视图的中心点。的提示下,在图形区的主视图的右侧单击,此时绘图区出现系统默认的零件模型的斜轴测图,如图 9.104 所示,并弹出【绘图视图】对话框。

图 9.103　移出剖面　　　　　　　　图 9.104　轴测图

③在【绘图视图】对话框中的 视图方向 区域中,选中 选取定向方法 中的 ⊙ 查看来自模型的名称 单选项,在 模型视图名 中找到视图名称 LEFT,此时【绘图视图】对话框如图 9.105 所示,单击对话框中的 应用 按钮。

④设置剖视图选项。在【绘图视图】对话框中,选取 类别 区域中的 剖面 选项;将 剖面选项 设置为 ⊙ 2D 截面,然后单击 + 按钮;将 模型边可见性 设置为 ⊙ 区域;在 名称 下拉列表框中选取剖截面 ✓ A,在 剖切区域 下拉列表框中选取 完全 选项,设置完成后对话框如图 9.106 所示。最

图 9.105　【绘图视图】对话框

后单击对话框中的 确定 按钮,关闭对话框,完成移除剖面的添加,如图 9.107 所示。

图 9.106　【绘图视图】对话框

⑤添加箭头。选择图 9.107 所示的断面图,然后右击,从图 9.108 所示的快捷菜单中选择 添加箭头 命令。

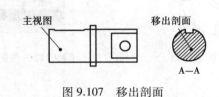

图 9.107　移出剖面　　　　　　　　　　图 9.108　快捷菜单

⑥在系统 给箭头选出一个截面在其处垂直的视图。中键取消。的提示下,单击主视图,系统自动生成箭头。

287

9.4 编辑工程图视图

基本视图创建完毕后往往还需对其进行移动和锁定等编辑操作,将视图摆放在合适的位置,使整个图面更加美观明了。

9.4.1 移动视图

移动视图前首先选取所要移动的视图,并且查看该视图是否被锁定。一般在第一次移动前,系统默认所有视图都是被锁定的,因此需要解除锁定再进行移动操作。

【实例9.17】下面说明移动视图操作的一般过程。

①单击系统工具栏中的视图锁定切换按钮 ，使其处于弹起状态(或选取视图后,右击视图,在弹出图9.109所示的快捷菜单中选择 锁定视图移动 命令,去掉该命令前面的✔)。

②如图9.110(a)所示,选取并拖动左视图,将其放置在合适位置,如图9.110(b)所示。

图 9.109 快捷菜单

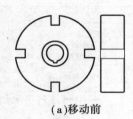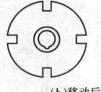

　　(a)移动前　　　　　　(b)移动后

图 9.110 移动视图

9.4.2 锁定视图

如图9.111所示,视图在移动调整后,为了避免今后因误操作使视图相对位置发生变化,这时需要对视图进行锁定。在系统工具栏中单击视图锁定切换按钮 ，使其处于按下状态；如图9.112所示,或者直接在绘图区的空白处右击,在弹出的快捷菜单中选择 锁定视图移动 命令,如图9.113所示。操作后,视图被锁定。

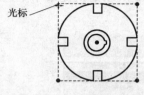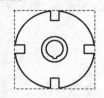

图 9.111 解除锁定视图　　　图 9.112 锁定视图　　　图 9.113 快捷菜单

9.4.3 拭除视图

对于大型复杂的工程图,尤其是零件成百上千的复杂装配图,视图的打开、再生与重画等操作往往会占用系统很多资源。因此,除了对众多视图进行移动锁定操作外,还应对某些不重要的或暂时用不到的视图采取拭除操作,将其暂时从图面中拭去。当要进行编辑时还可将视图恢复显示,而对于不需要的视图则可以将其删除。

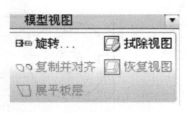

图 9.114　【模型视图】菜单

拭除视图就是将视图暂时隐藏起来,但该视图仍然存在。在这里,拭除的含义和在 Creo Elements Pro 5.0 其他应用中的拭除含义是相同的。当需要显示已拭除的视图时,还可通过恢复视图操作来将其恢复显示。

【实例 9.18】下面说明拭除视图的一般操作过程。

①选择菜单【布局】→ 模型视图 命令,系统弹出图 9.114 所示的菜单。

②选择 拭除视图命令,在系统 选取要拭除的绘图视图。 的提示下,选取图 9.115(a)中的轴测图,则系统会用一个带有视图名的矩形框来临时代替该轴测图,如图 9.115(b)所示。

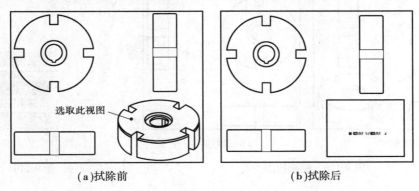

选取此视图

(a)拭除前　　　　　　　　　　　　　(b)拭除后

图 9.115　拭除视图

③单击中键,完成对轴测图的拭除操作。

9.4.4　恢复视图

如果想恢复已经拭除的视图,须进行恢复视图操作。恢复视图和拭除视图是相逆的过程。

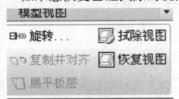

图 9.116　【模型视图】菜单

【实例 9.19】恢复视图操作的一般过程如下。

①选择菜单【布局】→ 模型视图 命令。

②系统弹出【模型视图】菜单,选择 恢复视图命令,如图 9.116 所示菜单。

③选取图 9.117(a)所示的视图 NEW_VIEW_4(即轴测图),选择 Done Sel (完成选取)命令。

④单击中键,完成视图的恢复操作,视图恢复后如图 9.117(b)所示。

9.4.5　删除视图

【实例 9.20】对于不需要的视图可以进行视图的删除操作,其一般操作过程如下:

选取图 9.118(a)所示的轴测图为要删除的视图,然后选择 编辑(E) → 删除(D) → 删除(D) Del 命令,则视图将被删除(或者单击要删除的视图后,在该视图上右击,在图 9.119 所示的快捷菜单中选择 删除(D)命令)。删除视图后,如图 9.118(b)所示。

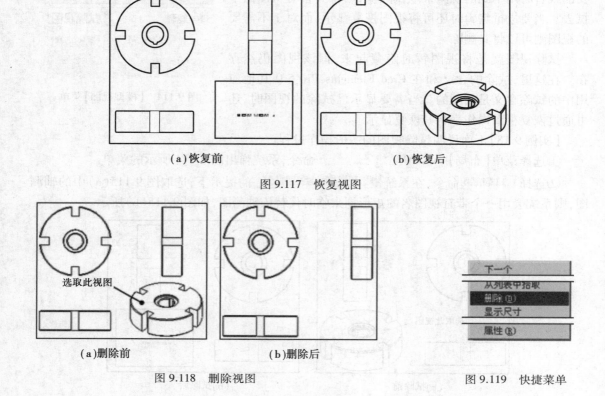

（a）恢复前   （b）恢复后

图 9.117   恢复视图

选取此视图

（a）删除前   （b）删除后

图 9.118   删除视图

图 9.119   快捷菜单

9.5   工程图标注

创建完视图后，需要对工程图机械尺寸标注。尺寸标注是工程图设计中的重要环节，它关系到零件的加工、检验和实用各个环节。只有配合合理的尺寸标注才能帮助设计者更好地表达设计意图。

9.5.1   创建尺寸

驱动尺寸是通过现有的基线为参照来定义的尺寸。通过手动方式可以创建驱动尺寸。如果要创建驱动尺寸，可以选择功能选项卡中的 ┌┐ 或选择【注释】→【插入】→【尺寸—参照】选项。打开依附类型菜单管理器，在菜单管理器中可以选择依附的类型，如图 9.120 所示。

从依附类型菜单管理器中选择一个依附类型选项后，系统要求添加新参照。用鼠标选择两个参照后，在合适的位置单击鼠标中键可放置新参照尺寸，如图 9.121 所示。

9.5.2   创建参照尺寸

参照尺寸和驱动尺寸一样，也是根据参照定义得到尺寸，不同之处在于参照尺寸不显示公差。用户可以通过括号或者在尺寸值后面添加 REF 来表示参照尺寸。通过手动方式可以创建参照尺寸。如果要创建驱动尺寸，可以选择功能选项卡中的按钮 ┌┐ 或选择【注释】→【插

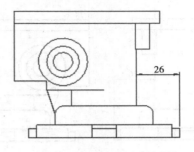

图 9.120　选取依附类型　　　　　　　　　图 9.121　选取尺寸参照

入】→【参照尺寸—新参照】选项。这时可以打开依附类型菜单管理器,在菜单管理器中可以选择依附的类型,如图 9.122 所示。

　　从依附类型菜单管理器中选择一个依附类型选项后,系统要求添加新参照,用鼠标选择两个参照后,在合适的位置单击鼠标中键可放置新参照尺寸,如图 9.123 所示。

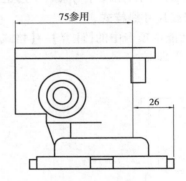

图 9.122　参照尺寸依附类型　　　　　　　图 9.123　创建参照尺寸

9.5.3　尺寸的编辑

　　尺寸创建完成后,可能位置安排不合理或者尺寸相互重叠,这就需要对尺寸进行编辑修改。通过编辑修改,可以使视图更加美观、合理。可调整绘图尺寸的放置以符合工业标准,并且使模型细节更易读取。

　　(1)**移动尺寸**

　　①打开实例"第 9 章\zhijia"文件,如图 9.124 所示。

　　②需要选取要移动的尺寸,光标变为四角箭头形状,如图 9.125 所示。

　　③按住鼠标左键将尺寸拖动到所需要位置并释放鼠标,则尺寸就可以移动到新的位置,如图 9.126 所示。可使用 Ctrl 键选取多个尺寸,如果移动选定尺寸中的一个,所有的尺寸都随之移动。

　　(2)**对齐尺寸**

　　可以通过对齐线性和径向和角度尺寸来调整绘图显示。选定尺寸与所选择的第一尺寸对齐(假设它们共享一条平行的尺寸界线)。无法与选定尺寸对齐的任何尺寸都不会移动。

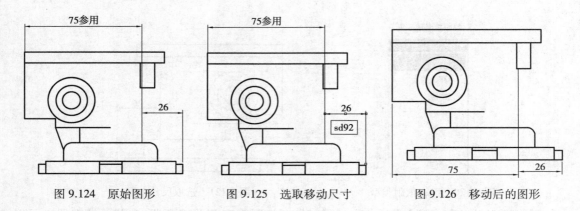

图 9.124　原始图形　　　　图 9.125　选取移动尺寸　　　　图 9.126　移动后的图形

　　首先,选取要将其他尺寸与之对齐的尺寸,该尺寸会加亮显示,按 Ctrl 键并选取要对齐的剩余尺寸。可单独地选取附加尺寸或使用区域选取,还可以选取未标注尺寸的对象,但是,对齐只适合于选定尺寸。选定尺寸加亮显示。然后右键单击并从快捷菜单中选取【对齐尺寸】,如图 9.127(a)所示,则尺寸与第一个选定尺寸对齐,如图9.127(b)所示。

　　(3)修改尺寸线样式

　　选择功能选项卡中的【注释】→【格式】→【箭头样式】选项,打开如图 9.128 所示的【箭头样式】菜单管理器。

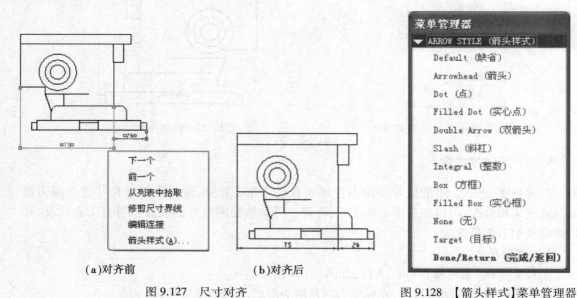

(a)对齐前　　　　　(b)对齐后

图 9.127　尺寸对齐　　　　　　　　　　　　　图 9.128　【箭头样式】菜单管理器

　　在菜单管理器中选择一种样式,如"实心点"样式,然后选择待修改的尺寸线箭头,然后单击【选取】对话框中的【确定】按钮,则视图中箭头就会改变样式,如图 9.129 所示。

　　(4)删除尺寸

　　如果要删除某一尺寸,可以直接用鼠标选取该尺寸,该尺寸加亮显示。然后单击右键,从弹出的快捷菜单中选择【删除】命令或左键

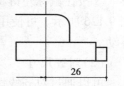

图 9.129　修改箭头样式

选择该尺寸,按 Delete 键即可将该尺寸删除。

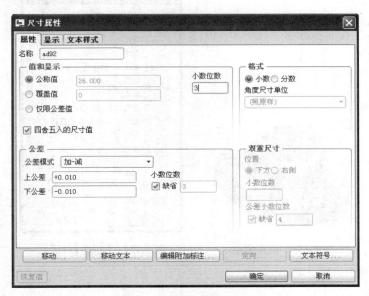

图 9.130　【公差模式】下拉列表　　　　　　　图 9.131　【尺寸属性】窗口

9.5.4　显示尺寸公差

双击要显示的尺寸,在【尺寸属性】对话框中可以修改公差模式和公差值。单击【公差模式】下拉列表框,从如图 9.130 所示的下拉列表中选择【加-减】模式,则【尺寸属性】窗口变为如图 9.131 所示。

在【上公差】和【下公差】的文本框中可以修改公差值,完成以后单击【确定】按钮则视图修改为如图 9.132 所示。

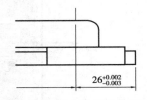

图 9.132　修改公差值的图形

9.6　综合实例

本节以如图 9.133 所示的压盖模型为例来讲述工程图绘制的整个过程。

1)新建格式文件

单击【文件】→【新建】按钮 ⬜,打开【新建】对话框,在类型栏中选取【格式】单选按钮,在名称后的文本框输入新文件名为 CH9A3,如图 9.134 所示。

在【新格式】对话框中设置相关属性后单击【确定】按钮,进入工程图格式环境,如图9.135所示。

提示:如果在【方向】栏中选择【可变】选项,则可以自定义图幅大小。

2)设置格式属性

双击外框边线,打开【修改线体】对话框,在【属性】选项组中设置相关的属性后,单击【应用】按钮,如图 9.136 所示。

图 9.133　压盖模型

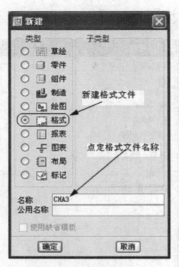

图 9.134　【新建】对话框

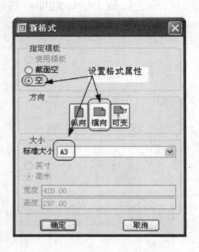

图 9.135　【新格式】对话框

3）绘制图框

单击【通过边】按钮 🗗，对直线进行偏移操作，并利用【修剪】工具修剪多余线段，如图 9.137 所示。

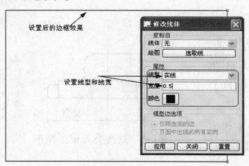

图 9.136　设置格式属性

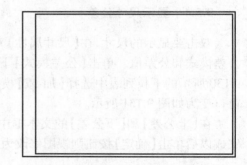

图 9.137　绘制图框

4）创建标题栏

①单击【表格】按钮 ▦，在弹出的菜单中设置表格的创建方式，如图 9.138 所示。确定表格的创建方式为"升序""左对齐""按长度"和"选出点"。

②在窗口中任一位置单击鼠标放置表格，在图 9.138 所示的信息提示区的输入框中依次输入表格各列的宽度，列输入完成后单击 ✔ 按钮，转为行尺寸的输入。行输入完成后单击 ✔ 按钮，在刚才鼠标单击的位置生成如图 9.139 所示的表格。

③下角移到绝对坐标为(415,5)的位置。

④选择【表】→【合并单元格】命令，然后用鼠标在表格中选择需要合并的相邻单元格，合并后的表格如图 9.139 所示。

⑤至此，格式文件创建完毕，保存格式文件。

5）新建绘图文件

①单击【文件】→【新建】按钮 🗋，打开【新建】对话框，在类型栏中选取【绘图】单选按钮，

禁用缺省模板,在名称后的文本框输入新文件名为 CH13- 6。

②在【新制图】对话框中设置缺省模型为 yagai.prt,在指定模板栏中选取【格式为空】单选按钮,并单击【格式】选项中的【浏览】按钮选取刚创建的格式文件,单击【确定】按钮,进入工程图格式环境,如图 9.140 所示。

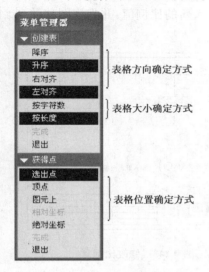

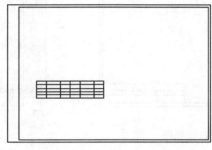

图 9.138　【创建表】菜单管理器　　　　图 9.139　生成表格　　　　图 9.140　绘图设置

6)创建普通视图

在绘图区单击右键,在弹出的快捷菜单中选择【插入普通视图】选项,在绘图区选取放置视图的中心点,打开【绘图视图】对话框。在该对话框中选择【几何参照】单选按钮,选取 FRONT 面为前参照,TOP 面为顶参照,单击【应用】按钮。继续在该对话框的【类别】选项组中对【视图显示】进行设置,设置【显示线型】为"无隐藏线",【相切边显示样式】为"无",单击【应用】和【确定】按钮,完成普通视图的创建,如图 9.141 所示。

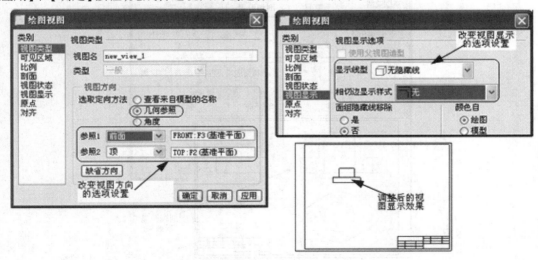

图 9.141　创建普通视图

7）创建投影视图

选取上一步创建的普通视图，单击鼠标右键，在弹出的快捷菜单中选择【插入投影视图】选项，在绘图区选取放置视图的中心点，即可创建投影视图，如图9.142所示。

8）视图修改

①双击如图9.143所示的比例，在弹出的信息提示框中输入新的比例值，并将视图移动到相应位置。

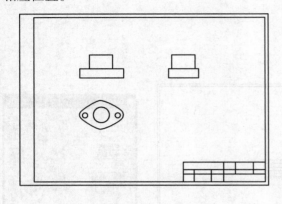

图 9.142 创建投影视图

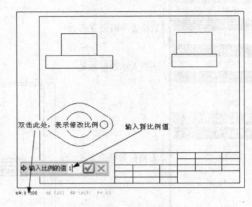

图 9.143 修改比例

②双击普通视图，在打开的【绘图视图】对话框中选取【类别】中的【剖面】选取项。在剖面选项中选取【2D剖面】，并单击对话框中的 + 按钮。在弹出的【剖面创建】菜单管理器中选择【平面】→【单一】→【完成】选项，接着在信息栏中输入截面名称A，然后单击确定按钮 ✔。在绘图区中选取FRONT面作为剖切平面的剖切位置，完成剖切平面的建立。在【绘图视图】对话框中设置【剖切区域】为【完全】，单击【应用】按钮，完成剖切面的建立，效果如图9.144所示。

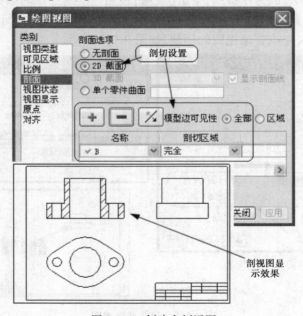

图 9.144 创建全剖视图

9）显示尺寸和轴线

①单击【显示模型注释】按钮🖱，打开【显示模型注释】对话框,然后单击【显示】按钮,并单击【显示尺寸】按钮↔;在【显示方式】中选取【视图】,单击普通视图,系统自动标注出模型中所有的尺寸和各旋转特征的轴线,再选择【接受全部】,如图 9.145 所示。

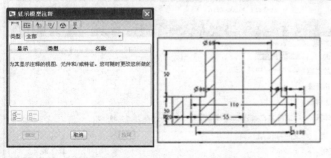

图 9.145　自动显示尺寸和轴线　　　　　　　　图 9.146　修改尺寸标注

②单击【显示轴】按钮⋯⋯在【显示方式】中选取【零件】,单击任一视图,再选择【接受全部】,最后单击【关闭】按钮,系统完成对尺寸和轴线的自动标注。

10）修改尺寸

①选中图 9.146 中的尺寸 55,单击鼠标右键,在弹出的快捷菜单中选择【拭除】。

②选中图 9.146 中的尺寸 $R20$ 和 $\phi100$,单击鼠标右键,在弹出的快捷菜单中选择【将项目移动到视图】后选取俯视图,系统即把选中的两个尺寸移到俯视图,修改尺寸后的效果如图 9.147所示。

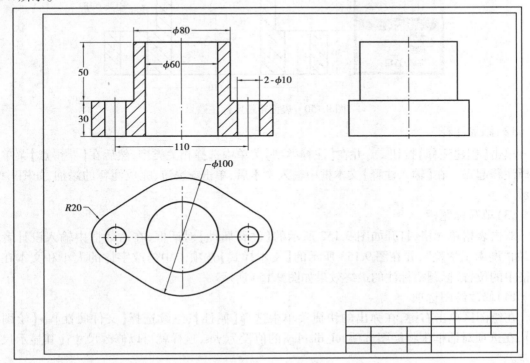

图 9.147　修改后的尺寸标注

11)标注表面粗糙度

①选择【插入】→【表面光洁度】命令,系统弹出如图 9.148 所示的【得到符号】菜单管理器,选择【检索】,弹出如图 9.149 所示的【打开】文件对话框。

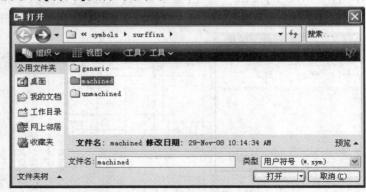

图 9.148 【得到符号】菜单管理器   图 9.149 【打开】文件对话框

②选择"machined"文件夹,打开 standard1.sym 文件,在弹出的菜单管理器中选择标注方式为"法向",用鼠标选择 $\phi60$ 圆柱内表面,并输入粗糙度值为 1.6。单击 ✔ 按钮,完成标注,如图 9.150 所示。

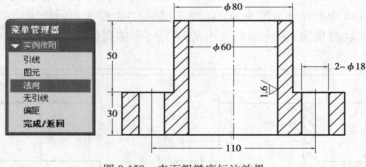

图 9.150 表面粗糙度标注效果

12)添加注释

单击【创建注释】按钮 ，并在【注释类型】菜单中选择相关类型,然后在【获得点】菜单中选择注释起点。在【输入注释】文本框中输入文本后,单击 ✔ 按钮,完成注释的添加,如图9.151所示。

13)填写标题栏

双击表格单元格,打开如图 9.152 所示的【注释属性】对话框,在对话框中输入设计者单位,如"湖南工学院",并在图 9.153 所示的【文本样式】选项卡中修改字体的大小和文本在单元格中的位置,标题栏标注的最终效果如图 9.154 所示。

14)修改绘图选项

在绘图区单击右键,在弹出的快捷菜单中选择【属性】,继续选择【文件属性】→【绘图选项】,在选项对话框中将绘图选项 tol_display 的值设为 yes,这样就可以修改尺寸让其显示尺寸公差。

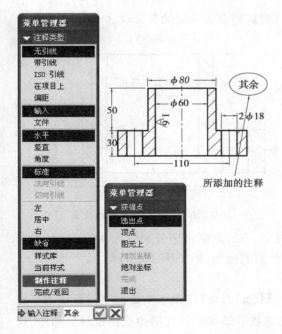

图 9.151　添加注释

图 9.152　【注释属性】对话框

图 9.153　【文本样式】选项卡

图 9.154　标题栏标注效果

15）显示尺寸的极限偏差

①选取尺寸 φ60，单击右键，在弹出的快捷菜单中选择【属性】，系统弹出【尺寸属性】对话框，如图 9.155 所示。从图可知，公差显示的模式分成 5 种，分别为：象征、限制、加_减、+-对称、+-对称（上标），分别表示显示不带公差的尺寸、显示有上下界限的尺寸、显示有正负公差

的名义尺寸、显示有对称公差的名义尺寸和显示有对称公差为上标的名义尺寸。

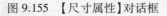

图 9.155　【尺寸属性】对话框

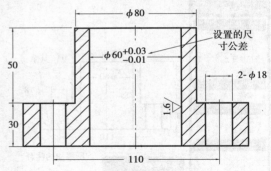

图 9.156　尺寸公差的显示效果

②选择【公差显示】模式为【加_减】,并继续在上、下公差框格中分别输入 0.03,0.01;单击【尺寸属性】对话框中的【确定】按钮,完成对尺寸公差的标注,如图 9.156 所示。

16)标注形位公差

①选择【插入】→【模型基准】→【轴】命令,打开【轴】对话框,在该对话框中设置轴的名称为 F,显示类型为 -A-,单击【定义…】按钮,在弹出的基准轴菜单管理器中选择过柱面命令,选取 $\phi60$ 圆柱内表面。

②单击【轴】对话框中的【确定】按钮,完成基准轴的创建,如图 9.157 所示。

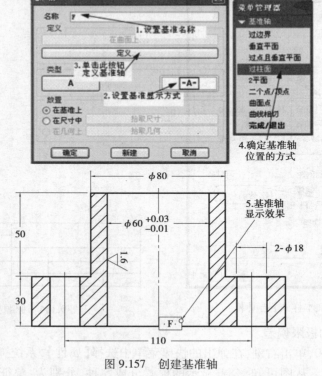

图 9.157　创建基准轴

③单击【创建几何公差】按钮 ,在【几何公差】对话框中选取公差项目为垂直度,设置参

照为零件下底曲面,【放置类型】为法向引线,【引线类型】为箭头,并在绘图区选取放置位置。进入【基准参照】选项卡,选取刚设置的基准轴为基准参照。进入【公差值】选项卡,将公差大小设置为 0.02。单击对话框中的【确定】按钮,完成形位公差的标注,如图 9.158 所示。

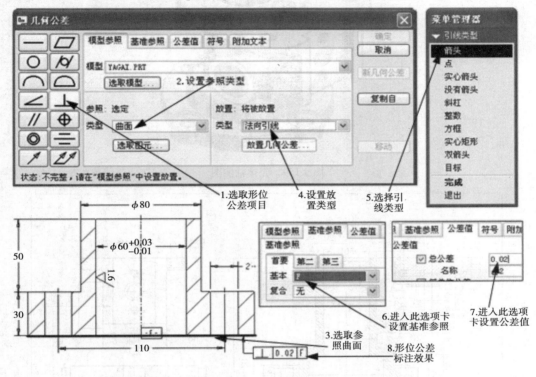

图 9.158　创建形位公差

本章小结

本章主要介绍了 Creo Elements Pro 5.0 工程图基本知识、工程图模块及视图的类型,要求熟悉一般视图、投影图、详细视图、截面视图、旋转视图的生成方法,基本掌握尺寸标注方法、形位公差、表面粗糙度的标注方法,了解移动视图、修改视图、删除视图及拭除与恢复视图的方法。

本章习题

绘制如图 9.159 所示的壳体轴测图,并生成如图 9.160 所示的工程图。

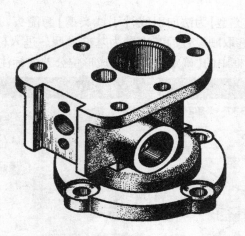

图 9.159　壳体轴测图

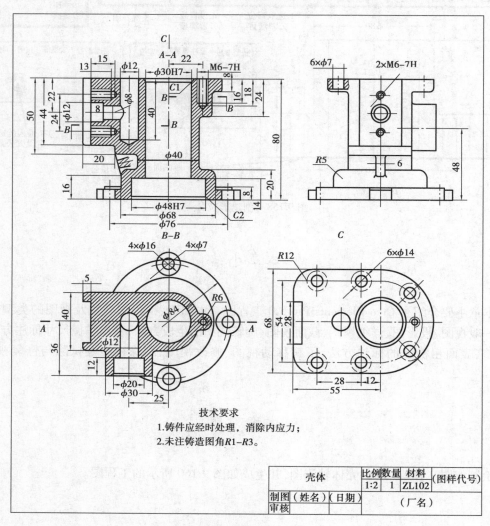

技术要求
1.铸件应经时处理,消除内应力;
2.未注铸造图角R1-R3。

壳体	比例	数量	材料	(图样代号)
	1:2	1	ZL102	
制图（姓名）（日期）			（厂名）	
审核				

图 9.160　壳体工程图

本章主要学习内容:
- ➤ 创建装配体的基本步骤
- ➤ 创建装配约束
- ➤ 创建移动装配件
- ➤ 创建分解视图
- ➤ 综合实例

Creo Elements Pro 5.0 中具有专门的装配模块,提供了基本的装配工具,用户可以指定零件之间的装配关系和装配约束来完成装配。

10.1　创建装配体的基本步骤

①启动 Pro/E,单击"□",打开【新建】对话框,如图 10.1(a)所示。选择 Assembly(装配)文件类型和 Design(设计)子类型,输入文件名称,去掉 Use default template(使用默认模板)前的√,单击"OK"确认。

②在弹出的【新文件选项】对话框中选择 mmns_asm_design(毫米制单位装配设计),如图 10.1(b)所示,单击"OK"确认,进入 Pro/Engineer 装配模式。

③装配界面如图 10.2 所示。单击窗口右侧的【添加零件】按钮🗎,或选择【插入】→【零件】→【装配】,弹出【打开】对话框,选择需要装配的零件打开。

④系统弹出【零件放置】对话框,用于定义零件放置位置和装配约束,如图 10.3 所示。

⑤采用适当的约束类型(约束类型共 9 种),并在窗口中选择零件及装配件的约束参考。若约束状态显示【完全约束】,则表明零件已经确定放置位置,并已约束好,单击"OK"确认。

提示:若所添加的零件是第 1 个零件,则可以单击按钮🔀,让零件在当前位置放置;或单击按钮🔲,让零件按照系统默认的约束方式进行放置(通常使零件坐标系与装配坐标系重合)。

⑥若需要再添加新零件,则继续单击🗎,重复操作以上步骤。

(a)   (b)

图 10.1　新建装配文件

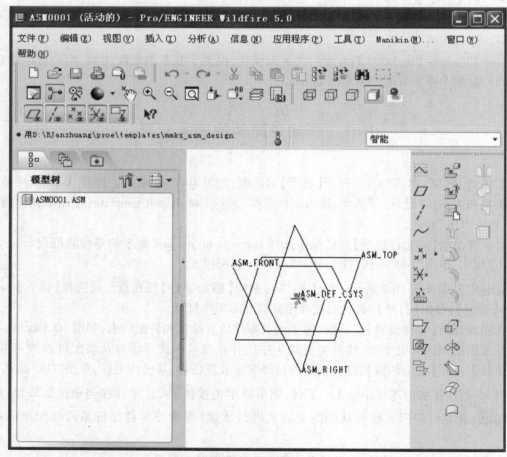

图 10.2　装配界面

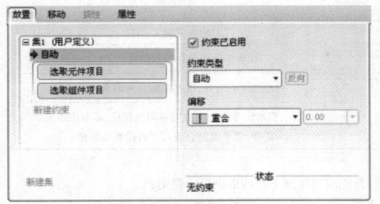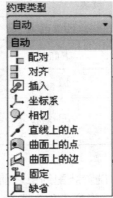

（a）放置对话框　　　　　　　　　　　　　　　（b）约束类型

图 10.3　【零件放置】对话框

10.2　创建装配约束

10.2.1　概述

　　装配约束用于指定新载入的元件相对于装配体指定元件的放置方式，从而确定新载入的元件在装配体中的相对位置。在元件装配过程中，控制元件之间的相对位置时，通常需要设置多个约束条件。

　　常用的约束类型见表 10.1。

表 10.1　各种约束条件说明

约束说明	功能说明
自动	自动选择合适的约束条件
配对	两平面贴合，且法线方向平行指向相反
对齐	两平面共面，且法线方向平行指向相同
插入	旋转中心共线
坐标系	X 对 X、Y 对 Y、Z 对 Z
相切	两个曲面相切
直线上的点	实体的点位于另一实体的一条边（轴、基准曲线）上
曲面上的点	实体的点位于另一实体的面上
曲面上的边	实体的边位于另一实体的面上

续表

约束说明	功能说明
固定	将零件放置在当前位置
缺省	绘图中心对齐,或基准面互相贴合
偏移	定向:只考虑平面法向方向相同或相反,不考虑距离 重合:使平面贴合或对齐时没有偏移量

在设置装配约束之前,首先应当注意下列约束设置的原则:

(1)**指定元件和组件参照**

通常来说,建立一个装配约束时,应当选取元件参照和组件参照。元件参照和组件参照是元件和装配体中用于约束位置和方向的点、线、面。例如,通过对齐约束将一根轴放入装配体的一个孔中时,轴的中心线就是元件参照,而孔的中心线就是组件参照。

(2)**一次添加一个约束**

如果需要使用多个约束方式来限制组件的自由度,则需要分别设置约束,即使是利用相同的约束方式指定不同的参照时,也是如此。例如,将一个零件上两个不同的孔与装配体中另一个零件上两个不同的孔对齐时,不能使用一个对齐约束,而必须定义两个不同的对齐约束。

(3)**多种约束方式定位元件**

在装配过程中,要完整地指定元件的位置和方向(即完整约束),往往需要定义整个装配约束。在 Pro/E 中装配元件时,可以将所需要的约束添加到元件上。从数学角度来说,即使元件的位置已被完全约束,为了确保装配件达到设计意图,仍然需要指定附加约束。系统最多允许指定 50 个附加约束,但建议将附加约束限制在 10 个以内。

10.2.2 约束使用方法

(1)**配对与对齐**

【配对】将两平面或基准面配对在同一平面上,且法线方向相反,如图 10.4 所示。【对齐】使两个平面共面(法线方向相同),两条轴线同轴或两个点重合,也可以对齐旋转曲面或边,如图 10.5 所示。

图 10.4 【配对】　　　　　　　　　　图 10.5 【对齐】

图 10.6 所示为利用【配对】和【对齐】方式进行装配的操作过程。选择相应约束类型后,分别点选配对或对齐的两个表面即可。

(2)**偏移配对与偏移对齐**

【偏移配对】与【配对】约束相似,只是所选的两平面或基准面平行偏移一段距离,如图 10.7 所示。同样,【偏移对齐】也是将两平面对齐后偏移一段距离,如图 10.8 所示。

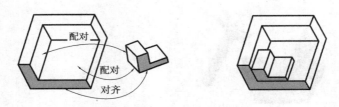

图 10.6　利用【配对】和【对齐】方式进行装配

图 10.7　【配对】   图 10.8　【对齐】

图 10.9 所示为利用【偏移配对】和【偏移对齐】方式进行装配的操作过程。在相应的约束类型后,单击【偏移】输入框,输入偏移距离值,如图 10.9(a)所示;确认后完成具有一定偏移距离的装配,如图 10.9(b)所示。

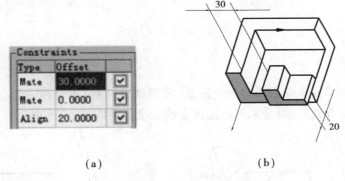

（a）   （b）

图 10.9　【偏移配对】与【偏移对齐】

（3）插入

【插入】约束是将旋转特征的中心轴对齐,如轴与孔的轴线对齐等。分别选取需要对齐的轴的外圆面与孔的内圆面即可,如图 10.10 所示。

图 10.10　【插入】约束

（4）定向

【定向】使两平面平行或呈一定夹角。如图 10.11 所示,将轴插入孔之后,需要进行定向操作;若采用【配对】方式,则选取的两平面平行,法线方向相反,如图 10.11(a)所示;若采用【对齐】方式,则选取的两平面平行,法线方向相同,如图 10.11(b)所示。

提示:若希望两平面呈一定夹角,则在选择【定向】方式之后,系统会弹出两平面夹角输入

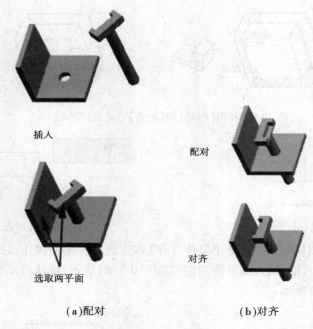

插入

配对

对齐

选取两平面

（a）配对　　　　　　　　　（b）对齐

图 10.11　【定向】约束

框,输入角度即可。

（5）**坐标系**

【坐标系】是将零件坐标系与装配坐标系（或其他坐标系）重合在一起。如图 10.12 所示,选取【坐标系】约束方式后,再分别选取需重合的两坐标系即可。

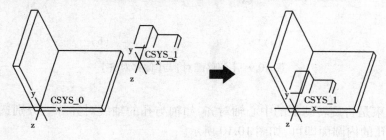

图 10.12　【坐标系】约束

（6）**相切**

【相切】与【配对】功能相似,是一种利用相切、接触点或接触边来控制两平面或两曲面接触的约束方式。如图 10.13 所示,选取【相切】约束方式后,分别选取需要相切的两曲面即可。

（7）**点在直线上**

【点在直线上】以特征体的某一边与点相接触来进行装配。如图 10.14 所示,选取【点在直线上】约束方式后,分别选取直线边和点即可。

（8）**点在面上**

【点在面上】以曲面（或面）与点相接触来进行装配。如图 10.15 所示,将圆柱体插入孔之后,选取圆柱体的底面和点来确定圆柱体的插入深度。

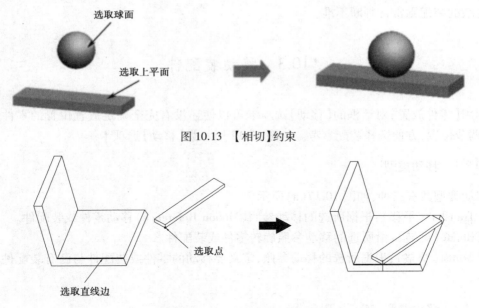

图 10.13　【相切】约束

图 10.14　【点在直线上】约束

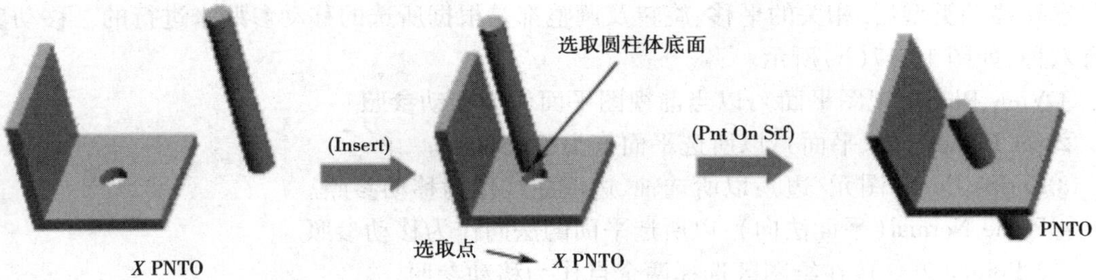

图 10.15　【点在面上】约束

（9）边在面上

【边在面上】是将特征体上的某一边与面（或曲面）相接触进行装配。如图 10.16 所示，利用两条边【对齐】及【边在面上】来完成小立方体的装配。

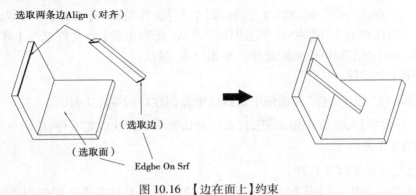

图 10.16　【边在面上】约束

（10）自动

【自动】是系统默认的约束方式，它能自动根据情况采用适合的约束类型进行装配，但对于较复杂的装配则常常判断不准。

<h1 style="text-align:center">10.3 移动装配件</h1>

利用【零件放置】对话框的【移动】选项卡可以使还没有完全确定放置位置的零件进行移动,以调节位置,方便选择装配参考。如图 10.17 所示为【移动】选项卡。

10.3.1 移动类型

移动类型共有三种,如图 10.17(a)所示。

①Translate(平移):根据所选的移动参照(Motion Reference)移动零件或装配件。

②Rotate(旋转):沿所选的移动参照旋转零件或装配件。

③Adjust(调整):根据所选的移动参照,定义要移动的零件或装配件与已有装配件相配合或对齐。

10.3.2 移动参照(Motion Reference)

选择移动类型后,相关的平移、旋转及调整都是根据所选的移动参照来进行的。移动参照共有六种,如图 10.17(b)所示。

①View Plane(视图平面):以当前视图平面作为移动参照。

②Sel Plane(选取平面):以所选平面作为移动参照。

③Entity/Edge(图元/边):以所选轴、边或曲线作为移动参照。

④Plane Normal(平面法向):以所选平面的法向作为移动参照。

⑤2 Points(2 点):在绘图区选择两个点作为移动参照。

⑥Csys(坐标系):以所选坐标系的某一轴作为移动参照。

【实例 10.1】零件装配操作。

图 10.18 给出了各零件及装配体,其装配操作过程如下:

1)建立装配新文件

启动 Pro/E,单击"🗋",建立新文件,选择【装配】文件类型和【设计】子类型,输入文件名称,去掉【使用默认模板】"前的√,单击"OK"确认;在弹出的【新文件选项】对话框中选择 mmns_asm_design(毫米制单位装配设计),单击"OK"确认。

2)装配第 1 个零件

①单击🖼,在"打开文件"对话框中选择已事先创建好的零件 1 打开。

②在【零件放置】对话框中单击🔲,以系统默认的约束方式放置零件,单击"OK"确认。

3)装配第 2 个零件

①单击🖼,选择零件 2 打开。

②在放置对话框中,采用【配对】约束类型,选择零件 1 与零件 2 的端面进行配对,如图 10.19 所示,输入 Offset(偏移值)为 0 mm。

③在对话框中再增加 Insert(插入)约束类型,选择圆柱体的外圆面与孔的内圆面进行插

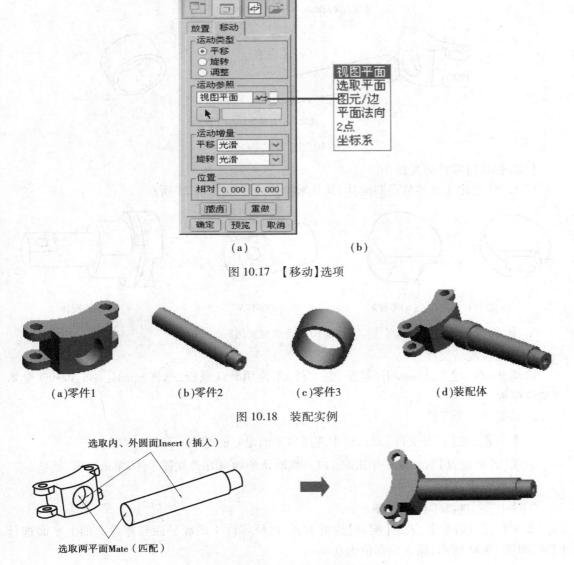

（a）　　　　　　　　　　　（b）

图 10.17　【移动】选项

（a）零件1　　　　（b）零件2　　　　（c）零件3　　　　（d）装配体

图 10.18　装配实例

选取内、外圆面Insert（插入）

选取两平面Mate（匹配）

图 10.19　装配零件 1 与零件 2

入约束。

④此时【放置状态】栏显示为【完全约束】,表明零件 2 已完全约束,单击"OK"确认。

4）装配第 3 个零件

①单击 📷,选择零件 3 打开。

②在放置对话框中,采用【配对】约束类型,选择零件 1 的内侧端面与零件 3 的端面进行配对,如图 10.20 所示,输入 Offset（偏移值）为 24 mm。

提示:若零件 1 的内侧端面不便于直接选取的话,可以使用鼠标右键的【从列表中选取】菜单进行选取。

③在对话框中再增加 Insert（插入）约束类型,选择零件 2 的外圆面与零件 3 的内圆面进行

311

插入约束,如图 10.20 所示。单击"OK"确认,整个装配体便装配完成。

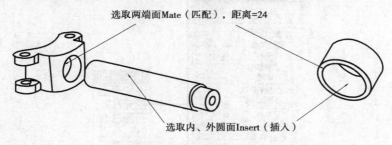

选取两端面Mate(匹配),距离=24

选取内、外圆面Insert(插入)

图 10.20　装配零件 3

【实例 10.2】零件装配操作。

图 10.21 给出了各零件及装配体,其装配操作过程如图 10.21 所示。

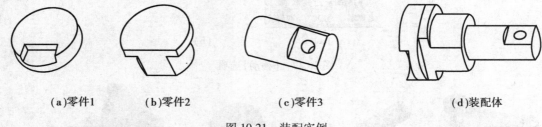

（a）零件1　　　（b）零件2　　　　（c）零件3　　　　　　（d）装配体

图 10.21　装配实例

1）建立装配新文件

启动 Pro/E,建立 Assembly(装配)新文件,不使用默认模板,选择 mmns_asm_design 毫米制单位模板。

2）装配第 1 个零件

①单击📂,在【打开文件】对话框中选择事先创建好的零件 1 打开。

②在【零件放置】对话框中单击🔲,以系统默认的约束方式放置零件,单击"OK"确认。

3）装配第 2 个零件

①单击📂,选择零件 2 打开。

②在放置对话框中,采用【配对】约束方式,选择零件 1 的底平面与零件 2 的上平面进行配对,如图 10.22 所示,输入偏移值为 0 mm。

分别设定两点位于零件1
的底侧圆弧边线上

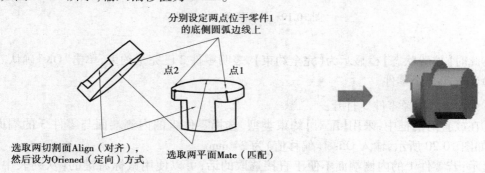

点2　　点1

选取两切割面Align(对齐),
然后设为Oriened(定向)方式

选取两平面Mate(匹配)

图 10.22　装配零件 1 与零件 2

③增加【对齐】约束,选择零件 1 与零件 2 的切割面进行对齐,然后在【偏移】一栏中设定为【定向】方式,如图 10.22 所示。

④增加【点在线上】约束,选择点 1 位于零件 1 的底侧圆弧边线上,如图 10.22 所示。

⑤同样采用"Pnt On Line"约束方式,选择点 2 位于零件 1 的底侧圆弧边线上,此时零件 2已完全约束,单击"OK"确认。

4)装配第 3 个零件

①单击 ，选择零件 3 打开。

②在放置对话框中,采用【对齐】约束类型,选择零件 1(或零件 2)与零件 3 的中心轴线对齐,如图 10.23 所示。

提示:在选取中心轴之前,应先将图形窗口右下角的导航方式设为【轴】。

③增加【配对】约束方式,选择零件 2 的底平面与零件 3 的上平面进行配对,如图 10.23 所示,输入偏移值为 0 mm。

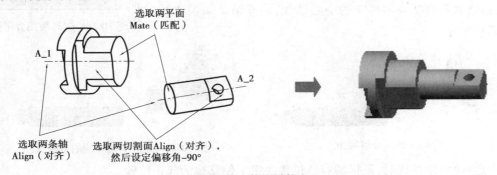

图 10.23 装配零件 3

④增加【对齐】约束,选择零件 3 与零件 3 的切割面进行对齐,然后在【偏移】一栏中选择【角度偏移】方式,如图 10.24 所示,输入偏移角-90°。

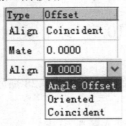

图 10.24 设定偏移角

⑤单击"OK"确认,整个装配体装配完成。

10.4 创建分解视图

完成零件的装配之后,可以进入【视图】→【分解】菜单创建分解视图。

【实例 10.3】以实例 10.1 为例,说明创建分解视图的操作步骤。

①打开已创建好的实例 10.1 的装配文件。

②进入【视图】→【分解】→【编辑位置】菜单,打开【分解位置】对话框,如图10.25所示。

提示:该对话框与装配零件时的【零件放置】对话框的【移动】选项卡相似,操作方式亦相似,在此不再赘述。

③在对话框中,采用适合的运动类型(Motion Type)与运动参照(Motion References)方式,并在窗口中选择各零件移动到适合的位置。

④调整好位置后,在对话框中单击"OK"确认,创建的分解视图如10.26所示。

⑤创建分解视图之后,可以进入【视图】→【分解】→【偏移线】→【创建】菜单,为分解视图创建偏移线。

⑥在窗口中选取零件1与零件2的中心轴线,建立第1条偏移线;再选取零件2与零件3的中心轴线,建立第2条偏移线,如图10.27所示。

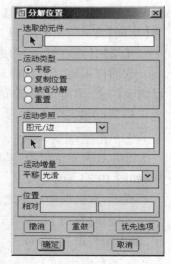

图10.25 爆炸视图分解位置

图10.26 分解视图

图10.27 建立了偏移线的分解视图

注意:建立偏移线时,鼠标的点选位置决定了偏移线的起止位置。

⑦完成分解视图的创建之后,可以进入【视图】→【分解】→【分解视图/取消分解视图】,来观察分解视图或取消观察分解视图。

10.5 综合实例

【实例10.4】平口钳的主要零件的装配如图10.28所示,按图完成平口钳装配步骤、装配爆炸图的生成。

1)新建名称为ex3-2的装配件,进入装配模块

①执行【文件】→【新建】命令。

②在【新建】对话框中选中【组件】类型,接受【设计】子类型,输入文件名ex3-2,并接受【使用缺省模块】项,单击【确定】按钮进入装配模块。

2)装配固定钳身

①单击 按钮,系统显示【打开】对话框,选择qianshen.prt,单击 打开 按钮调整固定钳身。

②系统显示元件配置控制面板,约束类型中选择 缺省 方式进行装配,如图10.29所示;使钳身零件的坐标系PRT-CSYS-DEF与组合件的默认坐标系ASM-DEF-CSYS对齐,如图10.30所示。

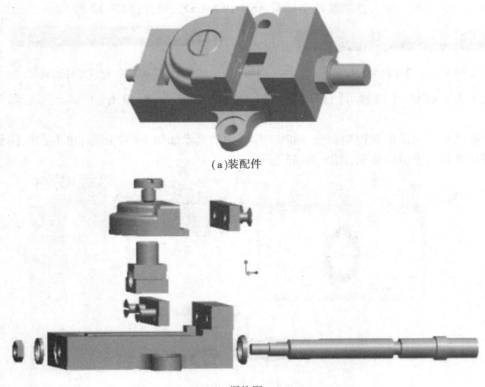

（a）装配件

（b）爆炸图

图 10.28　平口钳

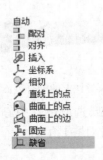

图 10.29　约束类型

图 10.30　钳身零件装配

③单击 按钮，保存装配件。

3）新建名称为 ex3-3 的装配件，装配丝杠与垫片

①执行【文件】→【新建】命令。

②在【新建】对话框中选中【组件】类型，接受【设计】子类型，输入文件名 ex3-2，并接受【使用缺省模块】项，单击【确定】按钮进入装配模块。

③单击 按钮，系统显示【打开】对话框，选择 sigang.prt，单击 打开 按钮调入固定丝杠。

④系统显示元件配置控制面板，约束类型中选择 缺省 方式进行装配，使钳身零件的坐标

315

系 PRT-CSYS-DEF 与组合件的默认坐标系 ASM-DEF-CSYS 对齐,如图 10.31 所示。

图 10.31   丝杠零件的装配图   图 10.32   丝杠零件的装配

⑤单击 按钮,系统显示【打开】对话框,选择 dianquan.prt,单击 打开 按钮调入固定垫圈。

⑥系统显示元件配置控制面板,同时工作区中的显示如图 10.32 所示;单击 按钮使调入的垫圈在单独的子窗口显示,如图 10.33 所示。

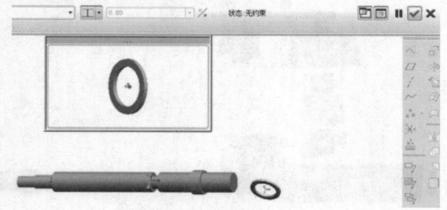

图 10.33   使调入的垫圈在单独的子窗口显示

⑦接受系统默认的【自动】约束类型,选取垫片上的配合表面,如图 10.34 所示;再选取丝杠上的配合表面,如图 10.35 所示,系统自动赋予【配对】(重合)约束。

图 10.34   选取垫圈上的配合表面   图 10.35   选取丝杠上的配合表面

⑧系统自动增加第二个约束,接受系统默认的【自动】约束类型,选取垫片中心轴,如图 10.36 所示;再选取丝杠上的中心轴,如图 10.37 所示,系统自动赋予【对齐】约束。

图 10.36   选取垫圈上的中心轴   图 10.37   选取丝杠上的中心轴

⑨单击元件放置操作面板中的 按钮完成丝杠和垫片的装配,如图 10.38 所示。

⑩单击 按钮,保存装配件 ex3-3。选择【文件】→【关闭窗口】命令,关闭 ex3-3 所在窗口。

图 10.38 完成丝杠和垫片的装配

图 10.39 选取垫圈上的配合表面

4）新建名称为 ex3-3 的装配件,装配丝杠与垫片

①继续 ex3-2 的装配。单击 按钮,系统显示【打开】对话框,选择 ex3-2. asm,单击
打开 ▼按钮调入子组件。

②在系统弹出的放置元件控制面板中,接受系统默认的【自动】约束类型,选取垫片上的
配合表面,如图 10.29 所示;再选固定钳身上的配合表面,如图 10.40 所示,系统自动赋予【配
对】约束,在偏移量提示区输入"0"即可。

图 10.40 选取固定钳身上的配合表面

图 10.41 选取丝杠上的中心轴

③系统自动增加第二个约束,接受系统默认的【自动】约束类型,选取组合件中心轴,如图
10.41 所示;再选取固定钳身上的中心轴,如图 10.42 所示,系统自动赋予【对齐】约束。

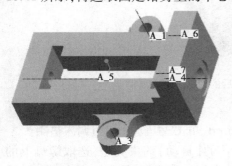

图 10.42 选取固定钳身的中心轴

图 10.43 完成子组件(丝杠和垫圈)装配后的模型

④单击元件放置操作面板中的✔按钮完成丝杠和垫片的装配,如图 10.43 所示。

5）装配左侧垫片

①单击 按钮,系统显示【打开】对话框,选择 qianshen-gb972-12. prt,单击 打开 ▼按钮调
入垫圈。

②在系统弹出的放置元件控制面板中,接受系统默认的【自动】约束类型,选取垫片上的
配合表面,如图 10.44 所示;再选固定钳身上的配合表面,如图 10.45 所示,系统自动赋予【配
对】约束,在偏移量提示区输入"0"即可。

③系统自动增加第二个约束,接受系统默认的【自动】约束类型,选取垫片中心轴,如图
10.46 所示;再选取丝杠上的中心轴,如图 10.47 所示,系统自动赋予【对齐】约束。

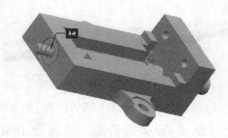

图 10.44　选取垫圈上的配合表面　　　　　　图 10.45　选取垫圈上的配合表面

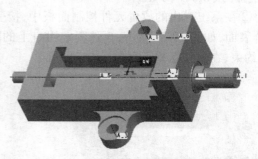

图 10.46　选取垫圈上的中心轴　　　　　　图 10.47　选取丝杠上的中心轴

④单击元件放置操作面板中的✔按钮,完成左侧垫片的装配,如图 10.48 所示。

图 10.48　完成左侧垫片装配后的模型

6)装配螺母

①单击👝按钮,系统显示【打开】对话框,选择 luomu.prt,单击 打开 ▾按钮调入垫圈。

②在系统弹出的放置元件控制面板中,接受系统默认的【自动】约束类型,选取螺母上的配合表面,如图 10.49 所示;再选取垫片上的配合表面,如图 10.50 所示,系统自动赋予【配对】约束,在偏移量提示区输入"0"即可。

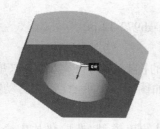

图 10.49　选取螺母上的配合表面　　　　　　图 10.50　选取垫片上的配合表面

③系统自动增加第二个约束,接受系统默认的【自动】约束类型,选取螺母中心轴,如图10.51 所示;再选取丝杠上的中心轴,如图 10.52 所示,系统自动赋予【对齐】约束。

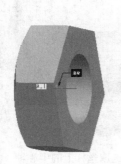

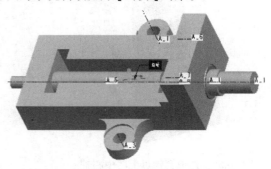

图 10.51　选取螺母上的中心轴　　　　图 10.52　选取丝杠上的中心轴

④单击元件放置操作面板中的✔按钮,完成螺母的装配,如图 10.53 所示。

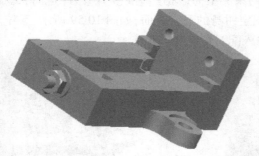

图 10.53　完成螺母装配后的模型

7)装配套螺母

①单击按钮,系统显示【打开】对话框,选择 taoluomu.prt,单击 打开 按钮调入套螺母。

②系统显示元件配置控制面板,单击按钮使调入的套螺母在单独的子窗口显示,接受系统默认的【自动】约束类型,选取套螺母上的配合表面,如图 10.54 所示;再选取固定钳身的配合表面,如图 10.55 所示,系统自动赋予【对齐】约束,在工作区下方提示区输入偏移量"-30"即可。

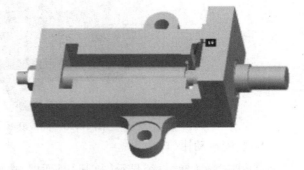

图 10.54　选取螺母上的配合表面　　　　图 10.55　选取固定钳身上的配合表面

③系统自动增加第二个约束,接受系统默认的【自动】约束类型,选取套螺母中心轴,如图

10.56 所示；再选取丝杠上的中心轴，如图 10.57 所示，系统自动赋予【对齐】约束。

图 10.56 选取套螺母上的中心轴　　　　　　图 10.57 选取丝杠上的中心轴

④【元件放置】控制板中的【放置状态】显示为【完全约束】。在【放置】标签页中选择【新建约束】选项并指定新的约束类型为【对齐】，偏移类型为【定向】，选取套螺母上的配合表面，如图 10.58 所示；再选取固定钳身的配合表面，如图 10.59 所示，系统自动赋予【对齐】约束，在工作区下方提示区提示输入配对角度"0"即可。

图 10.58 选取套螺母上的配合表面　　　　　　图 10.59 选取固定钳身上的配合表面

⑤单击元件放置操作面板中的✔按钮，完成螺母的装配，如图 10.60 所示。

图 10.60 完成套螺母装配后的模型

8）装配活动钳口

①单击 按钮，系统显示【打开】对话框，选择 huodong-qianou.prt，单击 打开 ▼ 按钮调入活动钳口。

②系统放置元件控制面板，接受系统默认的【自动】约束类型，选取活动钳口上的配合表

面,如图 10.61 所示;再选取固定钳身上的配合表面,如图 10.62 所示,系统自动赋予【配对】约束,在偏移量提示区输入"0"即可。

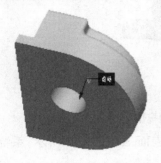
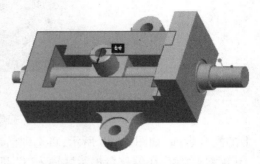

图 10.61　选取活动钳口上的配合表面　　　　图 10.62　选取固定钳身上的配合表面

③系统自动增加第二个约束,接受系统默认的【自动】约束类型,选取活动钳口中心轴,如图 10.63 所示;再选取套螺母上的中心轴,如图 10.64 所示,系统自动赋予【对齐】约束。

图 10.63　选取活动钳口上的中心轴　　　　　图 10.64　选取套螺母上的中心轴

④系统自动增加第三个约束,接受系统默认的【自动】约束类型,选取活动钳口上的配合表面,如图 10.65 所示;再选取固定钳身上的配合表面,如图 10.66 所示,系统自动赋予【配对】约束,单击▭(即重合)按钮并单击后面的▧按钮。

图 10.65　选取活动钳口上的配合表面　　　　图 10.66　选取固定钳身上的配合表面

⑤单击元件放置操作面板中的✔按钮,完成螺母的装配,如图 10.67 所示。

9)装配紧固螺钉

①单击▣按钮,系统显示【打开】对话框,选择 jingu-luoding.prt,单击 [打开 ▼] 按钮调入紧固螺钉。

②在系统弹出的放置元件控制面板中,接受系统默认的【自动】约束类型,选取紧固螺钉

图 10.67　完成活动钳口装配后的模型

上的配合表面,如图 10.68 所示;再选取活动钳口上的配合表面,如图 10.69 所示,系统自动赋予【配对】约束,在偏移量提示区输入"0"即可。

图 10.68　选取紧固螺钉上的配合表面　　　　　　图 10.69　选取活动钳口的配合表面

③系统自动增加第二个约束,接受系统默认的【自动】约束类型,选取紧固螺钉中心轴,如图 10.70 所示;再选取套螺母上的中心轴,如图 10.71 所示,系统自动赋予【对齐】约束。

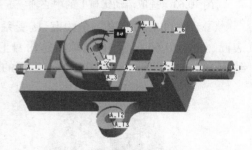

图 10.70　选取紧固螺钉上的中心轴　　　　　　　图 10.71　选取活动钳口的中心轴

④单击元件放置操作面板中的✔按钮,完成紧固螺钉的装配,如图 10.72 所示。

图 10.72　完成紧固螺钉装配后的模型

10）装配左钳口板

①单击  按钮，系统显示【打开】对话框，选择 qiankouban.prt，单击 按钮调入左钳口板。

②在系统弹出的放置元件控制面板中，接受系统默认的【自动】约束类型，选取左钳口板上的配合表面，如图 10.73 所示；再选取活动钳口上的配合表面，如图 10.74 所示，系统自动赋予【配对】约束，在偏移量提示区输入"0"即可。

图 10.73　选取左钳口板上的配合表面

图 10.74　选取活动钳口的配合表面

③系统自动增加第二个约束，接受系统默认的【自动】约束类型，选取左钳口板上的配合表面，如图 10.75 所示；再选取活动钳口上的配合表面，如图 10.76 所示，系统自动赋予【配对】约束，在偏移量提示区输入"0"即可。

图 10.75　选取左钳口板上的配合表面

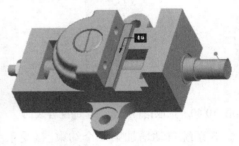

图 10.76　选取活动钳口的配合表面

④系统自动增加第三个约束，接受系统默认的【自动】约束类型，选取活动钳口上的配合表面，如图 10.77 所示；再选取固定钳身上的配合表面，如图 10.78 所示，系统自动赋予【配对】约束，单击 （即重合）按钮并单击后面的 按钮。

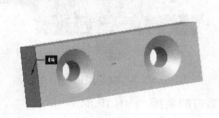

图 10.77　选取左钳口板上的配合表面

图 10.78　选取活动钳口的配合表面

⑤单击元件放置操作面板中的 按钮，完成左钳口板的装配，如图 10.79 所示。

图 10.79　完成左钳口板装配后的模型

11）装配钳口板螺钉

①单击 按钮，系统显示【打开】对话框，选择 qiankouban.prt，单击 打开 按钮调入钳口板螺钉。

②在系统弹出的放置元件控制面板中，接受系统默认的【自动】约束类型，选取钳口板螺钉上的配合表面，如图 10.80 所示；再选取固定钳身上的配合表面，如图 10.81 所示，系统自动赋予【对齐】约束，在偏移量提示区输入"0"即可。

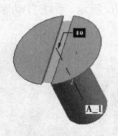

图 10.80　选取钳口板螺钉上的配合表面

图 10.81　选取左钳口板的配合表面

③系统自动增加第二个约束，接受系统默认的【自动】约束类型，选取活动钳口中心轴，如图 10.82 所示；再选取套螺母上的中心轴，如图 10.83 所示，系统自动赋予【对齐】约束。

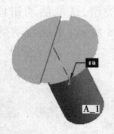

图 10.82　选取钳口板螺钉上的中心轴

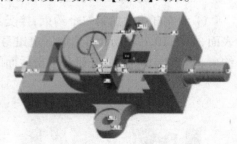

图 10.83　选取左钳口板的中心轴

④单击元件放置操作面板中的 按钮，完成钳口板螺钉的装配，如图 10.84 所示。

⑤同理。完成钳口板螺钉的装配，如图 10.85 所示。

12）装配右钳口板和右钳口板螺钉

同理，如同装配左钳口板和左钳口板螺钉一样，完成右钳口板和右钳口板螺钉的装配，如图 10.86 所示。

图 10.84　完成钳口板螺钉装配后的模型

图 10.85　完成钳口板螺钉装配后的模型

图 10.86　右钳口板和右钳口板
螺钉装配后的模型

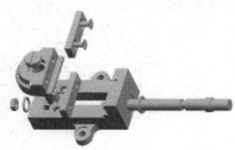

图 10.87　系统自动产生
装配模型的爆炸图

13）生成装配模型的爆炸图

①在主菜单中选择【视图】→【分解】→【分解视图】命令，系统自动产生装配模型的爆炸图，如图 10.87 所示。

②在主菜单中选择【视图】→【分解】→【编辑位置】命令，在系统显示【编辑位置】控制面板中，可以手动修改爆炸图中各零件的位置，如图 10.88 所示。

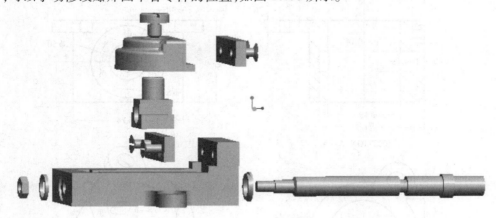

图 10.88　平口钳装配模型爆炸图

本章小结

本章主要讲述了 Creo Elements Pro 5.0 建立组件装配关系的过程，如何使用自动定位约束条件参数化的装配元件,以及如何使用高级功能来处理组件元件,最后讲述了创建分解视图来定义所有元件的分解位置。

本章习题

1.建立如图 10.89 至图 10.93 所示的 5 个零件,将其组合成如图 10.94 所示的装配体,并设置爆炸图显示。

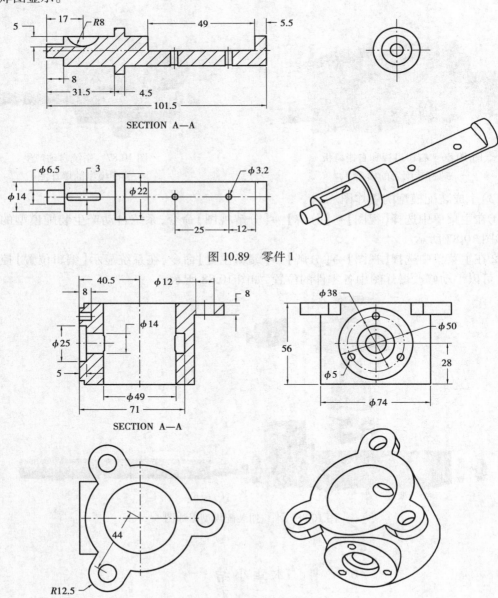

图 10.89　零件 1

图 10.90　零件 2

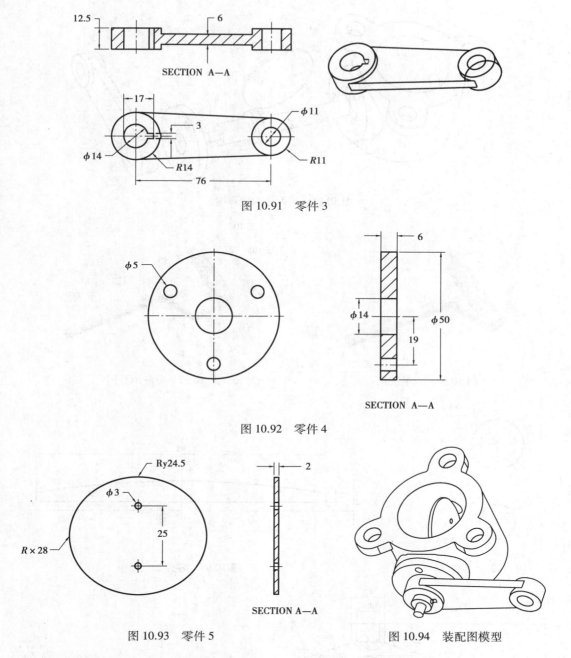

图 10.91　零件 3

图 10.92　零件 4

图 10.93　零件 5

图 10.94　装配图模型

　　2.完成如图 10.98 至图 10.101 所示的 4 个零件,将其组合成如图 10.96 所示的装配体,并设置爆炸图显示。

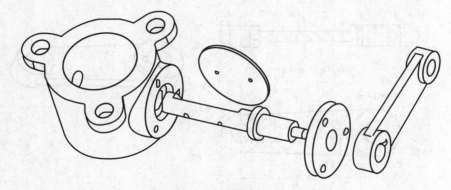

图 10.95　装配体的爆炸图

图 10.96　总装配图

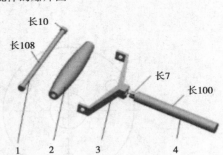

图 10.97　分解示意图

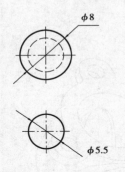

图 10.98　零件 1

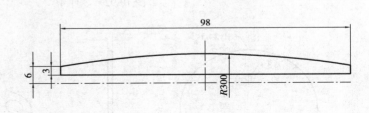

图 10.99　零件 2

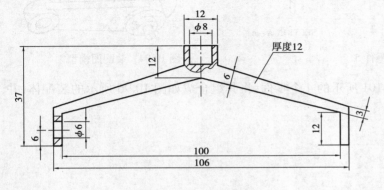

图 10.100　零件 3

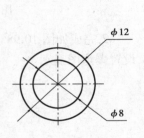

图 10.101　零件 4

第**11**章
模具设计

本章主要学习内容:
- ➢ 模具设计的基本流程
- ➢ 模具设计的操作案例
- ➢ 综合实例

随着以 Creo Elements Pro 5.0 为代表的 CAD/CAM 软件的飞速发展,计算机辅助设计与制造越来越广泛地应用到各行各业,设计人员可根据零件图及工艺要求,使用 CAD 模块对零件进行实体造型,然后利用模具设计模块对零件进行模具设计。本章主要通过简单的实例操作说明用 Creo Elements Pro 5.0 软件进行模具设计的一般操作流程并介绍分型面的基本创建方法。

11.1　模具设计的基本流程

利用 Pro/E 模具设计模块实现塑料模具设计的基本流程,如图 11.1 所示。

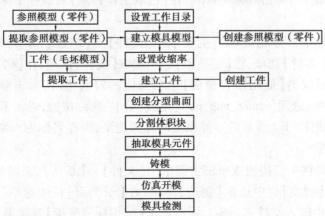

图 11.1　Creo Elements Pro 5.0 模具设计基本流程

11.2　模具设计的操作案例

用 Creo Elements Pro 5.0 完成如图 11.2 所示零件的模具设计。根据此零件的特点,可采用一模一件,并将分型面设在零件的底面,这样既满足分型面应设在零件截面最大的部位,又不影响零件的外观,且塑件包紧动模型芯而留在动模上,模具结构简单。

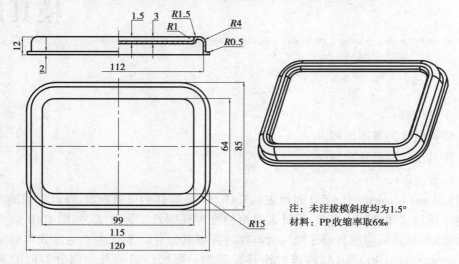

图 11.2　香皂盒上盖零件图

（1）**建立模具模型**

1）设置工作目录

启动 Creo Elements Pro 5.0 后,单击主菜单中【文件】→【设置工作目录】,系统弹出【选取工作目录】对话框。在工具栏上单击 图标,弹出新建目录对话框。在【新建目录】编辑框中输入文件夹名称"ex8-1",单击 确定 按钮。在【选取工作目录】对话框中单击 确定 按钮。

2）建立参照模型

单击系统工具栏中 按钮或单击主菜单中【文件】→【新建】,系统弹出【新建】对话框。在【类型】栏中选取【零件】选项,在【子类型】栏中选取【实体】选项,在【名称】编辑文本框中输入文件名 ex8-1,同时取消【使用缺省模板】选项前面的勾选记号,单击 确定 按钮,系统弹出【新文件选项】对话框,选用【mmns_mfg_part】模板;单击 确定 按钮,进入 Creo Elements Pro 5.0 零件设计模块。完成图 11.2 所示的零件模型的几何造型,保存名称为 ex8-1.prt。

3）建立模具模型

①单击系统工具栏中 按钮或单击主菜单中【文件】→【新建】,系统弹出【新建】对话框,如图 11.3 所示。在【类型】栏中选取【制造】选项,在【子类型】栏中选取【模具型腔】选项;在【名称】编辑文本框中输入文件名 ex8-1,同时取消【使用缺省模板】选项前面的勾选记号,单击 确定 按钮。系统弹出【新文件选项】对话框,如图 11.4 所示,选用【mmns_mfg_mold】模板,单击 确定 按钮,进入 Creo Elements Pro 5.0 模具设计模块,如图 11.5 所示。

图 11.3　【新建】对话框

图 11.4　【新文件选项】对话框

②单击特征工具栏中 按钮(一模多件用)或单击菜单管理器中【模具模型】→【装配】→【参照模型】,如图 11.5 所示。

③系统弹出【打开】对话框,选取已创建的零件造型文件 ex8-1.prt。单击 打开(0) 按钮,如图 11.6 所示,参照模型显示在主界面中。单击操作面板中的 放置 按钮,在【约束类型】下拉列表框中选取【缺省】选项,如图 11.7 所示。单击操作面板中 按钮,系统弹出【创建参照模型】对话框,如图 11.8 所示。单击 确定 按钮完成参照模型和缺省模具基准面及坐标系的正确装配关系,注意保证零件的主分型面与 MAIN_PARTING_PLN 重合(或平行)。

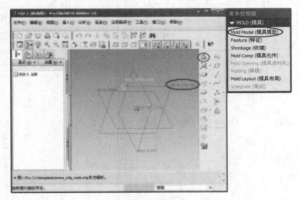

图 11.5　Pro/E 模具模块主界面

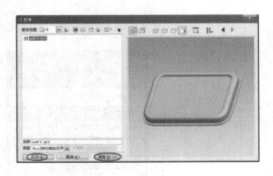

图 11.6　【打开】对话框

(2)设置收缩

塑料制件从热模具中取出并冷却至室温后,其尺寸会缩减。为了补偿这种变化,要在参照模型上增加一个收缩量(收缩量=收缩率×尺寸)。

Creo Elements Pro 5.0 提供了两种设置收缩的方法(在实际设计中视具体情况选取其一)。

1)按尺寸

单击特征工具栏中的 按钮或单击菜单管理器中【模具】→【收缩】→【按尺寸】,在弹出的【按尺寸收缩】对话框中的【比率】选项下输入塑料制件的收缩率(如 0.006),单击 按钮,完成收缩设置,如图 11.9 所示。单击【收缩信息】选项,系统弹出【信息窗口】,可查看模型的收缩情况报告,从报告中可了解本次收缩所采用的公式和收缩因子(即收缩率),以及本次收缩成功与否(此次收缩成功)。单击 关闭 按钮,单击菜单管理器中的【完成】→【返回】,退出收缩功能设置,如图 11.10 所示。

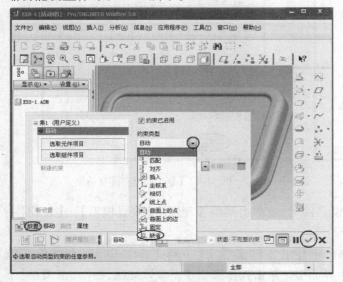

图 11.7 【放置】对话框   图 11.8 【创建参照模型】对话框

图 11.9 【按尺寸收缩】对话框设置

2)按比例

单击特征工具栏中 按钮或单击菜单管理器中【模具】→【收缩】→【按比例】,弹出【按比例收缩】对话框,系统提示选坐标系,选取坐标系 MOLD_DEF_CSTS。在【收缩率】文本框中输入塑件的收缩率(如 0.006),单击 按钮,完成收缩设置,如图 11.11 所示。单击【收缩信息】,系统弹出【信息窗口】,可查看模型的收缩情况报告。单击【关闭】按钮,单击【收缩】菜单中【完成】→【返回】,完成收缩功能设置,如图 11.12 所示。

图 11.10 收缩信息窗口

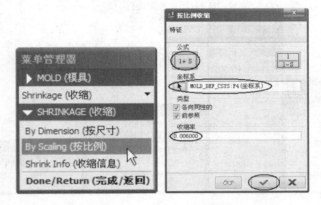

图 11.11 【按比例收缩】设置

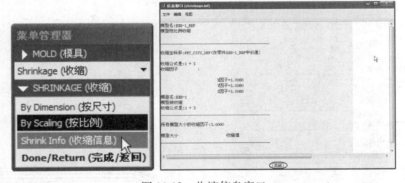

图 11.12 收缩信息窗口

提示：在难以选取模具模型坐标系 MOLD_DEF_CSTS 时，可先隐藏参照模型的坐标系（基准面、基准轴）。单击系统工具栏中的 按钮，打开层，选取参照模型 EX8-1_REF.PRT 中想要关闭的层（可多选），按住鼠标右键选取【隐藏】，如图 11.13 所示。

（3）创建工件

工件是一个能够完全包容参照模型的组件，通过分型曲面等特征可以将其分割成型腔或型芯等成型零件。

①单击特征工具栏中 按钮或单击菜单管理器中【模具】→【模具模型】→【创建】→【工件】→【自动】，如图 11.14 所示。系统弹出【自动工件】对话框（如图 11.15 所示），并提示选取铸模原点坐标系，选取模具坐标系 MOLD_DEF_CSTS，如图 11.16 所示。

333

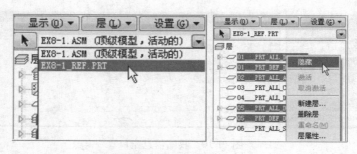

图 11.13　应用层窗口

图 11.14　创建【工件】依次菜单

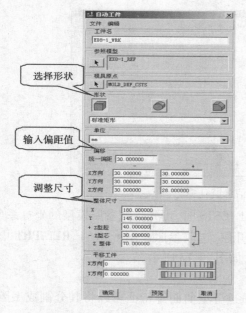

图 11.15　【自动工件】对话框

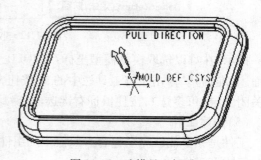

图 11.16　选模具坐标系

②在【自动工件】对话框中选取工件的【形状】（如标准矩形），设置【统一偏距】（如 30），
调节【整体尺寸】。其中，【+Z 型腔】指工件中分型以上部分的厚度，【-Z 型芯】指工件中分型
以下部分的厚度。单击 预览 按钮，查看图形窗口中工件的形状，如果无误，单击 确定 按钮，如
图 11.15 所示。

334

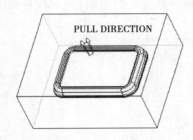

图 11.17　创建完成的工件

图 11.18　【遮蔽—取消遮蔽】对话框

③单击菜单管理器中【完成】→【返回】按钮,创建完成的工件如图 11.17 所示。

提示:工件的建立方法有两种,一种是自动,一种是手动,手动建立方法将在 11.3 节模具设计实例中介绍,这里用的是自动建立的方法。

(4)分型曲面

模具的分型面是打开模具、取出塑件的面。分型面可以是平面,也可以是曲面;可以与开模方向平行,也可以与之垂直。

①为了便于操作,先隐藏工件。单击系统工具栏中![](按钮,弹出【遮蔽—取消遮蔽】对话框,如图 11.18 所示。选取【可见元件】为 EX8-1_WRK,单击【遮蔽】按钮,然后关闭对话框,完成工件的隐藏。

②单击特征工具栏中![](按钮,任选参照模型的一个表面,单击系统工具栏中![](按钮以及![](按钮,也可在键盘上按【Ctrl+C】和【Ctrl+V】键或单击主菜单中【编辑】→【复制】以及【编辑】→【粘贴】,如图 11.19 所示。信息栏提示【选取任何数量的曲面集或面组以进行复制】,选取参照模型内表面上任一曲面作为种子面,然后按住【Shift】键不放,选取上表面作为边界面;最后松开【Shift】键,整个参照模型的内表面被全部选中,用这种方法选取的曲面称为边界曲面,如图 11.20 所示。单击![](按钮,查看无误后,单击特征操作面板中![](按钮,完成曲面的复制。

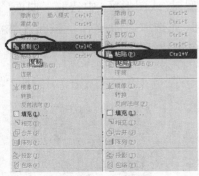

图 11.19　【复制】和【粘贴】分型面菜单

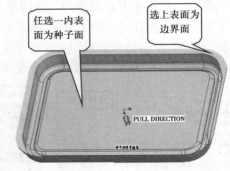

图 11.20　选取边界曲面

③取消对工件的遮蔽。单击特征工具栏中![](按钮,在系统弹出的操作面板中单击![放置]和

定义 按钮，如图 11.21 所示。系统弹出【草绘】对话框，如图 11.22 所示，在图形区选取 MOLD_FRONT 作为【草绘平面】，选取 MOLD_RIGHT 为右方向参照平面，单击【草绘】对话框中的 草绘 按钮。在图形区绘制直线（与工件边对齐），单击草绘工具栏中 ✓ 按钮，完成截面绘制，如图 11.23 所示。使用适当的拉伸方式（在这里是双侧拉伸到选定的曲面）完成拉伸曲面。采用复制和拉伸方式完成的二曲面，如图 11.24 所示。

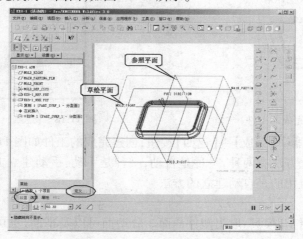

图 11.21　用拉伸方式创建曲面

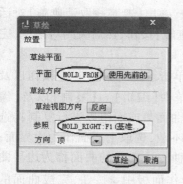

图 11.22　【草绘】对话框

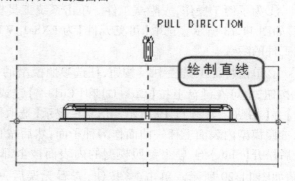

图 11.23　草绘直线

④将复制和拉伸方式创建的二曲面进行合并。在模型树（或图形区）中选取二曲面（选取第二个曲面时要按住 Ctrl 键），单击特征工具栏中 ⬡ 按钮（先选取二曲面后 ⬡ 按钮才激活），选取保留面侧；单击操作面板中 ✓ 按钮完成曲面的合并，单击特征工具栏中 ✓ 按钮完成分型面的创建，如图 11.24 所示。完成的分型面如图 11.25 所示。

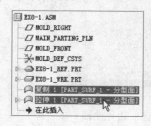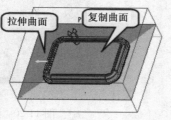

图 11.24　将用复制和拉伸方式创建的二曲面合并

图 11.25　完成的分型面效果图

提示：

①分型面可以由单一的曲面构成，也可以由多个曲面合并而成（面组）。本例的分型面由两个曲面合并而成。

②一套模具可能只有一个分型面，也可能有多个分型面，这要视模具的复杂程度而定。本例为一个分型面。

（5）**分割体积块**

有了工件和分型面，便可以利用分型曲面将工件拆分为数个模具体积块（本例分割成两块）。

①单击特征工具栏中 按钮，系统弹出【菜单管理器】，如图 11.26 所示。单击菜单管理器中【两个体积块】→【所有工件】→【完成】。当信息栏提示"为分割工件选取分型面"时选取前面创建的分型面，如图 11.27 所示。

②在【选取】对话框中单击 确定 按钮，在【分割】对话框中单击 确定 按钮，如图 11.28 所示。此时系统弹出【属性】对话框，同时图形窗口中有一部分工件加亮显示，在文本编辑框中输入加亮显示体积块的名称：core，如图 11.29 所示。

图 11.26　菜单管理器

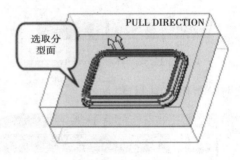

图 11.27　选取分型面

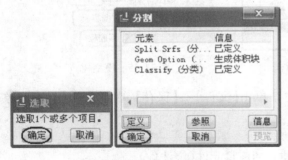

图 11.28　确定曲面分割

图 11.29　【属性】对话框

③在【属性】对话框中单击 着色 按钮，图形窗口将显示该体积块的模型，如图 11.30 所示。单击 确定 按钮，体积块 core 生成。系统再次弹出【属性】对话框，同时图形窗口中另一部分工件加亮显示，在文本编辑框中输入加亮显示体积块的名称：cavity，如图 11.31 所示。生成的体积块 cavity 如图 11.32 所示。单击 确定 按钮，完成分割体积块。

（6）**抽取模具元件**

抽取模具元件：将模具体积块转换成模具元件。

图 11.30　体积块 core

图 11.31　【属性】对话框

①单击特征工具栏中 ➕ 按钮或单击菜单管理器中【模具元件】→【抽取】,如图 11.33 所示。系统弹出【创建模具元件】对话框,如图 11.34 所示。在对话框中单击 ▤ 按钮,选中图框内所有体积块,单击 确定 按钮完成模具元件的抽取。

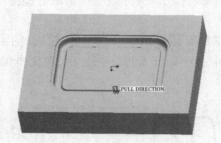

图 11.32　体积块 cavity

图 11.33　抽取模具元件菜单

此时模型树如图 11.35 所示。

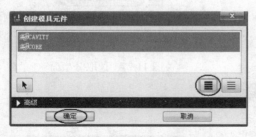

图 11.34　【创建模具元件】对话框

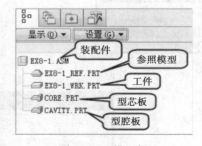

图 11.35　模型树

②单击系统工具栏中 🔲 按钮或单击主菜单中【文件】→【保存】,在弹出的【保存对象】对话框中单击 确定 按钮,完成文件保存。

（7）铸模

铸模就是将模具型腔充满,形成一个独立的模具元件(浇注件)。

①单击菜单管理器中【铸模】→【创建】,如图 11.36 所示。在屏幕下方的文本编辑框中输入铸件名称(如:molding),如图 11.37 所示。单击文本编辑框中 ✔ 按钮即可生成铸模零件。

若要查看铸模零件的形状,可在模型树中用鼠标右键单击 MOLDING.PRT 这个元件,在弹出的右键菜单中选取【打开】命令,如图 11.38 所示。铸模零件如图 11.39 所示。

②单击主菜单中【窗口】→【关闭】关闭铸模零件窗口或单击主菜单中【窗口】→【1 EX8-1.MFG】,都可切换到模具工程界面。

（8）仿真开模

通过【开模】可以看清模具内部结构,并检查开模时的干涉情况。

图 11.36　【铸模】创建菜单

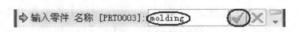

图 11.37　输入铸模零件名称

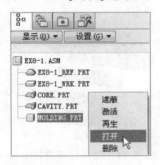

图 11.38　模型树

图 11.39　铸模零件

提示：在 Pro/E 中文版中，"Mold Opening"被译成"模具进料孔"有点不妥，应译为"开模"。

①为了看清模具开模情况，先要将元件【EX8-1.REF 和 EX8-1.WRK】和分型面【PART_SURF_1】遮蔽，如图 11.40 所示。

图 11.40　【遮蔽—取消遮蔽】对话框

②单击菜单管理器中【模具进料孔】→【定义间距】→【定义移动】，如图 11.41 所示。

系统提示选取要移动的模具元件时，选取型腔板【cavity】，并单击 确定 按钮，如图 11.42 所示。

信息栏提示【通过选取边、轴或表面选取分解方向】，在图形中选取任何一个与开模方向垂直的平面或一条与开模方向平行的边线，在图形中将出现一红色箭头。若箭头与开模方向

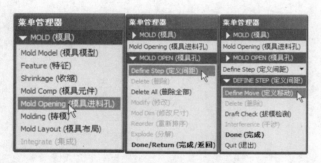

图 11.41 【开模】依次选取菜单   图 11.42 确定选取对象

一致,则在【输入沿指定方向的位移】文本框中输入 50,否则输入-50,如图 11.43 所示。单击文本输入框右侧的 ✔ 按钮,在【模具进料孔】菜单中单击【完成】选项,完成型腔板的移动。型芯板的移动与型腔板类似,只是移动方向向下。模具开模效果如图 11.44 所示。

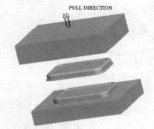

图 11.43 指定型腔板移动距离   图 11.44 模具打开效果图

(9)**模具检测**

为了便于从塑件中抽出型芯或从型腔中脱出塑件,通常要在塑件沿脱模方向的内外表面上设置拔模斜度。

①单击菜单管理器中【模具进料孔】→【定义间距】→【拔模检测】→【双侧】→【全颜色】→【完成】,在【拔模方向】菜单中单击【指定】→【平面】,如图 11.45 所示。

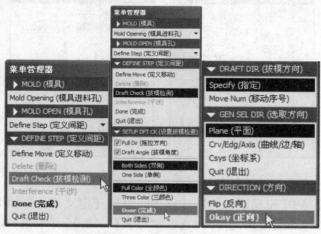

图 11.45 【模具检测】依次选取菜单

提示:也可通过选取主菜单中【分析】→【模具分析】选项进行模具检测。

②选取垂直于拔模方向的平面,选定箭头方向,单击【Okay(正向)】,在【输入拔模检测

角】文本框中输入拔模检测角为 2,如图 11.46 所示。单击【输入拔模检测角】文本框右侧的 ✔
按钮,选取要检测的零件或曲面(如 Molding.prt),检测结果以彩色显示,不同的颜色表示不同
的拔模斜度,如图 11.47 所示。

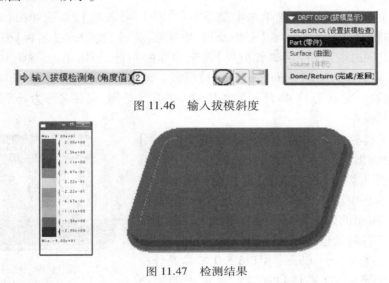

图 11.46　输入拔模斜度

图 11.47　检测结果

11.3　综合实例

【实例 11.1】用 Creo Elements Pro 5.0 完成图 11.48 所示零件的模具设计。

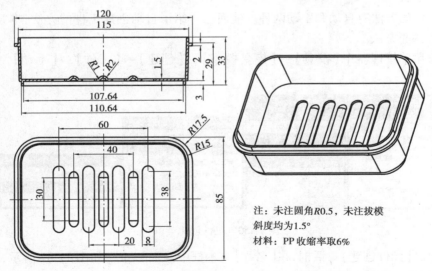

注:未注圆角 *R*0.5,未注拔模
斜度均为1.5°
材料:PP 收缩率取6%

图 11.48　香皂盒中零件图

1)设置工作目录

启动 Creo Elements Pro 5.0 后,单击主菜单中【文件】→【设置工作目录】,系统弹出【选取

工作目录】对话框。在工具栏上单击 ▢ 图标,弹出新建目录对话框。在【新建目录】编辑框中输入文件夹名称"ex8-2",单击 确定 按钮。在【选取工作目录】对话框中单击 确定 按钮。

2)建立参照模型

单击系统工具栏中 ▢ 按钮或单击主菜单中【文件】→【新建】,系统弹出【新建】对话框。在【类型】栏中选取【零件】选项,在【子类型】栏中选取【实体】选项,在【名称】编辑文本框中输入文件名 ex8-2,同时取消【使用缺省模板】选项前面的勾选记号,单击 确定 按钮,系统弹出【新文件选项】对话框,选用【mmns_mfg_part】模板。单击 确定 按钮,进入 Creo Elements Pro 5.0 零件设计模块。完成图 11.48 所示的零件模型的几何造型,保存名称为 ex8-2.prt。

3)建立模具模型

单击系统工具栏中 ▢ 按钮或单击主菜单中【文件】→【新建】,系统弹出【新建】对话框。在【类型】栏中选取【制造】选项,在【子类型】栏中选取【模具型腔】选项,在【名称】编辑文本框中输入文件名 ex8-2,同时取消【使用缺省模板】选项前面的勾选记号。单击 确定 按钮,系统弹出【新文件选项】对话框,选用【mmns_mfg_mold】模板,单击 确定 按钮,进入 Creo Elements Pro 5.0 模具设计模块。采用提取参照模型(零件)的方法,装配参照模型 ex8-2.prt,操作方法请参考 8.2.1 节。

图 11.49　模具模型

图 11.49 所示为完成的模具模型。

4)设置收缩

收缩率设置为 0.006。

5)创建工件

创建工件的方法有自动和手动两种。前面已介绍了自动创建工件的方法,本案例将采用手动创建工件的方法。

①单击菜单管理器中【模具】→【模具模型】→【创建】→【工件】→【手动】,如图 11.50 所示。

图 11.50　工件创建菜单

系统弹出【元件创建】对话框,在【名称】文本框中输入"wrk",如图 11.51 所示,单击 确定 按钮。系统弹出【创建选项】对话框,选取【创建特征】,如图 11.52 所示,单击 确定 按钮。

②单击菜单管理器中【加材料】→【拉伸】→【实体】→【完成】,如图 11.53 所示。

系统弹出【拉伸】操作面板。打开【放置】上滑面板,单击 定义… 按钮,如图 11.54 所示。系统弹出【草绘】对话框,如图 11.55 所示,在图形区选取 MOLD_RIGHT 作为【草绘平面】,选取

图 11.51　【元件创建】对话框

图 11.52　【创建选项】对话框

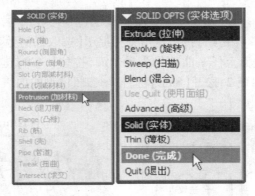

图 11.53　【工件创建】依次选取菜单

MAIN_PARTING_PLN 作为向上【参照】。单击【草绘】对话框中的 草绘 按钮,在图形区绘制如图 11.56 所示的矩形,单击草绘工具栏中✔按钮,完成截面绘制。

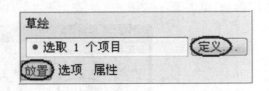

图 11.54　定义【草绘】

图 11.55　【草绘】对话框

使用双向对称拉伸方式,输入深度值 145,如图 11.57 所示。单击操作面板中✔按钮,单击菜单管理器中【完成】→【返回】,完成【工件】创建。

提示:此时工件应为绿色,否则在前面选取的草绘平面和参照不正确。

6)创建分型曲面

为了便于操作,先用【遮蔽—取消遮蔽】对话框隐藏工件。

①创建第一个分型面。单击特征工具栏中⬜按钮,任选参照模型的一个表面,单击系统工具栏中🖿按钮以及🖿按钮,也可在键盘上按【Ctrl+C】和【Ctrl+V】键或单击主菜单中【编

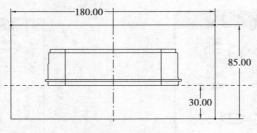

图 11.56　草绘矩形

图 11.57　【拉伸】操作面板

辑】→【复制】以及【编辑】→【粘贴】按钮。信息栏提示【选取任何数量的曲面集或面组以进行复制】,选取参照模型内表面上任一曲面作为种子面,按住【Shift】键不放,选取上表面作为边界面1、选取底面作为边界面2;松开【Shift】键,整个参照模型的内表面被全部选中,如图11.58所示。单击操作面板中✔按钮。

图 11.58　选取参照模型表面

　　单击主菜单中【编辑】→【填充】,系统弹出【填充】特征操作面板,打开【参照】上滑面板,单击 _{定义…} 按钮,如图 11.59 所示。系统弹出【草绘】对话框,如图 11.60 所示,选取参照模型的底面为草绘平面,选取 MOLD_FRONT 为向上方向参照,单击 草绘 按钮。

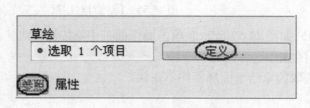

图 11.59　【填充】曲面

图 11.60　【草绘】对话框

　　绘制如图 11.61 所示的矩形,单击草绘工具栏中✔按钮,单击【填充】特征操作面板的✔按钮,完成填充曲面。

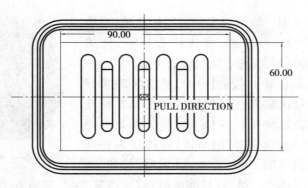

图 11.61　草绘图形

在模型树(或图形区)中选取前面创建的二曲面,单击特征工具栏中按钮,选取需保留的面侧,单击特征操作面板按钮完成曲面的合并。完成的合并曲面如图 11.62 所示,除了边界为黄色外,其余全部为紫色线条显示(系统颜色使用 Pre-Wildfire 方案)。

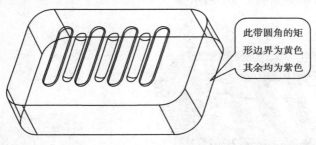

此带圆角的矩形边界为黄色其余均为紫色

图 11.62　合并曲面

在图形区选取合并曲面的黄色边界线后(为方便选取可先遮蔽参照模型),单击主菜单中【编辑】→【延伸】,系统弹出【延伸】操作面板,单击按钮,打开【参照】上滑面板,单击细节...按钮,如图 11.63 所示。系统弹出【链】对话框,选取【基于规则】、【完整环】,单击 确定 按钮,如图 11.64 所示。

取消对工件的遮蔽,选取工件底面,单击【延伸】操作面板中按钮完成曲面的延伸操作。单击特征工具栏中按钮完成第一个分型面的创建,如图 11.65 所示。

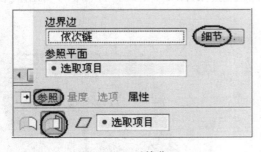

图 11.63　延伸曲面

图 11.64　【链】对话框

②创建第二个分型面。取消对参照模型的遮蔽,再遮蔽工件,并对第一个分型进行隐含。单击特征工具栏中的 ▢ 按钮,先进行曲面的复制,操作方法与前面类似。

如图 11.66 所示,先选取 1,按住【Shift】键选取 2;松开【Shift】键,按住【Ctrl】键选取 3,按住【Shift】键选取 2;松开【Shift】键,按住【Ctrl】键选取 4,按住【Shift】键选取 2;松开【Shift】键,按住【Ctrl】键选取 2,按住【Shift】键选取 5;松开【Shift】键,按住【Ctrl】键选取 2 和 7。单击【选项】按钮,选

图 11.65　第一个分型面效果图

取【排除曲面并填充孔】选项。单击【排除曲面】选项将其激活,选取 6;单击【填充孔→曲面】选项将其激活,选取 2,完成曲面选取。单击特征操作面板中 ✔ 按钮,完成曲面的复制。

将上面完成的曲面延伸到工件的上表面(操作同前面)。单击特征工具栏中 ✔ 按钮,完成第二个分型面的创建。

第二个分型面效果图如图 11.67 所示。

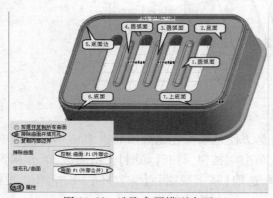

图 11.66　选取参照模型表面

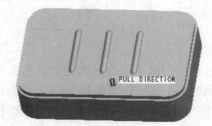

图 11.67　第二个分型面效果图

③创建第三个分型面。单击特征工具栏中 ▢ 按钮。单击特征工具栏中 ▢ 按钮,系统弹出【拉伸】操作面板,打开【放置】上滑面板,单击 定义... 按钮,系统弹出【草绘】对话框,在图形区选取 MOLD_FRONT 作为【草绘平面】,选取 MOLD_RIGHT 作为向右【参照】,单击【草绘】对话框中的 草绘 按钮。在图形区绘制直线(与工件边对齐),单击 ✔ 按钮,完成草绘,如图 11.68 所示。使用适当的拉伸方式(在这里是双侧拉伸到选定的曲面)完成拉伸曲面。单击特征工具栏中 ✔ 按钮完成分型面的创建。

完成的第三个分型面如图 11.69 所示。

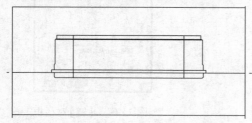

图 11.68　草绘直线

图 11.69　第三个分型面效果图

7)分割体积块

①第一次分割:单击特征工具栏中⬛按钮,单击菜单管理器中【两个体积块】→【所有工件】→【完成】,选取前面创建的第一个分型面。在【选取】对话框中单击 确定 按钮,在【分割】对话框中单击 确定 按钮,此时系统弹出【属性】对话框,同时图形窗口中有一部分工件加亮显示;在文本框中输入加亮显示体积块的名称:cavity,单击 确定 按钮,系统接着会再次弹出【属性】对话框,同时图形窗口中另一部分工件加亮显示,在文本框中输入加亮显示体积块的名称:core2,单击 确定 按钮。

分割完成的体积块效果图如图 11.70 和图 11.71 所示。

图 11.70　体积块 cavity

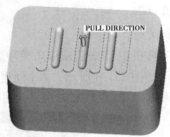
图 11.71　体积块 core2

②第二次分割:单击特征工具栏中⬛按钮,单击菜单管理器中【一个体积块】→【模具体积块】→【完成】,系统弹出【搜索工具】对话框,依次选取【面组 CAVITY】、〉〉,单击 关闭 按钮,如图 11.72 所示;接着选取前面创建的第二个分型面,单击【菜单管理器】中的【岛 2】,在【属性】对话框的文本框中输入 cavity2,单击 确定 按钮。

分割完成的体积块效果图如图 11.73 所示。

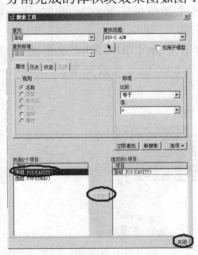
图 11.72　【搜索工具】对话框

图 11.73　体积块 cavity2

③第三次分割:单击特征工具栏中⬛按钮,单击菜单管理器中【二个体积块】→【模具体积块】→【完成】,系统弹出【搜索工具】对话框,选取【面组 CAVITY】、〉〉,单击 关闭 按钮;选取前面创建的第三个分型面,在先后出现的【属性】对话框的文本框中分别输入 core1 和 cavity1。分割完成的体积块如图 11.74 和图 11.75 所示。

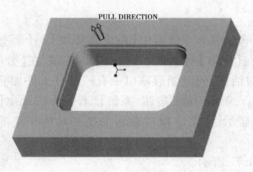

图 11.74　体积块 core1

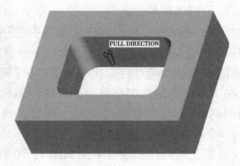

图 11.75　体积块 cavity1

8) 抽取模具元件

单击特征工具栏中🔧按钮或单击菜单管理器中【模具元件】→【抽取】,系统弹出【创建模具元件】对话框,如图 11.76 所示。在【创建模具元件】对话框中单击▤按钮,选中图框内所有体积块,单击 确定 按钮,完成抽取模具元件。

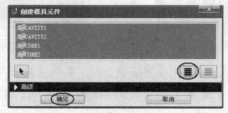

图 11.76　【创建模具元件】对话框

9) 铸模

单击菜单管理器中【铸模】→【创建】,在屏幕下方的文本编辑框中输入 molding,作为铸模成形零件的名称,单击本编辑框中✔按钮即可生成铸模零件。

若要查看铸模零件的形状,可在模型树中用鼠标右键单击 MOLDING.PRT 这个元件,在弹出的右键菜单中选取【打开】命令,就会看到如图 11.77 所示的铸模零件效果图。

10) 仿真开模

仿真开模操作请参阅 8.2.8 节。开模结果如图 11.78 所示。

图 11.77　铸模零件效果图

图 11.78　模具打开效果图

本章小结

本章通过实例介绍了 Creo Elements Pro 5.0 模具设计的基本操作步骤和技巧,重点阐明了创建分型面的基本方法和过程。从中不难看出:除了创建分型面要根据具体的模具情况而定外,每一套模具设计的操作步骤基本类似,其中大部分操作步骤都具有一定的相似性和规律性。通过本章,应学会用 Creo Elements Pro 5.0 来完成一个完整的模具设计的一般流程以及创建分型面的基本方法和技巧。

<h2 style="text-align:center">本 章 习 题</h2>

1.思考题

(1)简述 Creo Elements Pro 5.0 模具设计的一般操作流程。

(2)在装配参照模型时要注意什么?

(3)在 Creo Elements Pro 5.0 模具设计中,分型面的概念是什么?

(4)简述分割体积块的基本操作流程。

2.练习题

(1)完成如图 11.79 所示的参考零件的模具设计。

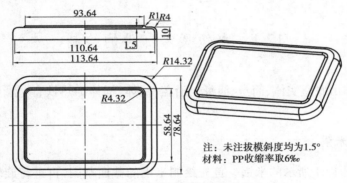

图 11.79　零件图(香皂盒下盖)

(2)完成如图 11.80 所示的参考零件的实体造型和模具设计。

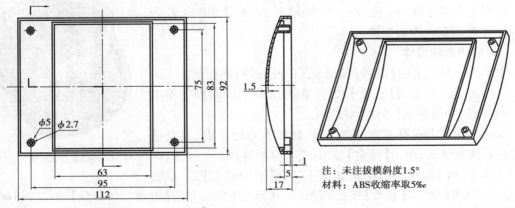

图 11.80　零件图(钟表前盖)

第 **12** 章
造型建模综合实例

本章主要学习内容：
- ➢ 电饭煲基本零部件的绘制
- ➢ 电饭煲装配图

12.1　电饭煲零部件的绘制

电饭煲装配体由底座实体、筒身、筒身上沿盖、锅体、锅体加热铁、顶盖、下盖、米锅和蒸锅等零部件组成。

12.1.1　创建米锅

下面创建如图 12.1 所示的米锅。首先绘制米锅的截面草图，再进行旋转操作，创建米锅实体，通过创建壳特征得到薄的壳体，最终形成模型。

（1）**新建模型**

选择【新建】命令，建立一个新的装配体对象，命名为"miguo"（使用默认模板文件）。

（2）**旋转米锅实体**

①单击工具栏上的【旋转】按钮 ❀，打开【旋转】操控板。

②单击操控板上的【放置】按钮，在弹出的上滑面板上单击【定义】按钮，即可弹出【草绘】对话框。

图 12.1　米锅

③在工作区上选择基准平面 TOP 面作为草绘平面，其余选项接受系统默认值，单击【确定】按钮，进入草绘界面。

④单击【线】按钮 ＼，绘制如图 12.2 所示的截面图。单击【创建尺寸】按钮 ⤵ 和【修改】按钮 ⤹ 创建尺寸标注方案。单击【继续当前部分】完成按钮 ✔，退出草绘环境。

⑤在操控板上设置旋转方式为【可变深度】 ⩎，输入 360 作为旋转的变量角。

⑥单击【预览特征】按钮 ☑ ∞ 并观察模型。单击【建造特征】按钮 ✔，完成特征的创建。

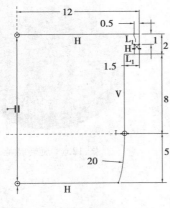

图 12.2　绘制草图　　　　　　　　　图 12.3　选择平面

（3）创建米锅壳特征

①单击工具栏上的【壳】按钮，打开【壳】操控板。

②选择如图 12.3 所示的旋转体上表面。

③输入 0.50 作为壁厚。

④预览抽壳特征，在操控板上选择【显示】选项。

⑤单击操控板上的【建造特征】完成按钮。

12.1.2　创建蒸锅

下面创建如图 12.4 所示的蒸锅。首先绘制蒸锅的截面草图，再进行旋转操作，创建蒸锅体，切除气孔，并将其阵列得到多个气孔，最终形成模型。

（1）新建模型

选择【新建】命令，建立一个新的装配体对象，命名为"zhengguo"（使用默认模板文件）。

（2）旋转蒸锅实体

①单击工具栏上的【旋转】按钮，打开【旋转】操控板。

②单击操控板上的【放置】按钮，在弹出的上滑面板上单击【定义】按钮，即可弹出【草绘】对话框。

图 12.4　蒸锅

③在工作区上选择基准平面 TOP 面作为草绘平面，其余选项接受系统默认值，单击【确定】按钮，进入草绘界面。

④单击【线】按钮和【圆心/端点圆弧】按钮，绘制如图 12.5 所示的截面图。单击【创建尺寸】按钮和【修改】按钮，创建尺寸标注方案。单击【继续当前部分】完成按钮，退出草绘环境。

⑤在操控板上设置旋转方式为【可变深度】，输入 360 作为旋转的变量角。

⑥单击【预览特征】按钮并观察模型。单击【建造特征】完成按钮，完成特征的创建，如图 12.6 所示。

（3）创建蒸锅壳特征

①单击工具栏上的【壳】按钮，打开【壳】操控板。

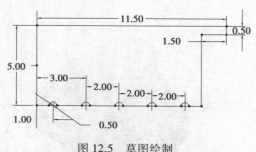

图 12.5 草图绘制

图 12.6 旋转特征

②选择旋转体上表面。

③输入 0.20 作为壁厚。

④预览抽壳特征,在操控板上选择【显示】选项。

⑤单击操控板上的【建造特征】完成按钮✓。

(4)切除气孔

①单击【基础特征】工具栏上的【拉伸】按钮☐,打开【拉伸】操控板。

②单击操控板上的【放置】按钮,在弹出的上滑面板上单击【定义】按钮,即可弹出【草绘】对话框。

③在工作区上选择刚穿件的抽壳的底面作为草绘平面,如图 12.7 所示。

④单击【圆】按钮,创建如图 12.8 所示的圆。单击【创建尺寸】按钮↤和【修改】按钮╱,创建尺寸标注方案。单击【继续当前部分】按钮✓,退出草绘环境。

⑤选择【穿透】深度选项╪。

⑥单击【建造特征】完成按钮✓,完成特征的创建。

图 12.7 选择草绘平面

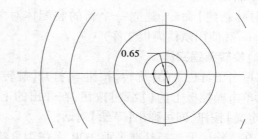

图 12.8 草图绘制

(5)阵列气孔

①在模型树上选择前面创建的拉伸切除特征。

②单击工具栏上的【阵列】按钮▦,打开【阵列】操控板。

③选择操控板上的【轴】作为阵列类型。

④在模型中选择前面旋转使用的轴。

⑤在【阵列】操控板中输入 16 作为阵列实例的数目。

⑥在【阵列】操控板中输入 22.50 作为阵列的尺寸增量值,如图 12.9 所示。

⑦在【阵列】操控板中单击【选项】按钮,在弹出的上滑面板中选择【相同】选项作为阵列方式。

⑧单击操控板上的【建造特征】完成按钮✔，完成的阵列特征如图 12.10 所示。

图 12.9　输入阵列参数　　　　　　　图 12.10　阵列特征

12.1.3　创建锅体

下面创建如图 12.11 所示的锅体。首先绘制锅体的截面草图，再进行旋转操作，创建锅体，通过插入壳特征得到薄壁，在锅底通过拉伸切除得到洞，最终形成模型。

（1）新建模型

选择【新建】命令，建立一个新的装配体对象，命名为"guoti"
（使用默认模板文件）。

（2）旋转锅体实体

①单击工具栏上的【旋转】按钮◈，打开【旋转】操控板。

②单击操控板上的【放置】按钮，在弹出的上滑面板上单击
【定义】按钮，即可弹出【草绘】对话框。

③在工作区上选择基准平面 TOP 面作为草绘平面，其余选项
接受系统默认值，单击【确定】按钮，进入草绘界面。

图 12.11　锅体

④单击【线】按钮╲，绘制如图 12.12 所示的截面图。单击【创建尺寸】按钮⊢⊣和【修改】
按钮✐，创建尺寸标注方案。单击【继续当前部分】按钮▶，退出草绘环境。

⑤在操控板上设置旋转方式为【可变深度】⊥，输入 360 作为旋转的变量角。

⑥单击【预览特征】按钮☑∞ 并观察模型。

⑦单击【建造特征】完成按钮✔，完成特征的创建。

（3）创建蒸锅壳特征

①单击工具栏上的【壳】按钮▣，打开【壳】操控板。

②选择如图 12.13 所示的旋转体上表面，选定的曲面将从零件上去掉。

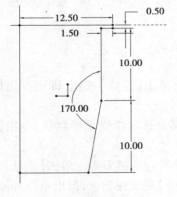

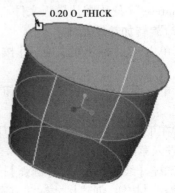

图 12.12　绘制草图　　　　　　　　　图 12.13　选取面

③输入 0.20 作为壁厚。

④预览抽壳特征,在操控板上选择【显示】选项。

⑤单击操控板上的【建造特征】完成按钮✔。

(4)切除锅底洞

①单击【基础特征】工具栏上的【拉伸】按钮□,打开【拉伸】操控板。

②单击操控板上的【放置】按钮,在弹出的上滑面板上单击【定义】按钮,即可弹出【草绘】对话框。

③在旋转特征内表面的底上绘制如图 12.14 所示的草图。

④以【完全贯穿】方式切除材料,如图 12.15 所示。

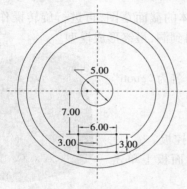

图 12.14 绘制草图

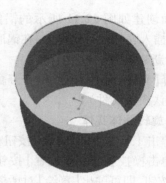

图 12.15 生成特征

⑤单击操控板上的【建造特征】完成按钮✔。

12.1.4 创建锅体加热铁

下面创建如图 12.16 所示的锅体加热铁。首先通过旋转得到锅体加热铁的基体,创建加强筋,接着阵列加强筋,然后拉伸支脚拔模面,接着再阵列,通过拉伸得到导体接线体,导体要拔模,接线体要镜像,最终形成模型。

(1)新建模型

选择【新建】命令,建立一个新的装配体对象,命名为"guotijiaretie"(使用默认模板文件)。

图 12.16 锅体加热铁

(2)旋转加热铁基体

①单击工具栏上的【旋转】按钮❀,打开【旋转】操控板。

②单击操控板上的【放置】按钮,在弹出的上滑面板上单击【定义】按钮,即可弹出【草绘】对话框。

③在工作区上选择基准平面 TOP 面作为草绘平面,其余选项接受系统默认,单击【确定】按钮,进入草绘界面。

④单击【线】按钮╲和【圆弧】按钮╮,绘制如图 12.17 所示的截面图。单击【创建尺寸】按钮和【修改】按钮,创建尺寸标注方案。单击【继续当前部分】完成按钮✔,退出草绘环境。

⑤在操控板上设置旋转方式为【可变深度】▦,输入 360 作为旋转的变量角。

⑥单击【预览特征】按钮 ☑ ∞ 并观察模型。

⑦单击【建造特征】完成按钮✔,完成特征的创建,结果如图 12.18 所示。

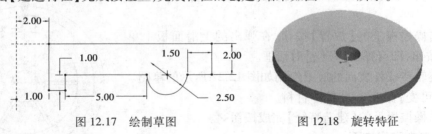

图 12.17 绘制草图   图 12.18 旋转特征

（3）创建加强筋

①单击工具栏上的【筋】按钮 ,打开【筋】操控板。

②在【筋】操控板上单击【参照】按钮,在弹出的上滑面板中单击【定义】按钮。

③转动零件的上端朝向工作区的上方,使用【参照】对话框确定合适的参照。

④绘制如图 12.19 所示的一条直线,单击【创建尺寸】按钮 和【修改】按钮 ,创建尺寸标注方案。单击【继续当前部分】完成按钮✔,退出【草绘】环境。

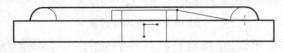

图 12.19 绘制直线

⑤输入 0.50 作为筋的厚度。单击【参照按钮】,在弹出的上滑面板中单击【反向】按钮,更改材料创建方向。

⑥单击操控板上的【建造特征】完成按钮✔。

（4）阵列加强筋

①在模型树上选择前面创建的筋特征。

②单击工具栏上的【阵列】按钮 ,打开【阵列】操控板。

③选择操控板上的【轴】作为阵列类型。

④在模型中选择上面拉伸使用的轴。

⑤在【阵列】操控板中输入 6 作为阵列实例的数目,输入 60 作为阵列的尺寸增量值,如图 12.20 所示。

⑥在【阵列】操控板中单击【选项】按钮,在弹出的上滑面板中选择【相同】选项作为阵列方式。

⑦单击操控板上的【建造特征】完成按钮✔,生成的特征如图 12.21 所示。

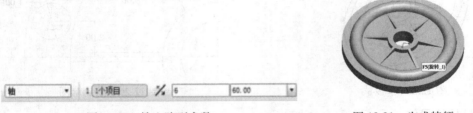

图 12.20 输入阵列参数   图 12.21 生成特征

（5）**拉伸支脚**

①单击【基础特征】工具栏上的【拉伸】按钮,打开【拉伸】操控板。

②单击操控板上的【放置】按钮,在弹出的上滑面板上单击【定义】按钮,即可弹出【草绘】对话框。

③在旋转特征外表面的底上绘制如图 12.22 所示的草图。

④以【可变】深度 3.00 拉伸材料。

⑤单击操控板上的【建造特征】完成按钮 ✔。

（6）**创建支脚拔模面**

①单击【基础特征】工具栏上的【拔模】按钮 ,打开【拔模】操控板,如图 12.23 所示。

②选择要拔模的曲面,选择拉伸特征的外圆柱面。

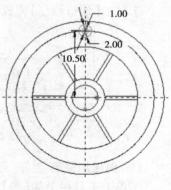

图 12.22　绘制草图

图 12.23　拔模操控板

③选择【拔模枢轴】参照框,选择旋转特征外表面的底面。

④选择零件的底面作为拔模枢轴(或中性面)。

⑤选择【拖动方向】参照框,拖动方向平面必须垂直于拔模表面。

⑥选择零件的底面作为拖动方向平面,如图 12.24 所示。

⑦输入拔模角度为 5.00。

⑧单击【预览特征】按钮 。

⑨单击操控板上的【建造特征】完成按钮 ✔,完成特征的创建。

图 12.24　拔模枢轴和拖动方向选取

（7）**阵列支脚**

①以【轴】作为阵列类型,在模型中选择旋转特征使用的轴。

②设置阵列的实例的数目为 3,阵列的尺寸增量值为 120,阵列结果如图 12.25 所示。

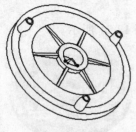

图 12.25　阵列

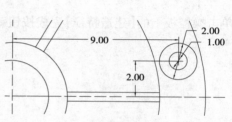

图 12.26　绘制草图

（8）**拉伸导体**

①单击【基础特征】工具栏上的【拉伸】按钮 。

②在旋转特征外表面的底上绘制如图 12.26 所示的草图。

③以【可变】深度 4.00 拉伸材料。

（9）创建导体拔模面

①选择旋转特征外表面的底面作为拔模枢轴（或中性面）。

②选择旋转特征外表面的底面作为拖动方向平面。

③以拔模角度 5.00°进行拔模。

（10）拉伸接线体

①单击【基础特征】工具栏上的【拉伸】按钮。

②在拉伸特征端面上绘制如图 12.27 所示的草图。

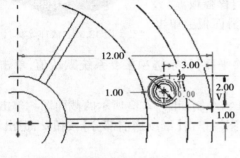

图 12.27　绘制草图

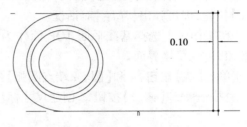

图 12.28　绘制草图

③以【可变】深度 0.10 拉伸材料。

（11）拉伸接线体

①单击【基础特征】工具栏上的【拉伸】按钮。

②在拉伸特征端面上绘制如图 12.27 所示的草图。

③以【可变】深度 1.00 拉伸材料。

（12）镜像接线体

①在工作区或特征树上选择刚刚创建的 3 个拉伸特征和 1 个拔模特征，在菜单栏上选择【编辑】→【组】命令。

②单击【选取】按钮，选择工作区中刚刚创建的组。

③单击【镜像】按钮，然后选择镜像组的基准面 TOP 面，如图 12.29 所示。镜像结果如图 12.30 所示。

图 12.29　选择基准面

图 12.30　镜像结果

12.1.5 创建底座实体

下面创建如图 12.31 所示的底座实体。首先绘制底座的界面草图,再旋转操作创建底座,拉伸插座口,创建底座的壳,拉伸小突台和连接口,创建加强筋,通过阵列得到所有加强筋,拉伸底脚并阵列,最终形成模型。

(1)新建模型

选择【新建】命令,建立一个新的装配体对象,命名为"dizu-oshiti"(使用默认模板文件)。

(2)旋转底座基体

①单击工具栏上的【旋转】按钮❀,打开【旋转】操控板。

②单击操控板上的【放置】按钮,在弹出的上滑面板上单击

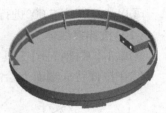

图 12.31 底座实体

【定义】按钮,即可弹出【草绘】对话框。

③在工作区上选择基准平面 TOP 面作为草绘平面,其余选项接受系统默认值,单击【确定】按钮,进入草绘界面。

④单击【线】按钮↘和【圆心/端点圆弧】按钮↘,绘制如图 12.32 所示的截面图。单击【创建尺寸】按钮↦和【修改】按钮↗,创建尺寸标注方案。单击【继续当前部分】按钮✔,退出草绘环境。

⑤在操控板上设置旋转方式为【可变深度】⊥,输入 360 作为旋转的变量角。

⑥单击【预览特征】按钮☑ ∞并观察模型。

⑦单击【建造特征】完成按钮✔,完成特征的创建。

(3)创建偏移基准平面

①在【基准】工具栏中单击【基准平面】按钮◻,打开【基准平面】对话框。

②选择基准平面 RIGHT 面作为从其偏移的平面。

③在【基准平面】对话框中选择【偏移】作为约束类型。

④在【基准平面】对话框中输入将新的基准平面按照正确的方向偏移 13.00 的值,如图 12.33 所示。

⑤在【基准平面】对话框中单击【确定】按钮。

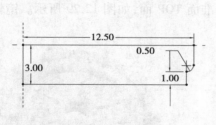

图 12.32 绘制草图

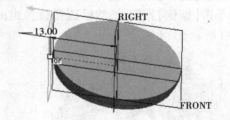

图 12.33 创建基准面

(4)拉伸插座口

①单击【基础特征】工具栏上的【拉伸】按钮◻,打开【拉伸】操控板。

②单击操控板上的【放置】按钮,在弹出的上滑面板上单击【定义】按钮,即可弹出【草绘】对话框。

③在工作区上选择刚创建的基准平面作为草绘平面,其余选项接受系统默认值名单及【确定】按钮,进入草绘界面。

④单击【矩形】按钮□,绘制截面。单击【矩形】按钮,绘制特征,然后选择矩形特征的对角选项。单击【创建尺寸】按钮↦和【修改】按钮✐,创建如图 12.34 所示的尺寸标注方案。单击【继续当前部分】完成按钮✔,退出草绘环境。

⑤在操控板上选择【可变深度】选项⤓,输入 4.00 作为可变深度值。

⑥单击【预览特征】按钮☑∞并观察模型,如图 12.35 所示。单击【建造特征】完成按钮✔,完成特征的创建。

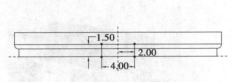

图 12.34　绘制草图

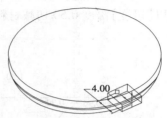

图 12.35　浏览特征

（5）创建底座壳特征

①单击工具栏上的【壳】按钮▣,打开【壳】操控板,如图 12.36 所示。

②选择如图 12.37 所示的旋转体表面。

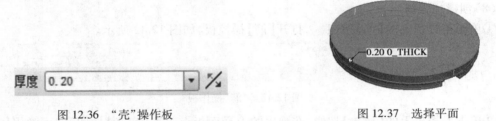

厚度　0.20

图 12.36　"壳"操作板

图 12.37　选择平面

③输入 0.20 作为壁厚。

④预览抽壳特征,接着在操控板上选择【显示】选项,单击操控板上的【创建特征】按钮✔。

（6）拉伸小突台

①单击【基础特征】工具栏上的【拉伸】按钮⬚,打开【拉伸】操控板。

②单击操控板上的【放置】按钮,在弹出的上滑面板上单击【定义】按钮,即可弹出【草绘】对话框。

③在如图 12.38 所示的平面上绘制如图 12.39 所示的圆。

④以【可变】深度 0.50 拉伸材料。

⑤单击【创建特征】完成按钮✔,完成特征的创建。

（7）拉伸连线口

①单击【基础特征】工具栏上的【拉伸】按钮⬚,打开【拉伸】操控板。

②单击操控板上的【放置】按钮,在弹出的上滑面板上单击【定义】按钮,即可弹出【草绘】对话框。

③在前面用过的平面上绘制如图 12.40 所示的矩形。

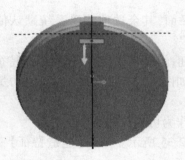

图 12.38　选择草绘平面

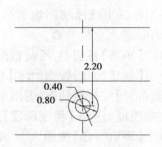

图 12.39　绘制草图

④以【可变】深度 0.50 切减材料,如图 12.41 所示。

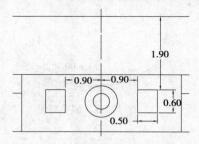

图 12.40　绘制草图

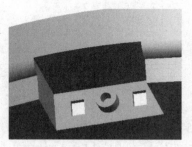

图 12.41　生成特征

⑤单击【建造特征】完成按钮✔,完成特征的创建。

(8)创建加强筋

①单击工具栏上的【筋】按钮,打开【筋】操控板,如图 12.42 所示。

图 12.42　"筋"操作板

②单击操控板上的【放置】按钮,在弹出的上滑面板上单击【定义】按钮,即可弹出【草绘】对话框。

③转动零件的上端朝向工作区的上方,使用【参照】对话框确定合适的参照。

④绘制一条从上端内壁到下端内壁的直线,单击【创建尺寸】按钮和【修改】按钮,创建尺寸标注方案。单击【继续当前部分】完成按钮✔,退出草绘环境。

⑤输入 0.20 作为筋的厚度,如图 12.43 所示。

⑥单击【参照】按钮,在弹出的上滑面板中单击【反向】按钮,更改材料的创建方向,如图 12.44 所示。

⑦单击操控板上的【建造特征】完成按钮✔。

(9)阵列加强筋

①在模型树上选择前面创建的加强筋。

②单击工具栏上的【阵列】按钮,打开【阵列】操控板。

③选择操控板上【轴】作为阵列类型,在模型中选择上面拉伸使用的轴。

④在【阵列】操控板中输入 10 作为阵列实例的数目,输入 36 作为阵列的尺寸增量值,如图 12.45 所示。

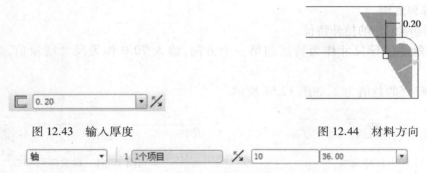

<table>
<tr><td>图 12.43 输入厚度</td><td>图 12.44 材料方向</td></tr>
</table>

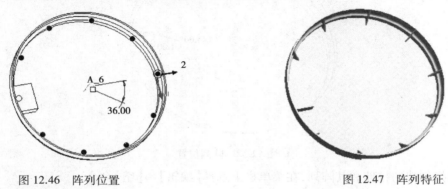

图 12.45 输入阵列参数

⑤在【阵列】操控板中单击【选项】按钮,在弹出的上滑面板中选择【相同】选项作为阵列方式,结果如图 12.46 所示。

⑥单击操控板上的【建造特征】完成按钮✔,生成的特征如图 12.47 所示。

图 12.46 阵列位置

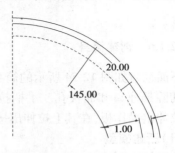

图 12.47 阵列特征

（10）拉伸底脚

①单击【基础特征】工具栏上的【拉伸】按钮🗗,打开【拉伸】操控板。

②单击操控板上的【放置】按钮,在弹出的上滑面板上单击【定义】按钮,即可弹出【草绘】对话框。

③选择拉伸特征上表面作为草图绘制平面,如图 12.48 所示,绘制如图 12.49 所示的草图。

图 12.48 选择草绘平面

图 12.49 绘制草图

④以【可变】深度 0.50 拉伸材料。

⑤单击操控板上的【建造特征】完成按钮✔。

（11）**阵列底脚**

①阵列刚刚创建的拉伸特征。

②选择角度引导尺寸作为特征的第一个方向,输入 70.0 作为尺寸增量值,如图 12.50 所示。

③设置阵列的数值为 2,如图 12.51 所示。

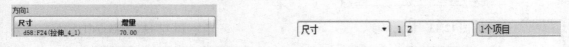

图 12.50　尺寸选取　　　　　　　　　　　　　　　　　图 12.51　设置阵列参数

④单击操控板上的【建造特征】完成按钮✔,生成的特征如图 12.52 所示。

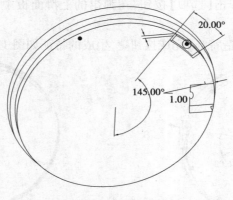

图 12.52　阵列位置

⑤选择创建的拉伸和其阵列,在菜单栏上选择【编辑】→【组】命令。

（12）**阵列底脚**

①选择上步中刚刚创建的组。

②选择【轴】作为阵列类型,在模型中选择共同使用的轴。

③设置阵列的实例的数目为 2,阵列的尺寸增量值为 180,如图 12.53 所示。

图 12.53　输入阵列参数

12.1.6　创建筒身

下面创建如图 12.54 所示的筒身。首先通过旋转得到筒身的基体,插入壳特征得到薄壁,拉伸切除插座口和面板孔。手柄拉伸出体,再在其上拉伸切除槽,通过镜像得到另外一个手柄。拉伸出操作板,在其上拉伸出按钮和开关,最后创建倒圆角特征,最终形成模型。

（1）**新建模型**

选择【新建】命令,建立一个新的装配体对象,命名为"tongshen"(使用默认模板文件)。

（2）**旋转筒身基体**

①单击工具栏上的【旋转】按钮❀,打开【旋转】操控板。

②单击操控板上的【放置】按钮,在弹出的上滑面板上单击【定义】按钮,弹出【草绘】对话框。

③在工作区上选择基准平面 TOP 面作为草绘平面,其余选择系统默认值,单击【确定】按钮,进入草绘界面。

④单击【线】按钮,绘制如图 12.55 所示的截面图。单击【创建尺寸】按钮↦和【修改】按钮⇗,创建尺寸标注方案。单击【继续当前部分】按钮✔,退出草绘环境。

⑤在操控板上设置旋转方式为【可变深度】,输入 360 作为旋转的变量角。

⑥单击【预览特征】按钮☑∞并观察模型。单击【建造特征】按钮,完成特征的创建。

图 12.54 筒身

(3)创建筒身壳特征

①单击工具栏上的【壳】按钮▱,打开【壳】操控板。

②选择如图 12.56 所示的旋转体上表面,选定的曲面将从零件上去掉。

③输入 0.20 作为壁厚。

④预览抽壳特征,接着在操控板上选择【显示】选项。

⑤单击操控板上的【建造特征】完成按钮✔。

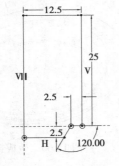

图 12.55 绘制草图

图 12.56 选择表面

(4)创建偏移基准平面

①在【基准】工具栏中单击【基准平面】按钮▱,打开【基准平面】对话框。

②选择基准平面 RIGHT 面作为从其偏移的平面。

③在【基准平面】对话框中选择【偏移】作为约束类型。

④在【基准平面】对话框中输入将新的基准平面按照正确的方向偏移 13.00 的值,如图 12.57 所示。

⑤在【基准平面】对话框中单击【确定】按钮。

(5)切除插座口

①单击【基础特征】工具栏上的【拉伸】按钮▱,打开【拉伸】操控板。

②单击操控板上的【放置】按钮,在弹出的上滑面板上单击【定义】按钮,弹出【草绘】对话框。

③在工作区上选择刚创建的基准平面作为草绘平面,其余选项接受系统默认值,单击【确定】按钮,进入草绘界面。

④单击【矩形】按钮▱,绘制截面。单击【创建尺寸】按钮↦和【修改】按钮⇗,创建如图

12.58所示的尺寸标注方案。单击【继续当前部分】完成按钮 ✔,退出草绘环境。

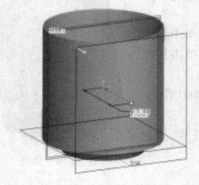

图 12.57　偏移基准平面

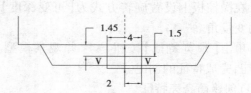

图 12.58　绘制草图

⑤选择【到选定的深度】选项 ⛏,选择如图 12.59 所示的旋转体外表面。单击【拉伸】操控板上的【切减材料】按钮 ◿。

⑥单击【预览特征】按钮 ☑ ∞ 并观察模型。

⑦单击【建造特征】完成按钮 ✔,完成特征的创建,如图 12.60 所示。

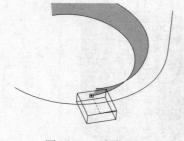

图 12.59　选取面

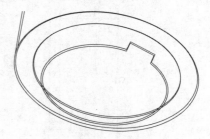

图 12.60　生成特征

(6)切除面板孔

①单击【基础特征】工具栏上的【拉伸】按钮 ⛏,打开【拉伸】操控板。

②单击操控板上的【放置】按钮,在弹出的上滑面板上单击【定义】按钮,弹出【草绘】对话框。

③在基准平面 DTM1 上绘制如图 12.61 所示的矩形。

④选择【到选定的深度】选项 ⛏,选择如图 12.62 所示的旋转体外表面。

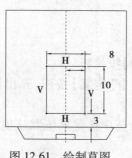

图 12.61　绘制草图

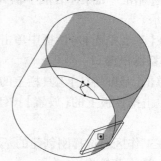

图 12.62　选取曲面

⑤创建基准平面 DTM2,这个基准平面相对基准平面 TOP 面偏移 14,如图 12.63 所示。
⑥创建基准平面 DTM3,这个基准平面相对基准平面 TOP 面偏移−14,如图 12.64 所示。

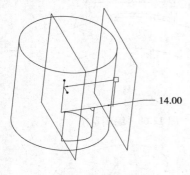

图 12.63　偏移基准面

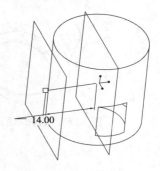

图 12.64　偏移基准面

（7）拉伸手柄

①单击【基础特征】工具栏上的【拉伸】按钮，打开【拉伸】操控板。

②单击操控板上的【放置】按钮,在弹出的上滑面板上单击【定义】按钮,弹出【草绘】对话框。

③在基准平面 DTM2 上绘制如图 12.65 所示的矩形。

④选择【到选定的深度】选项，选择如图 12.66 所示的旋转体外表面。

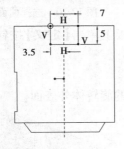

图 12.65　绘制草图

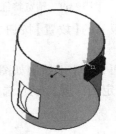

图 12.66　选择曲面

（8）切除手柄槽

①单击【基础特征】工具栏上的【拉伸】按钮，打开【拉伸】操控板。

②单击操控板上的【放置】按钮,在弹出的上滑面板上单击【定义】按钮,弹出【草绘】对话框。

③在如图 12.67 所示的拉伸特征侧面上绘制如图 12.68 所示的截面。

④以【可变】深度 3.00 切减材料,如图 12.69 所示。

⑤单击【建造特征】完成按钮，完成特征的创建。

（9）镜像手柄

①选择刚刚创建的拉伸特征和拉伸切除特征,在菜单栏上选择【编辑】→【组】命令。

②单击【选取】按钮,选择工作区中刚刚创建的组。

③单击【镜像】按钮，然后选择镜像组的基准面 TOP 面,如图 12.70 所示。

（10）拉伸操作板

①单击【基础特征】工具栏上的【拉伸】按钮，打开【拉伸】操控板。

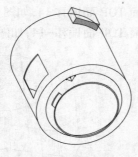

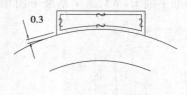

图 12.67　选择草绘平面　　　　　　　　图 12.68　绘制草图

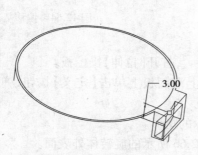

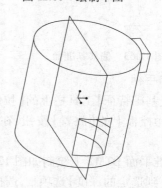

图 12.69　预览特征　　　　　　　　图 12.70　选择曲面

②单击操控板上的【放置】按钮，在弹出的上滑面板上单击【定义】按钮，弹出【草绘】对话框。

③在基准平面 DTM1 上绘制如图 12.71 所示的矩形。

④选择【到选定的深度】选项，选择如图 12.72 所示的旋转体外表面。

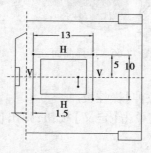

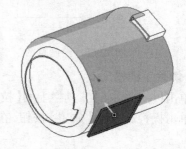

图 12.71　绘制草图　　　　　　　　图 12.72　选择曲面

⑤单击【建造特征】完成按钮✔，完成特征的创建。

（11）拉伸按钮

①单击【建造特征】工具栏上的【拉伸】按钮，打开【拉伸】操控板。

②单击操控板上的【放置】按钮，在弹出的上滑面板上单击【定义】按钮，弹出【草绘】对话框。

③在如图 12.73 所示的拉伸特征外表面上绘制如图 12.74 所示的草图。

④以【可变深度】0.5 拉伸材料，如图 12.75 所示。

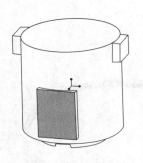

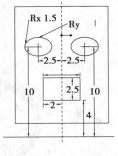

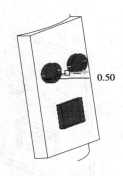

图 12.73　选择草绘平面　　　图 12.74　绘制草图　　　图 12.75　预览特征

⑤单击【建造特征】完成按钮✔,完成特征的创建。

(12)拉伸开关

①单击【建造特征】工具栏上的【拉伸】按钮,打开【拉伸】操控板。

②单击操控板上的【放置】按钮,在弹出的上滑面板上单击【定义】按钮,弹出【草绘】对话框。

③在刚创建的拉伸特征外表面上绘制如图 12.76 所示的矩形。

④以【可变】深度 0.5 拉伸材料,如图 12.77 所示。

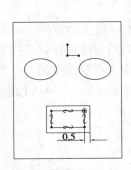

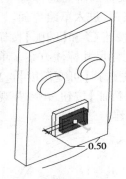

图 12.76　绘制草图　　　　　　图 12.77　预览特征

⑤单击【建造特征】完成按钮✔,完成特征的创建。

(13)创建倒圆角特征

①单击工具栏上的【倒圆角】按钮✎,打开【倒圆角】操控板。按住【Ctrl】键,在拉伸特征的表面选择边,如图 12.78 所示。输入 0.50 作为圆角的半径。

②单击【预览特征】按钮☑∞∞并观察模型。重新选择【预览特征】复选框☑∞∞,单击【建造特征】完成按钮✔。

12.1.7　创建筒身上沿盖

下面创建如图 12.79 所示的筒身上沿盖。首先绘制筒身上沿盖的截面草图,再拉伸操作创建筒身上沿盖,安装槽通过拉伸切除得到,最终形成模型。

(1)新建模型

选择【新建】命令,建立一个新的装配体对象,命名为"tongshenshangyangai"(使用默认模

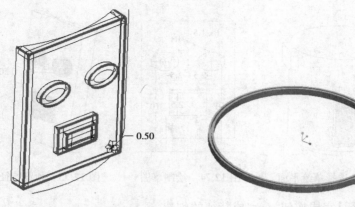

图 12.78 选择倒角边   图 12.79 筒身上沿盖

板文件)。

（2）拉伸上沿盖基体

①单击【基础特征】工具栏上的【拉伸】按钮 ，打开【拉伸】操控板。

②单击操控板上的【放置】按钮，在弹出的上滑面板上单击【定义】按钮，弹出【草绘】对话框。

③在工作区或特征树上选择基准平面 FRONT 面作为草绘平面，其余选项接受系统默认值，单击【确定】按钮，进入草绘界面。

④单击【圆】按钮 ○ 和【圆弧】按钮 ，创建如图 12.80 所示的草图。单击【创建尺寸】按钮和【修改】按钮，创建尺寸标注方案。单击【继续当前部分】完成按钮 ，退出草绘环境。

⑤在操控板上选择【可变深度】选项 ，输入 1.00 作为可变深度值。

⑥单击【预览特征】按钮 ☑ ⬗ 并观察模型，如图 12.81 所示。单击【建造特征】完成按钮 ，完成特征的创建。

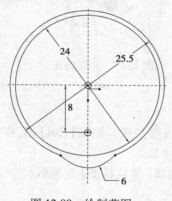

图 12.80 绘制草图

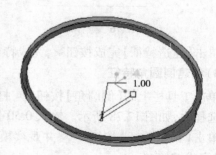

图 12.81 预览特征

（3）切除安装槽

①单击【基础特征】工具栏上的【拉伸】按钮 ，打开【拉伸】操控板。

②单击操控板上的【放置】按钮，在弹出的上滑面板上单击【定义】按钮，弹出【草绘】对话框。

③在如图 12.81 所示的拉伸特征上表面绘制如图 12.82 所示的草图。

④以【可变】深度 0.5 切除材料，如图 12.83 所示。完成后的模型如图 12.84 所示。

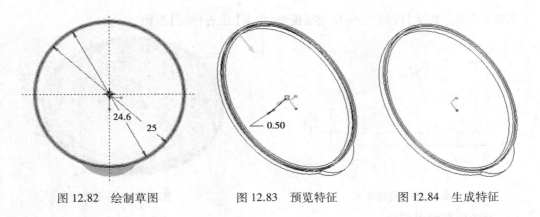

图 12.82　绘制草图　　　图 12.83　预览特征　　　图 12.84　生成特征

12.1.8　创建顶盖

下面创建如图 12.85 所示的顶盖。首先通过旋转得到顶盖的基体，接着创建倒圆角特征，通过旋转得到突出部分，拉伸得到连接扣；接着创建倒圆角特征，手柄通过拉伸得到，拉伸切除盖腔和出气孔，最终形成模型。

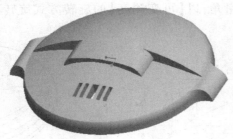

图 12.85　顶盖

（1）**新建模型**

选择【新建】命令，建立一个新的装配体对象，命名为"dinggai"（使用默认模板文件）。

（2）**旋转顶盖基体**

①单击工具栏上的【旋转】按钮 ，打开【旋转】操控板。

②单击操控板上的【放置】按钮，在弹出的上滑面板上单击【定义】按钮，弹出【草绘】对话框。

③在工作区上选择基准平面 TOP 面作为草绘平面，其余选项接受系统默认值，单击【确定】按钮，进入草绘界面。

④单击【线】按钮 和【圆弧】按钮 ，绘制如图 12.86 所示的截面图。单击【创建尺寸】按钮 和【修改】按钮 ，创建尺寸标注方案。单击【继续当前部分】按钮 ，退出草绘环境。

⑤在操控板上设置旋转方式为【可变深度】 ，输入 180 作为旋转的变量角。

⑥单击【预览特征】按钮 并观察模型。单击【建造特征】完成按钮 ，完成特征的建造。

（3）**创建倒圆角特征**

①单击工具栏上的【倒圆角】按钮 ，打开【倒圆角】操控板。在旋转特征的表面选择边，如图 12.87 所示。输入 2.00 作为圆角的半径。

②单击【预览特征】按钮 ☑ ∞ 并观察模型,单击【建造特征】按钮。

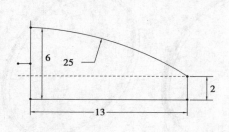

图 12.86　绘制草图

图 12.87　倒角边

(4) 旋转顶盖突出部分

①单击工具栏上的【旋转】按钮 ⑳,打开【旋转】操控板。

②单击操控板上的【放置】按钮,在弹出的上滑面板上单击【定义】按钮,即可弹出【草绘】对话框。

③在基准平面 TOP 面上绘制如图 12.88 所示的草图。

④以 180°为旋转的变量角,以【可变深度】的旋转方式旋转草图,预览结果如图 12.89 所示。

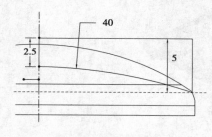

图 12.88　绘制草图

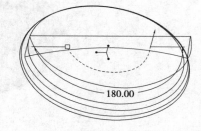

图 12.89　预览特征

⑤单击【建造特征】完成按钮 ✔,完成特征的创建。

(5) 拉伸连接扣

①单击【基础特征】工具栏上的【拉伸】按钮 ☑,打开【拉伸】操控板。

②单击操控板上的【放置】按钮,在弹出的上滑面板上单击【定义】按钮,弹出【草绘】对话框。

③在如图 12.90 所示的旋转特征底面绘制如图 12.91 所示的草图。

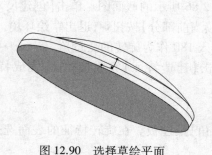

图 12.90　选择草绘平面

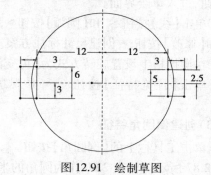

图 12.91　绘制草图

④以【可变】深度 2.00 拉伸材料。

⑤单击【建造特征】完成按钮✓,完成特征的创建。

（6）创建倒圆角特征

以 2.00 作为圆角半径对拉伸特征的外表面进行倒圆角,如图 12.92 所示。完成后的模型如图 12.93 所示。

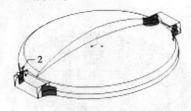

图 12.92　选择倒角边

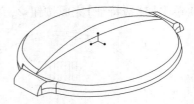

图 12.93　生成特征

（7）拉伸手柄

①单击【基础特征】工具栏上的【拉伸】按钮,打开【拉伸】操控板。

②单击操控板上的【放置】按钮,在弹出的上滑面板上单击【定义】按钮,弹出【草绘】对话框。

③在旋转特征的端面绘制如图 12.94 所示的草图。

④以【可变】深度 4.00 拉伸材料,如图 12.95 所示。

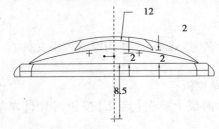

图 12.94　绘制草图

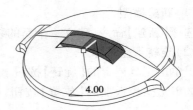

图 12.95　预览特征

⑤单击【建造特征】工具栏上的【拉伸】按钮✓,打开【拉伸】操控板。

（8）切除盖腔

①单击【基础特征】工具栏上的【拉伸】按钮,打开【拉伸】操控板。

②在旋转特征的底面绘制如图 12.96 所示的草图。

③以【可变】深度 2.00 切减材料,如图 12.97 所示。

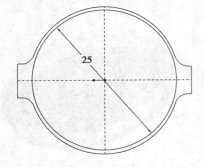

图 12.96　绘制草图

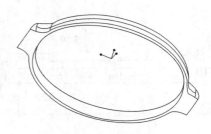

图 12.97　生成特征

④单击【建造特征】完成按钮✔,完成特征的创建。

（9）切除出气孔

①单击【基础特征】工具栏上的【拉伸】按钮🗀,打开【拉伸】操控板。

②在拉伸切除特征的底面绘制如图 12.98 所示的草图。

③以【完全贯穿】为深度条件进行切除材料。

④单击【建造特征】完成按钮✔,完成特征的创建。

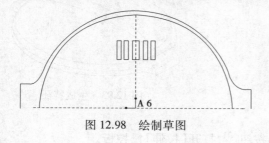

图 12.98　绘制草图

图 12.99　下盖

12.1.9　创建下盖

下面创建如图 12.99 所示的下盖。首先绘制下盖的截面草图,再进行旋转操作,创建下盖实基体,创建壳特征得到薄壁,大气孔和小气孔通过拉伸切除得到,小气孔还要阵列,最终形成模型。

（1）新建模型

选择【新建】命令,建立一个新的装配体对象,命名为"xiagai"（使用默认模板文件）。

（2）旋转下盖基体

①单击工具栏上的【旋转】按钮❀,打开【拉伸】操控板。

②单击操控板上的【放置】按钮,在弹出的上滑面板上单击【定义】按钮,弹出【草绘】对话框。

③在工作区上选择基准平面 TOP 面作为草绘平面,其余选项接受系统默认值,单击【确定】按钮,进入草绘界面。

④单击【线】按钮➘,绘制如图 12.100 所示的截面图。单击【创建尺寸】按钮⟷和【修改】按钮⤳,创建尺寸标注方案。单击【继续当前部分】完成按钮✔,退出草绘环境。

⑤在操控板上设置旋转方式为【可变深度】⬓,输入 360 作为旋转的变量角。

⑥单击【预览特征】按钮☑∞并观察模型。单击【建造特征】完成按钮✔,完成特征的创建,如图 12.101 所示。

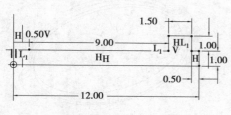

图 12.100　绘制草图

图 12.101　旋转特征

（3）创建下盖壳特征

①单击工具栏上的【壳】按钮▣,打开【壳】操控板。

②选择如图 12.102 所示的旋转体上表面,选定的额曲面将从零件上去掉。

③输入 0.50 作为壁厚。

④预览抽壳特征,在操控板上选择【显示】选项。

⑤单击操控板上的【建造特征】完成按钮✔,生成的特征如图 12.103 所示。

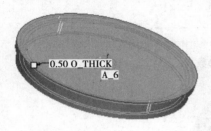

图 12.102　选择平面

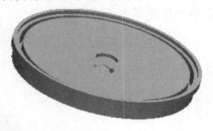

图 12.103　抽壳

（4）切除大气孔

①单击【基础特征】工具栏上的【拉伸】按钮▱,打开【拉伸】操控板。

②单击操控板上的【放置】按钮,在弹出的上滑面板上单击【定义】按钮,弹出【草绘】对话框。

③在工作区上选择刚创建的抽壳的底面作为草绘平面,其余选项接受系统默认值,单击【确定】按钮,进入草绘界面.

④单击【圆】按钮〇,创建如图 12.104 所示的圆。单击【创建尺寸】按钮↦和【修改】按钮⬄,创建尺寸标注方案。单击【继续当前部分】完成按钮✔,退出草绘环境。

⑤选择【穿透深度】选项。

⑥单击【预览特征】按钮☑ ∞ 并观察模型。单击【建造特征】完成按钮✔,完成特征的创建,如图 12.105 所示。

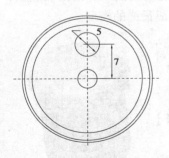

图 12.104　草图绘制

图 12.105　完成实体

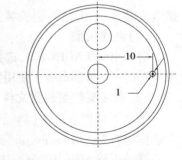

图 12.106　草图绘制

（5）切除小气孔

①单击【基础特征】工具栏上的【拉伸】按钮▱,打开【拉伸】操控板。

②在工作区上选择刚创建的抽壳的底面作为草绘平面,绘制如图 12.106 所示的草图。

③以【穿透深度】选项进行切除材料操作。

（6）阵列小气孔

①在模型树上选择前面创建的拉伸切除特征。

②单击工具栏上的【阵列】按钮▦,打开【阵列】操控板。

③选择操控板上【轴】作为阵列类型。

④在模型树中选择前面旋转使用的轴。

⑤在【阵列】操控板中输入 6 作为阵列实例的数目,输入 60 作为阵列的尺寸增量值,如图 12.107 所示。

⑥在【阵列】操控板中单击【选项】按钮,在弹出的上滑面板中选择【相同】选项作为阵列方式,阵列结果如图 12.108 所示。

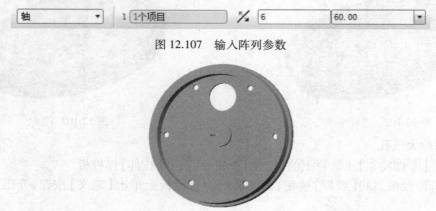

图 12.107　输入阵列参数

图 12.108　阵列

⑦单击操控板上的【建造特征】完成按钮✔。

12.2　电饭煲装配图

本节安装电饭煲,如图 12.109 所示。首先安装底座和筒身,然后安装锅体和锅体加热铁,接着安装米锅和蒸锅,再安装筒身上沿盖和下盖,最后安装顶盖,形成最终的模型。

（1）新建模型

启动 Rro/ENGINEER,选择【新建】命令,建立一个新的装配体对象,命名为“dianfanbao”(使用默认的模板文件)。

（2）在装配体里放置文件

①在工具栏上单击【将元件添加到组件】按钮🖫,在【文件打开】对话框中打开“dizuoshiti.prt”元件。

②单击操控板中的✔按钮放置元件。

（3）添加筒身文件并装配

①在工具栏上单击【将元件添加到组件】按钮🖫,在【文件打开】对话框中打开“tongshen.prt”。

图 12.109　电饭煲

②单击【新建约束】按钮。

③选择【自动】作为约束类型,选择筒底的上端圆环面和筒身的下端圆环面作为对齐曲面,如图 12.110 所示,系统自动赋予【配对】(重合)约束。

④系统自动增加第二个约束,接受系统默认的【自动】约束类型,选取筒身中心轴,再选取底座实体上的中心轴,如图 12.111 所示,系统自动赋予【对齐】约束。

图 12.110　选取配合表面

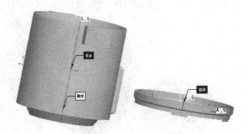
图 12.111　选取对齐中心轴

⑤单击元件放置操作面板中的✔按钮完成底座和筒身的装配,如图 12.112 所示。

（4）添加锅体文件并装配

①在工具栏上单击【将元件添加到组件】按钮🖼,在【文件打开】对话框中打开【guoti.prt】元件。

②打开【元件放置】操控板,按照以下顺序添加约束类型。

配对:配对筒体的顶部圆环面下方和筒身的顶部圆环面,如图 12.113 所示。

图 12.112　完成筒身的装配

图 12.113　选取配合表面

对齐:先选取筒身中心轴,再选取筒体上的中心轴,系统自动赋予【对齐】约束,如图12.114所示。

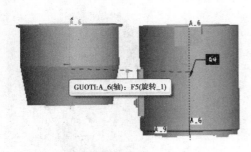
图 12.114　选取对齐中心轴

图 12.115　完成筒体的装配

③当元件完全约束时,单击操控板中的✔按钮完成筒体和筒身的装配,如图 12.115 所示。

（5）添加锅体加热铁文件并装配

①在工具栏上单击【将元件添加到组件】按钮🖼,在【文件打开】对话框中打开"guotijiaretie.prt"元件。

②打开【元件放置】操控板,按照以下顺序添加约束类型。

配对:配对筒体的内上表平面和加热铁支架底面,如图 12.116 所示。

对齐:对齐筒体的中心轴和加热铁的中心轴,如图 12.117 所示。

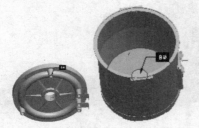

图 12.116　选取配合表面　　　　　　　　　　图 12.117　选取对齐中心轴

③当元件完全约束时,单击操控板中的 ✔ 按钮完成筒体和加热铁的装配,如图 12.118 所示。

图 12.118　完成加热铁的装配　　　　　　　　图 12.119　选取配合表面

(6)添加米锅文件并装配

①在工具栏上单击【将元件添加到组件】按钮 ，在【文件打开】对话框中打开"miguo.prt"元件。

②打开【元件放置】操控板,按照以下顺序添加约束类型。

配对:配对米锅顶部圆环面下方和筒体的顶部圆环面,如图 12.119 所示。

对齐:对齐米锅的中心轴筒体的中心轴,如图 12.120 所示。

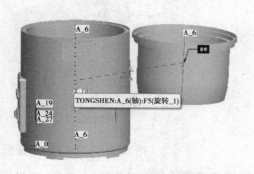

图 12.120　选取对齐中心轴　　　　　　　　图 12.121　完成米锅的装配

③当元件完全约束时,单击操控板中的 ✔ 按钮完成米锅的装配,如图 12.121 所示。

（7）添加蒸锅文件并装配

①在工具栏上单击【将元件添加到组件】按钮，在【文件打开】对话框中打开"zhengguo.prt"元件。

②打开【元件放置】操控板，按照以下顺序添加约束类型。

配对：配对蒸锅顶部圆环面下方和米锅的顶部圆环面，如图 12.122 所示。

对齐：对齐蒸锅的中心轴和锅体的中心轴，如图 12.123 所示。

图 12.122　选取配合表面

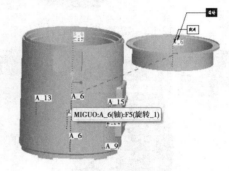

图 12.123　选取对齐中心轴

③当元件完全约束时，单击操控板中的✔按钮完成蒸锅的装配，如图 12.124 所示。

图 12.124　完成蒸锅的装配

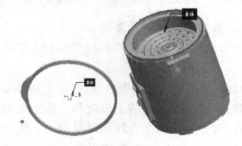

图 12.125　选取配合表面

（8）添加筒身上沿盖文件并装配

①在工具栏上单击【将元件添加到组件】按钮，在【文件打开】对话框中打开"tongshenshangyangai.prt"元件。

②打开【元件放置】操控板，按照以下顺序添加约束类型。

配对：配对筒身上沿盖的圆环面和筒身的上端面，如图 12.125 所示。

对齐：对齐筒身的中心线和圆环的中心线，如图 12.126 所示。

③当元件完全约束时，单击操控板中的✔按钮完成筒身沿盖的装配，如图 12.127 所示。

（9）添加下盖文件并装配

①在工具栏单击【将元件添加到组件】按钮，在【文件打开】对话框中打开"xiagai.prt"元件。

②打开【元件放置】操控板，按照以下顺序添加约束类型。

配对：配对下盖的圆环面和蒸锅的上圆环面，如图 12.128 所示。

对齐：对齐下盖的中心线和筒身的中心线，如图 12.129 所示。

③当元件完全约束时，单击操控板中的✔按钮完成下盖的装配，如图 12.130 所示。

图 12.126 选取对齐中心轴   图 12.127 完成筒身沿盖的装配

图 12.128 选取配合表面   图 12.129 选取对齐中心轴   图 12.130 完成下盖的装配

（10）添加顶盖文件并装配

①在工具栏单击【将元件添加到组件】按钮，在【文件打开】对话框中打开"dinggai.prt"元件。

②打开【元件放置】操控板，按照以下顺序添加约束类型。

配对：配对筒身手柄的上表面和上盖下表面，如图 12.131 所示。

对齐：对齐顶盖的中心线和筒身的中心线，如图 12.132 所示。

③当元件完全约束时，单击操控板中的✔按钮完成上盖的装配，如图 12.133 所示。

图 12.131 选取配合表面   图 12.132 选取对齐中心轴   图 12.133 完成上盖的装配

本章小结

本章详细介绍了电饭煲的结构设计过程。读者在学习过程中，需要注意下面几点：

（1）采用了 Top-down 产品设计方法；

（2）设计电饭煲的结构时,除需要保证内部各种零件的装配尺寸及位置外,还具有优美的外形,这点很重要;

（3）在设计重要的曲线时,需要独立参照某一基准面。这是因为在设计过程中,经常需要修改。

参考文献

[1] 田绪东,吉伯林. Creo Elements/Pro 5.0 三维机械设计[J].北京:机械工业出版社,2019.

[2] 颜兵兵. Creo 2.0 基础教程[M].北京:机械工业出版社,2019.

[3] 詹友刚. Creo 4.0 机械设计教程(高校本科教材)[M].北京:机械工业出版社,2018.

[4] 江洪,韦峻,姜民. Creo 5.0 基础教程[M].北京:机械工业出版社,2019.

[5] 吴志清,张文凡.Pro/Engineer Wildfire 设计实训教程[M].北京:北京大学出版社,2012.

[6] 黄卫东,郝用兴.Pro/Engineer Wildfire 5.0 实用教程[M].北京:北京大学出版社,2011.

[7] 何满才.三维造型设计—Pro/Engineer Wildfire 中文版实例详解[M].北京:人民邮电出版社,2004.

[8] 何满才.模具设计—Pro/Engineer Wildfire 中文版实例详解[M].北京:人民邮电出版社,2005.

[9] 高嵩峰,胡仁喜.Pro/Engineer Wildfire 5.0 中文版从入门到精通[M].北京:机械工业出版社,2010.

[10] 肖扬,胡琴.Creo 4.0 机械设计应用与精彩实例[M].北京:机械工业出版社,2019.

[11] 周四新.Pro/Engineer Wildfire 工业设计范例教程[M].北京:人民邮电出版社,2005.

[12] 野火科技,李锦标,易铃祺,郭雪梅.精通 Pro/Engineer Wildfire 4.0 产品模具设计法与典型实例[M].北京:清华大学出版社,2009.

[13] 高长银,马龙梅,涂志涛.Pro/Engineer Wildfire 野火 4.0 中文版模具设计[M].北京:电子工业出版社,2009.

[14] 何满才,Pro/engineer 模具设计与 Mastercam 数控加工[M].2 版.北京:人民邮电出版社,2009.

[15] 丁淑辉.Pro/Engineer Wildfire 5.0 高级设计与实践[M].北京:清华大学版社,2010.

[16] 徐国斌.Pro/Engineer Wildfire 在企业中的实施与应用[M].北京:机械工业出版社,2004.

[17] 颜兵兵,郭士清,殷宝麟. Creo 5.0 基础与实例教程[M].北京:机械工业出版社,2020.